国家重点研发计划项目"国家重要生态保护地生态功能协同提升与综合管控技术研究与示范"（2017YFC0506400）成果

自然保护地功能协同提升研究与示范丛书

自然保护地经济建设和生态保护协同发展研究方法与实践

曾维华 等 著

U0252379

科学出版社

北 京

内 容 简 介

我国自然保护地内大都居住着一定数量的人口，其生态保护和经济发展之间的矛盾已经是无法回避的问题。因此，本书围绕"自然保护地经济建设与生态保护协同发展"这一主题，系统地介绍了基于耦合协调度的自然保护地生态保护与经济发展协调性分析方法、保护地生态承载力核算方法、基于多目标优化模型的保护地经济结构与布局优化方法、基于问卷调查及结构方程的农牧民生计与保护行为政策调控模型、基于系统保护规划思想的功能分区方法以及经济建设与生态保护协同发展路线图设计方法等。并介绍了上述研究方法应用于三江源、红石、黄山与赤水等自然保护地的情况。

本书可供从事生态学、地理学、环境科学等研究的学者、国家公园与自然保护地管理的工作者以及高等学校与科研单位的老师与学生参考。

审图号：GS（2022）1216 号

图书在版编目（CIP）数据

自然保护地经济建设和生态保护协同发展研究方法与实践 / 曾维华等著. —北京：科学出版社，2022.6

（自然保护地功能协同提升研究与示范丛书）

ISBN 978-7-03-072476-2

Ⅰ. ①自… Ⅱ. ①曾… Ⅲ. ①自然保护区-区域经济发展-研究-中国 ②自然保护区-区域生态环境-生态环境保护-研究-中国 Ⅳ. ①S759.992 ②F127

中国版本图书馆 CIP 数据核字（2022）第 099717 号

责任编辑：刘 超 / 责任校对：樊雅琼
责任印制：吴兆东 / 封面设计：刘新新

科学出版社 出版

北京东黄城根北街 16 号
邮政编码：100717
http://www.sciencep.com

北京建宏印刷有限公司 印刷

科学出版社发行 各地新华书店经销

*

2022 年 6 月第 一 版 开本：720×1000 1/16
2022 年 6 月第一次印刷 印张：20 3/4
字数：406 000

定价：268.00 元
（如有印装质量问题，我社负责调换）

自然保护地功能协同提升研究与示范丛书

编委会

顾 问

李文华　刘纪远　舒俭民　赵景柱

主 任

闵庆文

副主任

钟林生　桑卫国　曾维华

张同作　蔡庆华　何思源

委 员

（以姓名汉语拼音为序）

蔡振媛　曹 巍　高 峻

高红梅　焦雯珺　刘某承

马冰然　毛显强　萨 娜

谭 路　王国萍　席建超

杨敬元　虞 虎　张碧天

张丽荣　张天新　张于光

本书著者委员会

主　　任

曾维华

常务副主任

马冰然

副　主　任

毛显强　张丽荣　张同作　席建超

成　　员

蔡振媛　曹若馨　陈思宏　高红梅

高玉冰　何　峰　胡官正　胡祯洁

黄　泰　江　峰　李　晴　李　玥

李金平　刘孟浩　刘昭阳　鲁建宏

孟　锐　潘　哲　宋　鹏　谭雨桐

王慧慧　王沐丹　王正早　解钰茜

杨　俊　杨　依　张慧敏　张婧捷

朱　琪

丛 书 序

自 1956 年建立第一个自然保护区以来，经过 60 多年的发展，我国已经形成了不同类型、不同级别的自然保护地与不同部门管理的总体格局。到 2020 年底，各类自然保护地数量约 1.18 万个，约占我国国土陆域面积的 18%，对保障国家和区域生态安全、保护生物多样性及重要生态系统服务发挥了重要作用。

随着我国自然保护事业进入了从"抢救性保护"向"质量性提升"的转变阶段，两大保护地建设和管理中长期存在的问题亟待解决：一是多部门管理造成的生态系统完整性被人为割裂，各类型保护地区域重叠、机构重叠、职能交叉、权责不清，保护成效低下；二是生态保护与经济发展协同性不够造成生态功能退化、经济发展迟缓，严重影响了区域农户生计保障与参与保护的积极性。中央高度重视国家生态安全保障与生态保护事业发展，继提出生态文明建设战略之后，于 2013 年在《中共中央关于全面深化改革若干重大问题的决定》中首次明确提出"建立国家公园体制"，随后，《中共中央国务院关于加快推进生态文明建设的意见》（2015 年）、《建立国家公园体制试点总体方案》（2017 年）和《关于建立以国家公园为主体的自然保护地体系的指导意见》（2019 年）等一系列重要文件，均明确提出将建立统一、规范、高效的国家公园体制作为加快生态文明体制建设和加强国家生态环境保护治理能力的重要途径。因此，开展自然保护地生态经济功能协同提升和综合管控技术研究与示范尤为重要和迫切。

在当前关于国家公园、自然保护地、生态功能区的研究团队众多、成果颇为丰硕的背景下，国家在重点研发计划"典型脆弱生态修复与保护研究"专项下支持了"国家重要生态保护地生态功能协同提升与综合管控技术研究与示范"项目，非常必要，也非常及时。这个项目的实施，正处于我国国家公园体制改革试点和自然保护地体系建设的关键时期，这虽然为项目研究增加了困难，但也使研究的成果有机会直接服务于国家需求。

很高兴看到闵庆文研究员为首席科学家的研究团队，经过 3 年多的努力，完成了该国家重点研发计划项目，并呈现给我们"自然保护地功能协同提升研究与示范丛书"等系列成果。让我特别感到欣慰的是，这支由中国科学院地理科学与资源研究所，以及中国科学院西北高原生物研究所和水生生物研究所、中国林业科学研究院、生态环境部环境规划院、北京大学、北京师范大学、中央民族大学、上海师范大学、神农架国家公园管理局等单位年轻科研人员组成的科研团队，克服重重困难，较好地完成了任务，并取得了显著成果。

从所形成的成果看，项目研究围绕自然保护地空间格局与功能、多类型保护地交叉与重叠区生态保护和经济发展协调机制、国家公园管理体制与机制等 3 个科学问题，综合了地理学、生态学、经济学、自然保护学、区域发展科学、社会学与民族学等领域的研究方法，充分借鉴国际先进经验并结合我国国情，从全国尺度着眼，以多类型保护地集中区和国家公园体制试点区为重点，构建了我国自然保护地空间布局规划技术与管理体系，集成了生态资产评估与生态补偿方法，创建了多类型保护地集中区生态保护与经济发展功能协同提升的机制与模式，提出了适应国家公园体制改革与国家公园建设新趋势的优化综合管理技术，并在三江源与神农架国家公园体制试点区进行了应用示范，为脆弱生态系统修复与保护、国家生态安全屏障建设、国家公园体制改革和国家公园建设提供了科技支撑。

欣慰之余，不由回忆起自己在自然保护地研究生涯中的一些往事。在改革开放之初，我曾有幸陪同侯学煜、杨含熙和吴征镒三位先生，先后考察了美国、英国和其他一些欧洲国家的自然保护区建设。之后，我和赵献英同志合作，于 1984 年在商务印书馆发表了《中国的自然保护区》，1989 年在外文出版社发表了 *China's Nature Reserve*。1984～1992 年，通过国家的推荐和大会的选举，我进入世界自然保护联盟（IUCN）理事会，担任该组织东亚区的理事，并承担了其国家公园和保护区委员会的相关工作。从 1978 年成立人与生物圈计划（MAB）中国国家委员会伊始，我就参与其中，还曾于 1986～1990 年担任过两届 MAB 国际协调理事会主席和执行局主席，1990 年在 MAB 中国国家委员会秘书处兼任秘书长，之后一直担任副主席。

回顾自然保护地的发展历程，结合我个人的亲身经历，我看到了它如何从无到有、从向国际先进学习到结合我国自己的具体情况不断完善、不断创新的过程和精神。正是这种努力奋斗、不断创新的精神，支持了我们中华民族的伟大复兴。我国正处于一个伟大的时代，生态文明建设已经上升为国家战略，党和政府对于生态保护给予了前所未有的重视，研究基础和条件也远非以前的研究者所企及，年轻的生态学工作者们理应做出更大的贡献。已届"鲐背之年"，我虽然已不能和大家一起"冲锋陷阵"，但依然愿意尽自己的绵薄之力，密切关注自然保护事业在新形势下的不断创新和发展。

特此为序！

中国工程院院士

2021 年 9 月 5 日

丛 书 前 言

2016年10月，科技部发布的《"典型脆弱生态修复与保护研究"重点专项2017年度项目申报指南》（以下简称《指南》）指出：为贯彻落实《关于加快推进生态文明建设的意见》，按照《关于深化中央财政科技计划（专项、基金等）管理改革的方案》要求，科技部会同环境保护部、中国科学院、林业局等相关部门及西藏、青海等相关省级科技主管部门，制定了国家重点研发计划"典型脆弱生态恢复与保护研究"重点专项实施方案。该专项紧紧围绕"两屏三带"生态安全屏障建设科技需求，重点支持生态监测预警、荒漠化防治、水土流失治理、石漠化治理、退化草地修复、生物多样性保护等技术模式研发与典型示范，发展生态产业技术，形成典型退化生态区域生态治理、生态产业、生态富民相结合的系统性技术方案，在典型生态区开展规模化示范应用，实现生态、经济、社会等综合效益。

在《指南》所列"国家生态安全保障技术体系"项目群中，明确列出了"国家重要生态保护地生态功能协同提升与综合管控技术"项目，并提出了如下研究内容：针对我国生态保护地（自然保护区、风景名胜区、森林公园、重要生态功能区等）类型多样、空间布局不尽合理、管理权属分散的特点，开展国家重要生态保护地空间布局规划技术研究，提出科学的规划技术体系；集成生态资源资产评估与生态补偿研究方法与成果，凝练可实现多自然保护地集中区域生态功能协同提升、区内农牧民增收的生态补偿模式，开发区内社区经济建设与自然生态保护协调发展创新技术；适应国家公园建设新趋势，研究多种类型自然保护地交叉、重叠区优化综合管理技术，选择国家公园体制改革试点区进行集成示范，为建立国家公园生态保护和管控技术、标准、规范体系和国家公园规模化建设与管理提供技术支撑。

该项目所列考核指标为：提出我国重要保护地空间布局规划技术和规划编制指南；集成多类型保护地区域国家公园建设生态保护与管控的技术标准、生态资源资产价值评估方法指南与生态补偿模式；在国家公园体制创新试点区域开展应用示范，形成园内社会经济和生态功能协同提升的技术与管理体系。

根据《指南》要求，在葛全胜所长等的鼓励下，我们迅速组织了由中国科学院地理科学与资源研究所、西北高原生物研究所、水生生物研究所，中国林业科学研究院，生态环境部环境规划院，北京大学，北京师范大学，中央民族大学，上海师范大学,神农架国家公园管理局等单位专家组成的研究团队,开始了紧张的准备工作,并按照要求提交了"国家重要生态保护地生态功能协同提升与综合管控技术研究与示范"项目申请书和经费预算书。项目首席科学家由我担任,项目设6个课题,分别由中国科学院地理科学与资源研究所钟林生研究员、中央民族大学桑卫国教授、北京师范大学曾维华教授、中国科学院地理科学与资源研究所闵庆文研究员、中国科学院西北高原生物研究所张同作研究员、中国科学院水生生物研究所蔡庆华研究员担任课题负责人。

颇为幸运也让很多人感到意外的是,我们的团队通过了由管理机构中国21世纪议程管理中心(以下简称"21世纪中心")2017年3月22日组织的视频答辩评审和2017年7月4日组织的项目考核指标审核。项目执行期为2017年7月1日至2020年6月30日;总经费为1000万元,全部为中央财政经费。

2017年9月8日,项目牵头单位中国科学院地理科学与资源研究所组织召开了项目启动暨课题实施方案论证会。原国家林业局国家公园管理办公室褚卫东副主任和陈君帜副处长,住房和城乡建设部原世界遗产与风景名胜管理处李振鹏副处长,原环境保护部自然生态保护司徐延达博士,中国科学院科技促进发展局资源环境处周建军副研究员,中国科学院地理科学与资源研究所葛全胜所长和房世峰主任等有关部门领导,中国科学院地理科学与资源研究所李文华院士、时任副所长于贵瑞院士,中国科学院成都生物研究所时任所长赵新全研究员,北京林业大学原自然保护区学院院长雷光春教授,中国科学院生态环境研究中心王效科研究员,中国环境科学研究院李俊生研究员等评审专家,以及项目首席科学家、课题负责人与课题研究骨干、财务专家、有关媒体记者等70余人参加了会议。

国家发展改革委社会发展司彭福伟副司长(书面讲话)和褚卫东副主任、李振鹏副处长和徐延达博士分别代表有关业务部门讲话,对项目的立项表示祝贺,肯定了项目所具备的现实意义,指出了目前我国重要生态保护地管理和国家公园建设的现实需求,并表示将对项目的实施提供支持,指出应当注重理论研究和实践应用的结合,期待项目成果为我国生态保护地管理、国家公园体制改革和以国家公园为主体的中国自然保护地体系建设提供科技支撑。周建军副研究员代表中国科学院科技促进发展局资源环境处对项目的立项表示祝贺,希望项目能够在理论和方法上有所创新,在实施过程中加强各课题、各单位的协同,使项目成果能够落地。葛全胜所长、于贵瑞副所长代表中国科学院地理科学与资源研究所对项目的立项表示祝贺,要求项目团队在与会各位专家、领导的指导下圆满完成任务,并表示将大力支持项目的实施,确保顺利完成。我作为项目首席科学家,从立项背景、研究目标、研究内容、技术路线、预期成果与考核指标等方面对项目作了简要介绍。

在专家组组长李文华院士主持下，评审专家听取了各课题汇报，审查了课题实施方案材料，经过质询与讨论后一致认为：项目各课题实施方案符合任务书规定的研发内容和目标要求，技术路线可行、研究方法适用；课题组成员知识结构合理，课题承担单位和参加单位具备相应的研究条件，管理机制有效，实施方案合理可行。专家组一致同意通过实施方案论证。

2017年9月21日，为切实做好专项项目管理各项工作、推动专项任务目标有序实施，21世纪中心在北京组织召开了"典型脆弱生态修复与保护研究"重点专项2017年度项目启动会，并于22日组织召开了"国家重要生态保护地生态功能协同提升与综合管控技术研究与示范"（2017YFC0506400）实施方案论证。以孟平研究员为组长的专家组听取了项目实施方案汇报，审查了相关材料，经质疑与答疑，形成如下意见：该项目提供的实施方案论证材料齐全、规范，符合论证要求。项目实施方案思路清晰，重点突出；技术方法适用，实施方案切实可行。专家组一致同意通过项目实施方案论证。专家组建议：①注重生态保护地与生态功能"协同"方面的研究；②关注生态保护地当地社区民众的权益；③进一步加强项目技术规范的凝练和产出，服务于专项总体目标。

经过3年多的努力工作，项目组全面完成了所设计的各项任务和目标。项目实施期间，正值我国国家公园体制改革试点和自然保护地体系建设的重要时期，改革的不断深化和理念的不断创新，对于项目执行而言既是机遇也是挑战。我们按照项目总体设计，并注意跟踪现实情况的变化，既保证科学研究的系统性，也努力服务于国家现实需求。

在2019年5月23日的项目中期检查会上，以舒俭民研究员为组长的专家组，给出了"按计划进度执行"的总体结论，并提出了一些具体意见：①项目在多类型保护地生态系统健康诊断与资产评估、重要生态保护地承载力核算与经济生态协调性分析、生态功能协同提升、国家公园体制改革与自然保护地体系建设、国家公园建设与管理以及三江源与神农架国家公园建设等方面取得了系列阶段性成果，已发表学术论文31篇（其中SCI论文8篇），出版专著1部，获批软件著作权2项，提出政策建议8份（其中2份获得批示或被列入全国政协大会提案），完成图集、标准、规范、技术指南等初稿7份，完成硕/博士学位论文5篇，4位青年骨干人员晋升职称。完成了预定任务，达到了预期目标。②项目组织管理符合要求。③经费使用基本合理。并对下一阶段工作提出了建议：①各课题之间联系还需进一步加强；注意项目成果的进一步凝练，特别是在国家公园体制改革区的应用。②加强创新性研究成果的产出和凝练，加强成果对国家重大战略的支撑。

在2021年3月25日举行的课题综合绩效评价会上，由中国环境科学研究院舒俭民研究员（组长）、国家林业和草原局调查规划设计院唐小平副院长、北京林业大学雷光春教授、中国矿业大学（北京）胡振琪教授、中国农业科学院杨庆文研究员、国务院发展研究中心苏杨研究员、中国科学院生态环境研究中心徐卫华研究员等组成的专家组，在听取各课题负责人汇报并查验了所提供的有关材料后，经质疑与讨论，所有课题均顺利通过综合绩效评价。

"自然保护地功能协同提升研究与示范丛书"即是本项目成果的最主要体现，汇集了项目组及各课题的主要研究成果，是 10 家单位 50 多位科研人员共同努力的结果。丛书包含 7 个分册，分别是《自然保护地功能协同提升和国家公园综合管理的理论、技术与实践》《中国自然保护地分类与空间布局研究》《保护地生态资产评估和生态补偿理论与实践》《自然保护地经济建设和生态保护协同发展研究方法与实践》《国家公园综合管理的理论、方法与实践》《三江源国家公园生态经济功能协同提升研究与示范》《神农架国家公园体制试点区生态经济功能协同提升研究与示范》。

除这套丛书之外，项目组成员还编写发表了专著《神农架金丝猴及其生境的研究与保护》和《自然保护地和国家公园规划的方法与实践应用》，并先后发表学术论文 107 篇（其中 SCI 论文 35 篇，核心期刊论文 72 篇），获得软件著作权 7 项，培养硕士和博士研究生及博士后人员 25 名，还形成了以指南和标准、咨询报告和政策建议等为主要形式的成果。其中《关于国家公园体制改革若干问题的提案》《关于加强国家公园跨界合作促进生态系统完整性保护的提案》《关于在国家公园与自然保护地体系建设中注重农业文化遗产发掘与保护的提案》《关于完善中国自然保护地体系的提案》等作为政协提案被提交到 2019～2021 年的全国两会。项目研究成果凝练形成的 3 项地方指导性规划文件[《吉林红石森林公园功能区调整方案》《黄山风景名胜区生物多样性保护行动计划（2018—2030 年）》《三江源国家公园数字化监测监管体系建设方案》]，得到有关政府批准并在工作中得到实施。16 项管理指导手册，其中《国家公园综合管控技术规范》《国家公园优化综合管理手册》《多类型保护地生态资产评估标准》《生态功能协同提升的国家公园生态补偿标准测算方法》《基于生态系统服务消费的生态补偿模式》《多类型保护地生态系统健康评估技术指南》《基于空间优化的保护地生态系统服务提升技术》《多类型保护地功能分区技术指南》《保护地区域人地关系协调性甄别技术指南》《多类型保护地区域经济与生态协调发展路线图设计指南》《自然保护地规划技术与指标体系》《自然保护地（包括重要生态保护地和国家公园）规划编制指南》通过专家评审后，提交到国家林业和草原局。项目相关研究内容及结论在国家林业和草原局办公室关于征求《国家公园法（草案征求意见稿）》《自然保护地法（草案第二稿）（征求意见稿）》的反馈意见中得到应用。2021 年 6 月 7 日，国家林业和草原局自然保护地司发函对项目成果给予肯定，函件内容如下。

"国家重要生态保护地生态功能协同提升与综合管控技术研究与示范"项目组：

"国家重要生态保护地生态功能协同提升与综合管控技术研究与示范"项目是国家重点研发计划的重要组成部分，热烈祝贺项目组的研究取得了丰硕成果。

该项目针对我国自然保护地体系优化、国家公园体制建设、自然保护地生态功能协同提升等开展了较为系统的研究，形成了以指南和标准、咨询报告和政策建议等为主要形式的成果。研究内容聚焦国家自然保护地空间优化布局与规划、多类型保护地经济建设与生态保护协调发展、国家公园综合管控、国家公园管理体制改革与机制建设等方面，成果对我国国家公园等自然保护地建设管理具有较高的参考价值。

诚挚感谢以闵庆文研究员为首的项目组各位专家对我国自然保护地事业的关注和支持。期望贵项目组各位专家今后能够一如既往地关注和支持自然保护地事业，继续为提升我国自然保护地建设管理水平贡献更多智慧和科研成果。

国家林业和草原局自然保护地管理司

2021 年 6 月 7 日

在项目执行期间，为促进本项目及课题关于自然保护地与国家公园研究成果的对外宣传，创造与学界同仁交流、探讨和学习的机会，在中国自然资源学会理事长成升魁研究员等的支持下，以本项目成员为主要依托，并联合有关高校和科研单位技术人员成立了"中国自然资源学会国家公园与自然保护地体系研究分会"，并组织了多次学术会议。为了积极拓展项目研究成果的社会效益，项目组还组织开展了"国家公园与自然保护地"科普摄影展，录制了《建设地球上最富人情味的国家公园》科普宣传片。

2021 年 9 月 30 日，中国 21 世纪议程管理中心组织以安黎哲教授为组长的项目综合绩效评价专家组，对本项目进行了评价。2022 年 1 月 24 日，中国 21 世纪议程管理中心发函通知：项目综合绩效评价结论为通过，评分为 88.12 分，绩效等级为合格。专家组给出的意见为：①项目完成了规定的指标任务，资料齐全完备，数据翔实，达到了预期目标。②项目构建了重要生态保护地空间优化布局方案、规划方法与技术体系，阐明了保护地生态系统生态资产动态评价与生态补偿机制，提出了保护地经济与生态保护的宏观优化与微观调控途径，建立了国家公园生态监测、灾害预警与人类胁迫管理及综合管控技术和管理系统，在三江源、神农架国家公园体制试点区应用与示范。项目成果为国家自然保护地体系优化与综合管理及国家公园建设提供了技术支撑。③项目制定了内部管理制度和组织管理规范，培养了一批博士、硕士研究生及博士后研究人员。建议：进一步推动标准、规范和技术指南草案的发布实施，增强研发成果在国家公园和其他自然保护地的应用。

借此机会，向在项目实施过程中给予我们指导和帮助的有关单位领导和有关专家表示衷心的感谢。特别感谢项目顾问李文华院士和刘纪远研究员、项目跟踪专家舒俭民研究员和赵景柱研究员的指导与帮助，特别感谢项目管理机构中国 21世纪议程管理中心的支持和帮助，特别感谢中国科学院地理科学与资源研究所及其重大项目办、科研处和其他各参与单位领导的支持及帮助，特别感谢国家林业和草原局（国家公园管理局）自然保护地管理司、国家公园管理办公室，以及三江源国家公园管理局、神农架国家公园管理局、武夷山国家公园管理局和钱江源国家公园管理局等有关机构的支持和帮助。

作为项目负责人，我还要特别感谢项目组各位成员的精诚合作和辛勤工作，并期待未来能够继续合作。

2022 年 3 月 9 日

本 书 前 言

生态保护与经济建设的协调是自然保护地所面对的核心问题之一。同西方发达国家保护地内几乎无人居住的情况不同，我国保护地内大都分布着一定数量的人口，如果对区内资源进行封闭式或半封闭式保护，会导致当地的经济发展受到严重影响。而由于保护空间和类型交叉重叠、保护地边界划定不科学、保护职能部门分散、保护资金缺乏、过于逐利经营等问题的存在，自然保护地生态保护的效率也大打折扣。

随着习近平总书记提出"绿水青山就是金山银山"的"两山理论"，保护地建设被提到了新的高度。2013年，党的十八届三中全会上，首次提出了将"国家公园"作为推动生态文明建设、整合自然保护地的重要体制改革内容；2015年，国家公园试点工作开始推进；2017年9月，中共中央办公厅、国务院办公厅联合印发《建立国家公园体制总体方案》，要求理清各类自然保护地关系，并明确给出了中国国家公园的定义。2018年国家机构改革，在国家林业和草原局加挂国家公园管理局牌子，这对统一管理各种类型保护地起到了积极作用；2019年6月，中共中央办公厅、国务院办公厅印发《关于建立以国家公园为主体的自然保护地体系的指导意见》，对国家公园、自然保护区和自然公园三种类型的自然保护地进行了科学的定义和分类，并对自然保护地建设提出了"构建科学合理的自然保护地体系""建立统一规范高效的管理体制""创新自然保护地建设发展机制""加强自然保护地生态环境监督考核"等方面的指导意见。这一系列重大决策的部署，为加快推进生态文明建设和生物多样性保护创造了有利条件。在这样的背景下，本书系统整合了围绕"保护地经济建设与生态保护协同发展"这一主题所开展的一系列研究，具体内容如下。

1）保护地经济建设与生态保护协同发展问题识别。第一步开展冲突分析研究，对保护地经济建设与生态保护协调水平进行评估，利用GIS空间分析工具和多种模型，分析并预测保护区及其社区、产业与旅游开发和保护地重点保护生态脆弱区之间的冲突。进一步，选取生态系统状况变化评价指标和经济发展评价指标，建立承载状态与经济发展的协调性评价指标体系，选择多属性评价方法，对保护地区域承载状态与协调发展水平进行评估。以环境和生态承载力为上限，结合问题甄别的结果，针对多类型保护地分区布局、人类活动、开发强度等方面提出缓解冲突的调整对策，提出优化建议。

2）保护地内所承载的一切活动都必须限制在生态系统所能承载干扰的阈值之内，这一承载阈值即保护地生态系统的承载力。构建多类型保护地生态承载力核算模型，其是自然基础承载力、社会经济承载力以及游憩承载力内部逻辑关系的数学表达式。

构建基于生态系统服务的保护地空间结构与布局多目标优化模型。生态系统服务通过土地覆被得到空间表征，在各类生态系统服务价值当量计算的基础上，通过土地覆被遥感解译数据可以进行不同尺度生态系统服务价值评估，由此得到生态系统服务在保护地范围内的空间格局现状，进而能够利用优化模型对其规模结构和空间布局进行优化。

利用系统保护规划软件，考虑物种分布与保护等级、生态系统服务、景观多样性、连通性（边界长度）和成本因素对保护地的不可替代性和保护优先区位置进行计算，基于此对保护地的空间布局进行优化调控。

3）从实地调研、走访，与当地环保、环境监测部门座谈入手，通过问卷调查、入户走访等，了解当地居民人口数量、经济来源、家庭收支状况、主要生产生活行为、草场或耕地利用状况以及环境污染来源及现状，识别当地人类活动的主要类型及对自然生态环境的可能影响；通过量表及问卷的设计，进行入户调查，获取生态保护地农牧民生态保护意识、认知水平，常规生产生活行为及生态保护行为，以及当地相关生态保护政策及其影响等。通过统计及问卷数据，建立结构方程模型，分析政策因素、生态认知因素、生计因素及态度意愿因素等关系及相互影响；利用结构方程、路径分析方法，评价当地生态保护政策，放牧策略、补偿政策，政策落实效果及影响，提出保护地生态系统功能协同提升及农牧户生计维持的政策建议。

4）结合不可替代性、生态脆弱性和生态适宜性等方面，从原住民基本生活需求、游客游憩、教育、科研等方面，构建指标体系。进而采用 ArcGIS 的组分析工具进行分级功能分区。总结凝练前期不同层次的保护地经济和生态研究结果，构建有针对性的保护地经济与生态协调发展路线图设计与差异化精细管控方法体系，从而实现理论成果向实践指导创造性转化、创新性发展，使得前期研究成果能真正意义上用于保护地发展。这种半定量半定性的规划方法相较于常见的路线图绘制方法，具有更强的科学性与可行性，规划结果在落地实施后，能尽可能减少经济与生态之间的对立，推动经济与生态的统一，实现保护地经济与生态的协同提升。

全书包括六篇15章，第一章由曾维华、毛显强、张丽荣、席建超、马冰然、王正早、胡官正、孟锐、刘孟浩、解钰茜、王慧慧、李晴、曹若馨完成，第二章由曾维华、马冰然、胡官正、王正早、孟锐、刘孟浩、解钰茜完成，第三章、第四章由张丽荣、曾维华、孟锐、潘哲、马冰然完成，第五章由席建超、曾维华、刘孟浩、杨俊、黄泰、陈思宏和李玥完成,第六章由席建超、刘孟浩、杨俊、黄泰、陈思宏和李玥完成,第七章由曾维华、马冰然、张同作、蔡振媛、高红梅、江峰、张婧捷完成,第八章和第九章由毛显强、曾维华、王正早、高玉冰、何峰、王沐丹、鲁建宏、谭雨桐、刘昭阳、宋鹏、张慧敏、李金平、杨依、胡祯洁、朱琪完成,第十章由曾维华、马冰然、解钰茜完成,第十一章由曾维华、胡官正、马冰然、解钰茜完成,第十二~十五章由曾维华、马冰然、张同作、王正早、胡官正、孟锐、王慧慧、刘孟浩、解钰茜、潘哲、刘昭阳、宋鹏、张慧敏、李金平、杨依、胡祯洁、朱琪、蔡振媛、高红梅、江峰、张婧捷完成。全书最终由曾维华、马冰然、胡官正、李晴统稿、校稿。其中,曾维华、马冰然、毛显强、王正早、王慧慧、胡官正、解钰茜、李晴、曹若馨、高玉冰、何峰、王沐丹、鲁建宏、谭雨桐的单位为北京师范大学;张丽荣、孟锐、潘哲的单位为生态环境部环境规划院;席建超、刘孟浩、陈思宏、李玥的单位为中国科学院地理科学与资源研究所;张同作、蔡振媛、高红梅、江峰、张婧捷的单位为中国科学院西北高原生物研究所;刘昭阳的单位为剑桥大学;宋鹏、张慧敏、李金平、胡祯洁、朱琪的单位为重庆大学;杨依的单位为中央民族大学;杨俊的单位为辽宁师范大学;黄泰的单位为苏州大学。

本书是作者在对参与的国家科技重大专项(典型脆弱生态修复与保护研究)项目"国家重要生态保护地生态功能协同提升与综合管控技术研究与示范"(2017YFC0506400)课题"多类型保护地区域经济建设与自然生态保护协调发展创新技术研究"研究成果进行综合提炼整合的基础上完成的,并受到此课题的资助。本书是研究团队集体智慧的结晶,同时还得益于与北京师范大学环境学院、生态环境部环境规划院、中国科学院地理科学与资源研究所、北京大学、中央民族大学、中国林业科学研究院等研究团队的学术交流,使学术思想的火花得到启发和升华。调研过程中得到了青海三江源国家公园管理局下辖杂多、治多等管理处、黄山风景区管理委员会、神农架国家公园管理局、贵州赤水调研过程中赤水市人民政府和各乡镇政府、各委办局的支持。在此一并表示由衷感谢!

本书侧重自然保护地生态保护与经济建设协同发展技术与具体实践应用,可供从事生态学、地理学、环境科学研究的学者,国家公园与自然保护地管理的工作者,以及高等学校与科研单位的老师与学生参考。由于著者水平和时间有限,书中不当之处在所难免,敬请读者批评指正。

曾维华

于北京师范大学

2021 年 7 月 26 日

目　　录

第一篇　总　　论

第二篇　保护地区域经济建设与生态保护发展协调性分析

第五篇　保护地区域经济与生态协调发展路线图设计和差异化精细管控

第六篇　三江源国家公园示范案例研究

第一篇　总　　论

第一章 绪 论

第一节 背景与意义

世界自然保护联盟（International Union for Conservation for Nature）对保护地（区）（Protected Area）的定义是"保护地是一个明确界定的地理空间，通过法律或其他有效方式获得认可、得到承诺和进行管理，以实现对自然及其所拥有的生态系统服务和文化价值的长期保护"。保护地对生物多样性的保护至关重要。它几乎是所有国家和国际保护战略的基础，设立保护地是为了维持自然生态系统正常运作，为物种提供庇护所，并维持景观内进行的生态过程。保护地可以直接造福人类，不论居住在自然保护地内，还是靠近或远离保护地，都能够从保护地中获得游憩的机会，获取资源，从大自然提供的生态系统服务中受益。自然保护地的存在还会惠及我们的子孙后代，保护这些陆地与海洋景观有助于阻止因人类活动而造成的物种灭绝。截至 2018 年 7 月（UNEP-WCMC and IUCN-WCPA，2018），世界保护区数据库（WDPA）中共记录了 238 563 个指定保护区。这些保护区大部分都在陆地上，总保护面积超过 2000 万 km^2，相当于地球陆地面积的 14.9%。海洋保护区尽管数量较少，却覆盖了超过 600 万 km^2 的地球表面积，占世界海洋的 7.3%。到 2020 年，保护区的覆盖范围将大大增加，预计陆地上的保护区将增加 450 万 km^2，海洋将增加 1600 万 km^2（UNEP-WCMC and IUCN-WCPA，2018）。

由于历史原因，中国的自然保护地建设起步较晚。一般认为，1956 年鼎湖山国家级自然保护区是中国的第一个自然保护地。截至 2019 年，中国已经建立了国家级自然保护区 474 处，国家级风景名胜区 1051 处，国家级地质公园 613 处，国家级森林公园 897 处，国家级湿地公园 899 处；海洋特别保护区（海洋公园）111 处；世界自然遗产 14 项，自然和文化双遗产 4 项，世界地质公园 39 处（https://zrbhdfz.com/）。再加上省级、市级等大大小小各类保护地，总数达 1.18 万个，覆盖陆域国土面积的 18%。这些自然保护地覆盖了中国 90% 的自然生态系统类型、85% 的国家重点保护动物和 86% 的国家重点保护植物种类（http://grassland.china.com.cn/）。然而长期以来，中国的自然保护地一直没有形成一个完善的体系。体系的缺乏导致我国自然保护地在管理上存在许多问题，如"保护职能部门分散""保护空间和类型交叠""保护资金缺乏""过于逐利经营""立法不健全"等。针对目前存在的问题，2017 年 9 月颁布的《建立国家公园体制总体方案》中，明确提出"构建统一规范高效的中国特色国家公园体制，建立分类科学、保护有力的自然保护地体系"，建立保护地体系成为中国生态文明建设中一项主要工作。2019 年 6 月，中共中央办公厅、国务院办公厅出台了《关于建立以国家公园为主体的自然保护地体系的指导意见》，指出要整合各类交叉重叠自然保护地，解决自然保护地区域交叉、空间重叠的问题，归并优化相邻自然保护地，实现对自然生态系统的整体保护。这一系列重大决策的部署，为加快推进生态文明建设和生物多样性保护创造了有利条件。

综上所述，当前是自然保护地规范、整合与优化的重要时期，协调保护地生态保护与经济发展是亟待开展的重要内容。这是因为，同西方发达国家保护地内几乎无人居住的情况不同，中国保护地内大都居住着一定数量的人口，如果对区内资源进行封闭式或半封闭式保护，会导致当地的经济发展受到严重影响，自然保护地的生态保护和经济发展之间的矛盾已经是无法回避的问题。因此，在分析区域经济建设与生态保护协调性的基础上，构建生态承载力核算模型，提出经济结构与布局优化调控方法、分区与差异化精细管控方法、农户生计与保护行为及其政策调控方法、保护地区域经济与生态协调发展路线图设计等，为保护地生态保护与经济建设协同发展提供方法支持。

生态保护地存在的意义在于发挥生态产品功能，核心管护目标在于保证保护地内生态系统完整性（包括典型物种）和生态服务功能的优势，进而良性维续游憩、文教等其他功能。随着我国生态文明体制和生态环境保护政策法规体系不断完善，不同类型生态保护地的主体功能、保护层次和发展路线逐渐明晰，管理事权进一步明确。长期存在的各类生态保护地人为割裂、空间区域重叠、土地权属不清、管理权限不明等潜在问题不断凸显，生态保护地主体功能的发挥受到制约，与周边社区发展需求之间的冲突日益激烈，需要建立基于细化保护措施、满足发展需求的多类型生态保护地的空间及分区管制技术方法。

生态承载力将生态资源和环境问题统一考虑，将社会经济发展与生态系统联系起来，是进行自然保护地科学保护和有效利用的基础。确定适宜经济增长和自然保护和谐发展的生态承载力阈值，是保护地生态系统健康与可持续发展的重要保证。生态承载力用于评估区域生态环境发展水平，监测生态变化，并根据评估结果提出有效的空间管制方案，对研究社会经济环境可持续发展具有重要意义。目前对于保护地生态承载力的核算大多以某一类保护地为研究对象，缺少对多类型保护地生态承载力的研究。

早期保护地管理对区内资源进行封闭式或半封闭式保护，会导致社区居民的生活难以得到保障，保护地与地方经济发展以及原住民生计维持之间的矛盾突出。在做好生态保护的同时发展社区经济、改善居民生活，取得社区居民对保护工作的理解，对保护地居民生计与保护行为进行优化提升，是保护地保护工作顺利进行的重要基础，是保护地健康有序发展的前提条件。

如何在空间上统筹自然保护与社会经济发展也是自然保护地研究过程中的一个关键问题。目标物种是自然保护区建立的起始原因，是保护地需要维护永久存在的对象，因而其栖息地的适宜性是环境生态系统中至关重要的构成部分。保护地的建立是进行生物多样性保护的有效途径，但可利用的资金和资源并非可以无限获得，保护区不可无限扩大，这就需要利用有限的资源筛选出保护生物多样性最有效的区域。此外，保护地还有人类居住，且兼有游憩、教育、科研等多种功能。这就需要在空间上进行分区，进一步决定在哪里实施保护措施，在哪里加强某些活动（Geneletti et al.，2008；梅洁人，2003），针对不同区域开展差异化精细管控。

保护地区域经济建设与生态保护之间的矛盾（陈建伟，2019），还存在经济建设与生态保护协同发展规划设计缺乏系统方法支撑的问题。路线图的概念出现于19世纪中叶（Galvin，1998；Khanam and Daim，2017），逐步发展完善（Donnelly et al.，2006；Probert，2003；Wells，2004）为国家（区域）发展路线图、行业发展路线图和企业技术路线图三大类。其中，国家（区域）发展路线图具有政府主导、可凝结研究人员智慧的特点，可满足保护地区域协同发展规划的需要。然而相关领域研究集中在节约能源、保护资源方面（辛华，2011；张薇，2009；中国科学院基础科学局，2009；张振刚等，2013）而较少涉及保护地区域，且大都是定性描述，缺乏量化分析。因此，现阶段亟需在厘清保护地区域经济建设与生态保护协同发展相关概念的基础上，构建定量化的发展路线图绘制方法，为保护地建设提供理论指导。

第二节 国内外研究进展

一、保护地区域经济建设与生态保护发展协调性研究进展

（一）保护地区域空间冲突识别技术

随着我国生态文明体制和生态环境保护政策法规体系不断完善，不同类型生态保护地的主体功能、保护层次和发展路线逐渐明晰，管理事权进一步明确。但长期存在的各类生态保护地人为割裂、空间区域重叠、土地权属不清、管理权限不明等潜在问题不断凸显，生态保护地主体功能的发挥受到制约，与周边社区发展需求之间的冲突日益激烈，需要建立基于细化保护措施、满足发展需求的多类型生态保护地的空间及分区管制技术方法。

冲突一词最初来自社会学，是指两个或多个社会单位的目标不相容或相互排斥，从而导致心理或行为上的矛盾（Leong and Ward，2000；Zou et al.，2019）。土地利用冲突是指土地资源利用过程中的矛盾状态（Zou et al.，2019）。土地利用冲突的概念最早是在 1977 年英国乡村协会召开的"土地管理、土地利用关系与冲突"会议上提出的，此后，学者从生态学、地理学、规划学等角度开展关于土地利用冲突的研究。随着人类对资源的开发和利用不断增强，工业化和城镇化突飞猛进，土地利用冲突逐渐成为生态学和地理学领域都较为受到关注的问题。20 世纪 90 年代，随着景观生态学理论和 3S 技术的不断发展和深化，土地利用冲突的研究方法和技术也变得更加完善。已有案例主要集中于国家、省市、城乡交错带、滨海或沿河地带、自然保护区、乡镇村等各个尺度（孙丕苓，2017）。空间冲突的概念是伴随着土地利用冲突的概念而产生的，它是指在人地关系作用的过程中伴随着空间资源竞争而产生的空间资源分配过程中的对立现象（胡应龙，2019）。

许多学者针对土地利用冲突/空间冲突开展了大量的相关研究，主要包括空间冲突的类型（Von der Dunk et al.，2011）、空间冲突的变化（Delgado-Matas et al.，2015）、空间冲突的识别与评估（Brown and Raymond，2014；Groot，2006）、空间冲突的管理等（Petrescu-Mag et al.，2018）。Cieślak（2019）等基于可能导致土地利用冲突的属性值，使用了潜在的土地利用冲突驱动因素指数来评估驱动土地利用冲突的因素的强度。Zou 等（2019）以中国东南沿海城市化与工业化典型的前沿地区为例，建立了土地利用冲突识别与强度诊断的经验模型，提出了一种基于冲突管理的土地可持续利用情景模拟方法。

以上空间冲突的研究主要集中在城市化较为快速的地区，然而，破坏性土地利用在保护地及其周边地区都会成为影响物种生存的重要原因（Newbold et al.，2015）。此外，保护地所保护的区域并不是野生动物生存空间的全部，保护地网络还不能够覆盖所有物种生存空间（Gabriel et al.，2014），再加上生物多样性保护存在保护空缺（Fonseca and Venticinque，2018；Liu et al.，2018），计划外的农业用地、工矿用地、非正式道路的建设很可能侵占了这些原本属于物种生存的栖息地（Hosonuma et al.，2012），或者保护的优先区，导致生态保护与经济发展在这些区域无法得到平衡。

本书提到保护地空间冲突概念，旨在描述保护地的保护目标与生态空间管理、土地利用等之间存在的矛盾，通过提出科学合理的评价指标与方法，识别出保护地内现存的空间冲突。空间冲突必然伴随着空间资源的开发与利用，进而引起空间格局、功能和过程的改变，导致生境破碎化、生物多样性下降等一系列生态环境问题，最终威胁整个区域的生态安全，对区域经济-社会-生态复合系统的稳定性与可持续性造成影响（周国华和彭佳捷，2012）。自然保护地的空间研究多集中在景观格局分析、保护空缺分析和人类活动等，鲜有保护地区域空间冲突的专门研究。中国对生态保护地的建设质量和协调管理能力高度关注，生态环境部等七部门先后组织实施了"绿盾 2017""绿盾 2018"自然保护区监督检查专项行动，重点检查自然保护区范围及各功能区边界。由于自然保护区"绿盾"专项检查等原因，自然保护区人类活动有关研究剧增，徐网谷等（2015）全面分析了我国国家级自然保护区人类活动的分布现状；曹巍等（2019）评估了人类活动对全国 446个国家级自然保护区生态系统的影响；陈妍和李双成（2018）探讨了夜间灯光指数在保护区人类活动监测中的应用。

（二）区域经济与环境协调性分析技术

1820 年，罗伯特·欧文（Robert Owen）提出了"社会环境决定论"，并从重视生态环境的角度出发看待城市化与生态环境协调发展（Lin，2007）。1898 年，英国著名的学者埃比尼泽·霍华德（Ebenezer Howard）提出要重视城市发展与城市环境的关系，合理开展规划，只有两者和谐共生，才能促进城市的快速发展（宋永昌等，2000；陈婧，2020）。

20 世纪 60 年代以来，随着生态环境污染等问题的日益突出，越来越多的学者从单纯经济增长的研究转移到经济社会与生态环境协调发展的研究上（颜世伟，2020）。1972 年丹尼斯·米都斯等发表的《增长的极限》，认识到生态环境、经济与社会是互相联系互相影响的整体。1987 年，世界环境与发展委员会在联合国大会上发表了《我们共同的未来》，正式提出可持续发展概念，并对其进行了介绍，强调了生态环境与社会经济要协调进行才能保证城市的可持续发展（Barger and Hodge，2009）。1992 年，人类环境与发展大会通过了《21 世纪议程》，指出 21 世纪最大的挑战是环境问题，并提议立即实施可持续发展战略（鲁敏等，2002）。随着协调发展理论的不断深入，许多学者开始提出经济与环境协调发展的分析方法。这些方法包括环境库兹涅茨曲线（Environmental Kuznets Curve，EKC）、耦合协调度、灰色关联理论、系统动力学（System Dynamics，SD）、PSR/DPSIR 模型等。

1995 年，美国经济学家 Grossman 和 Krueger 通过整理 42 个国家的城市化与生态环境相关数据，分析得出了随着国民经济的快速发展，各个城市的生态环境质量呈现倒 U 形的发展规律，并提出了"环境库兹涅茨曲线"的假设。随后，Odum（1983）在验证了 EKC 假设之后，又构建了城市能流模型，对城市化与生态环境的关系进行了研究。随着对 EKC 的研究，学者归纳出环境压力指标和经济增长指标之间的关系主要可以包括倒 U 型、U 型、同步型和 N 型等类型。

"耦合度"是指两个或两个以上系统彼此之间的相互依赖程度。这种相互影响、相互作用的关系就称为耦合关系。最早将系统耦合理论应用在生态领域是在 20

世纪80年代后期，任继周和万长贵（1994）率先将系统耦合问题的分析运用在了草地农业系统，并第一次明确了系统耦合的概念界定。经济与生态协调理论集中体现了经济社会发展与生态环境保育之间的迫切需求，也指明了生态文明时代人类社会经济发展的方向。协调发展理论认为，通过反馈循环，社会和生态系统之间可以实现共同发展，达到系统之间或系统要素之间配合得当、和谐一致、良性循环的关系和态势（曹巍等，2019）。

灰色关联理论是灰色系统理论的分支，是灰色系统理论至关重要的部分。在所研究的系统发展的过程中，如果两个因素变化趋势大体相同，演变程度具有一致性，则关联程度较高，反之，则较低。因此灰色关联理论是根据因素的演变趋势是否具有相似度来衡量关联程度的方法。由于灰色关联理论在灰色理论的基础上在数据的要求上允许一定量的灰度，因此这一理论在农业、工业、地质及气象等领域具有广泛的适用性（刘旭，2020）。

系统动力学由麻省理工学院Forrester创建，是研究信息反馈的学科。通过运用系统思路将对象抽象化，建立系统动力学模型，并通过计算机模拟进行定量分析。SD模拟实质是一种结构-功能模拟，基于系统的微观结构建立模型，构造系统基本结构和信息反馈机制，从而模拟并分析系统动态行为。SD模型擅于对长期动态的复杂问题进行仿真模拟，是研究"社会-经济-生态环境"复杂系统的理想模型。SD模型实质是通过一阶微分方程组反映系统内变量之间的因果反馈关系，然后进行动力学仿真模拟，结合指数评价法得出结果。建模步骤包括系统综合分析、系统结构分析、系统模型构造、模型检验和仿真模拟（李春雪，2020）。

DPSIR模型，即驱动力、压力、状态、影响和响应的五维模型，是经济合作与发展组织（Organization for Economic Co-operation and Development，OECD）在1993年基于PSR（压力-状态-响应）模型提出的。PSR模型可以揭示人类活动与生态、环境和自然资源之间的相互作用。DPSIR模型在PSR模型的基本框架中增加了对驱动力和影响的分析。从系统分析的角度，以简化系统内部因果关系为思想，更全面地评价人类活动与生态环境的相互作用。DPSIR模型综合了社会、经济、资源、环境要素，清晰地展示了社会经济发展和人类生产活动对生态环境的影响。同时，它也反映了人类复杂的社会行为引起的环境条件变化的影响，进而对社会和经济的影响（Liu et al.，2021）。

保护地协调发展可以包括协调发展程度的研究、协调发展措施的研究等。协调发展程度方面，耦合协调度方法是应用较为广泛的方法。例如，王凌青等（2021）以青藏高原典型区域为研究对象，综合运用数量耦合方法（耦合协调度模型）和速度耦合方法（Tapio脱钩模型），认为研究区2016年处于重度失调型，其余年份均处于中度或轻度失调型（王凌青等，2021）；魏玮和任善英（2020）分析了三江源国家公园的生态-经济-社会耦合协调度，认为三江源国家公园的耦合协调度呈现出持续向好的发展态势，但其增长速度和协调程度仍与预期目标有较大差距。杨阳等（2020）以东北虎豹国家公园珲春区域为研究区，依据 DFSR（驱动力-状态-响应）模型构建评价指标体系，运用耦合协调度评价模型对东北虎豹国家公园生态环境与区域经济耦合协同发展进行实证分析。其认为东北虎豹国家公园珲春区域生态环境与区域经济呈现显著的耦合发展关系，但协调度较低。生态环境与区域经济间发展具有显著的时间差异，2007~2010 年处于失调阶段，2011~2016年处于低度协同阶段。协调发展措施方面，如王昌海（2019）认为生态旅游逐渐成为协调保护与发展的重要途径。但是生态旅游需要注意保护地的环境承载力。张丽荣等（2015）采用态势分析法对我国现行的生物多样性保护与减贫的宏观政策在未来协同发展过程中的优势、劣势、机会和威胁进行了探讨，并提出了促进二者协同发展的生态移民、绿色资本带动、生态旅游、绿色考评等途径。王恒（2013）以大连长山群岛为例探讨了国家海洋公园的生态保护与旅游协调发展，认为应重点控制区域本底人口与旅游者数量，应将旅游者人数应控制在 263.86 万人次以内。田永祥和林杨（2018）以湖南小溪国家级自然保护区为研究对象，分析了资源开发保护与当地居民的矛盾，认为研究区未来资源保护与社区合作的方式是建立保护区和社区的共管机制、提高保护区管护水平、旅游利益的合理分配、生态补偿的推进。

二、保护地区域生态承载力核算研究进展

所谓"承载力"原本是一个物理学的概念，它原指物体在保持其原有的状态之下所能承受的最大的压力，可以通过实验测量出来，具有可视性以及可操作性（曾维华和杨月梅，2008）。而在生态学的发展过程中，需要引入一个概念来表示生态系统能够支撑的最大牲畜数量，于是 19 世纪 80 年代后期，"承载力"被引入生态学中。1920 年，生物学家 Pearl 与 Reed 通过生物学试验，总结出实验室中生物数量增长的对数方程，并证明北美地区的人口增长也存在类似关系。1921 年，人类生态学学者 Park 和 Burgess 确切地提出了"承载力"这一概念，即"某一特定环境条件下（主要指生存空间、营养物质、阳光等生态因子的组合），某种个体存在数量的最高极限"。1953 年，Odum 在《生态学原理》中，使用对数增长方程赋予承载力概念以较为精确的数学形式（曾维华，2021）。

20 世纪 40 年代，美国学者 William 最早提出土地资源承载力的概念（或者说是土地的人口承载力概念），即土地向人类提供饮食住所的能力决定于土地的生产潜力，也就是土地向人们提供粮食、衣着、住所的能力与环境阻力对生物潜力限制的程度。1970 年，澳大利亚的科学工作者从各种因素对人口的限制角度出发讨

论了该国的土地资源承载力。他们的研究考虑了澳大利亚的土地资源、水资源、气候资源等限制因素，除种植业外还考虑了畜牧业的发展潜力，分析了集中发展策略和相应的发展前景。发展中国家也进行土地的潜在人口承载能力的研究，联合国粮食及农业组织（Food and Agriculture Organization of the United Nations，FAO）把评价原则应用于世界土壤地图，将气候和土壤生产潜力相结合，来反映土地用于农业生产的实际潜力并考虑了土地的投入水平和社会经济条件，对人口资源和发展之间的关系进行了定量评价，指出不同的土地利用方式下可以有不同的人口承载量（曾维华，2021）。1973 年，Millington 和 Giffford（1973）通过多目标综合决策方法分析了不同情境下土地资源的人口承载力。20 世纪 70 年代末，联合国粮食及农业组织提出了农业生态区法（Higgins et al.，1982）来确定土地资源承载力。1986 年 Catton 研究了人口与土地资源承载力的关系，认为土地资源承载力是区域所能持续承担的最大负担，该负担包括人口和人口的消费两方面（孙茜，2017）。随后学者们从不同角度出发，探讨了水资源承载力、森林资源承载力和矿产资源承载力等（周钰，2020）。

20 世纪 70 年代，随着土地荒漠化、大气污染、水环境污染等问题不断显现，环境承载力开始引发学者们的关注，环境容量的概念被提出。Bishop 强调环境的容纳能力、支持能力和对废弃物的吸收能力，提出环境承载力是一个区域在可接受的生活水平下能够承受的人类活动的强度（Bishop，1974）。曾维华等（1999）、周钰（2020）等认为，环境承载力是在特定时期和条件下，特定区域环境所能负担人类活动的强度，并研究了福建省湄州湾开发区的环境承载力，这是国内最早出现的环境承载力概念。

20 世纪 80 年代，联合国教育、科学及文化组织对生态承载力进行定义，其定义为：某一国家、地区在可预测时间范围内，利用本区域资源及其他自然资源等可提供的条件，在维持该区域生活习惯准则的基本情况下，所能供给正常生活的人口最大数量（UNESCO&FAO，1985；张琦，2020）。高吉喜（2001）对生态承载力概念进行了定义，资源和环境对系统进行供给和维持，生态系统进行自我维持、自我调节，可承载社会经济的活动幅度和保障生活需求的人口数目，统称为生态承载力。生态承载力概念研究逐步结合经济发展、人口增长、环境、资源等系统，从单一关系向复杂关系转变，因此，生态承载力也可以是在一定区域范围内，作为子项的自然资源、生态环境以及社会经济等协调可持续发展的前提下，自然-经济-社会复合生态系统所能最大限度地容纳的人类活动强度。生态承载力概念的诞生，可以说是对资源与环境承载力概念的扩展与完善。生态承载力内涵包括两个层面，即压力和支撑力。压力方面，生态系统要起到支撑生物发展特别是人类社会发展的作用，尤其是在人类活动越发频繁的今天，生态系统承压能力与社会发展息息相关；支撑力方面，生态系统的稳定能力，包括正负反馈的调节能力以及为人类社会提供资源的能力等。生态系统承受的压力没有超过支撑力的临界值，则生态系统可承载，状态良好；反之，则生态系统超载，环境恶化（王垚，2020）。

生态承载力核算的方法主要有净初级生产力（Net Primary Productivity，NPP）法、生态足迹法、状态空间法（State-space Techniques）、系统动力学法、多目标分析法等。

1）净初级生产力法。NPP 在一定程度上可以反映生态系统的调节能力，由于 NPP 受人类或者环境的影响会发生变动，因此可以通过比较标准值与测算的实际 NPP 的值差异来反映生态系统的承载力现状，适宜大范围研究区域的生态承载力估算（周钰，2020）。王家骥等（2000）根据植被的 NPP 模型计算出植被的 NPP 值来表征黑河流域的生态承载力的空间分布情况，进而与沙漠化 NPP 指征的标准值进行对比，分级评价黑河流域的生态承载力。

2）状态空间法。状态空间法是欧氏几何空间用于定量描述系统状态的一种有效方法，通常由表示系统各要素状态向量的三维状态空间轴组成。在生态承载力研究中，三维状态空间轴分别代表生态承载力的影响因素，如人类活动轴、资源轴和环境轴，从而构建生态承载力评价模型（周钰，2020；孙茜，2017）。

3）多目标分析法。在实际应用中，需要尽可能使数个目标都达到最优的优化问题是我们经常遇到的。例如，在新的产品设计和研发时，不仅希望产品要有好的性能，又需要其制造成本低廉，还需要考虑产品的可靠性以及外观是否吸引人等因素，这些目标的提高也许相互抵触，譬如好的性能会引起成本的升高，所以有必要在这些目标之间选取折中结果。这种多个目标在确定的区域上的最优化问题就是多目标优化问题（Multi-objective Optimization Problem，MOP）。针对规划区域内发展因子和限制因子的特点，构建生态承载力不确定性多目标优化模型，设置目标函数和约束条件，目标函数包括地区人口规模、区域最大载畜量以及适度旅游规模，产草量约束、旅游环境承载力约束、土地资源等承载力分量约束、野生动物保护约束、人口规模约束以及旅游规模约束等（张琦，2020）。

4）生态足迹法。生态足迹是指在人口与经济规模条件下，能够维持资源供给与废物消纳所必需的生物生产性土地面积（褚英敏，2020）。它的设计思路是：人类的生存必定消费地球上的各种资源，这些消费最终都可以追溯到提供生产该消费产品所需要的生物生产性土地。生态足迹方法以基于"全球平均产量的生物生产性土地面积——全球公顷"作为度量生态承载力的生物物理指标，实现了指标的统一性、可加性和全球的可比性，成为近年来国内外关注最多、研究最广的生态承载力评价方法。把一个国家或地区的生态足迹与其生态承载力相比较，就会产生生态赤字或生态盈余。生态赤字表示一个地区的生态负荷超过了其生态容量，因此，要想满足区域在现有的资源消费标准下继续发展，就要从区域外进口所欠缺的资源，否则只能以消耗其自身的自然资本来维持发展。这两种情况都是不可持续的发展状态，不可持续的状况越严重，生态赤字越大。反之，生态盈余表示一个地区的生态承载力足以让人口在现有的资源消费水平下继续发展，是一种可持续发展状态，并且在这种发展情况下，自然资本有可能增加（褚英敏，2020）。

自然保护地生态承载力核算方面，如陈丽军（2019）等分别采用旅游发展指数（TDI）和生态足迹法对 2003～2017 年中国森林公园旅游发展水平和生态承载力进行测度，并对二者进行拟合分析。研究发现，中国森林公园旅游发展水平整体呈逐年上升趋势；总生态承载力持续提高，且自 2015 年以来出现显著大幅提升；人均生态承载力整体呈持续下降态势。郭文栋等（2018）通过建立分层次的生态承载力综合评价指标体系对五大连池国家地质公园的生态承载力进行了综合评价。胡艳霞等（2019）构建了密云水库保护区生态承载与敏感性分析指标、模型及分级标准，提取生态系统敏感和具有关键生态功能的区域，并从生态用地最小范围角度体现区域生态承载力的底线。蔡海生等（2007）根据土地利用/覆盖的变化情况，计算出相应年份鄱阳湖自然保护区的生态承载力，分析其动态变化和空间分异情况。张雅娴等（2019）以遥感参数反演和模型计算数据，结合实地调查和社会经济统计等数据，采用层次分析法（Analytic Hierarchy Process，AHP）和指标体系法，对三江源区生态承载力和生态安全状况进行了评价，并根据短板效应分析了限制三江源区生态承载力和生态安全的因素。结果表明，三江源区生态承载力处于中等水平，空间上呈现出由东南向西北逐渐减少的格局；限制三江源区生态承载力的因素主要是水源涵养量、初级生产力、地表水水质、植被覆盖度以及受威胁动物数量等。

三、保护地区域经济结构与布局优化调控研究进展

保护地的空间布局优化，目的在于凸显不同分区的主体功能，规定不同分区的管制规则，以取得较好的土地利用综合收益及空间目标。类似于国土空间的主体功能区、综合分区、用途管制分区、适宜性分区等，不同类型的保护地都有类似于核心区、缓冲区、试验区的分区，分区原则和范围有所差异，但是目的都是优化保护地空间利用格局，提高土地利用综合效益。

保护地空间布局涉及两个基本问题：定量土地面积优化和空间优化。在先前的研究中，已使用不同的学科和方法来尝试解决空间优化问题。在这些探索性努力中，数学模型在定量分析和决策中起着至关重要的作用。在对现有相关文献进行回顾和整理的基础上，可以将这些模型分为以下几类：第一，空间优化模型（李鑫等，2016），其核心问题在于如何正确调整和控制空间关系，利用资源使其空间结构达到最佳状态，最能满足可持续发展目标的要求。第二，编程模型（Arciniegas et al.，2011），包括线性规划模型、多目标规划模型和非线性规划模型，通常应用数学模型来获得最佳结果，如最大利润或最低成本。第三，仿真模型（Lu et al.，2015），提供创建和分析模型的数字土地使用原型以预测其在现实世界中的性能的过程。第四，智能模型（Meentemeyer et al.，2013），它是一类计算模型，如基于代理的模型（ABM）和元胞自动机模型（CA）。此类模型可以通过模拟各个土地利用主体的行为及其相互作用来评估其影响，从而了解整体系统特征。以上大多数方法为土地利用存储和分析的空间数据提供了坚实的基础，这些模型具有不同的土地利用和不同的空间规模（Liu et al.，2012）。另外，空间尺度的范围通常决定了模型的框架，但模型结果的准确性始终受到现实环境中不确定或大规模因素的影响。与上述模型相比，不确定性模型能够在假设和条件的局限性很小的情况下进行规划，以有效地应用于模拟和优化资源管理问题，如水资源管理、能源管理等。然而，在现有的土地利用分配模型中未充分考虑不确定性和环境影响因素。

将空间优化方法和不确定模型组合到同一框架中，可以解决空间优化和用地分配问题。与以前的方法相比，基于空间土地适宜性评估方法和区间随机模糊规划的模型主要有以下优点：可以同时解决土地利用分配的两个核心方面的问题——定量土地面积优化问题和空间分配问题。土地适宜性评估方法考虑了对土地利用分配至关重要的各种地理、经济和环境因素；采用区间随机模糊规划的土地利用分配模型来解决土地定量化优化问题，不仅考虑了自然系统中的三个不确定性，而且还涉及各种经济、社会、生态和环境约束，其中大多数是专门用于优化过程的。研究结果可以帮助保护地当地政府部门制定合理的土地利用规划/政策。

四、保护地农牧民生态行为、生计及影响因素研究进展

（一）保护地建设与当地原住民行为、生计

保护地体系建设最根本和核心的矛盾，仍是保护与发展，"存与用"相协调的问题（杨锐，2014）。保护地建设和管理对生态保护和当地原住民生产生活有着重要影响，许多学者通过实地调研、问卷调查等，对实现生态保护和原住民生活提升的"双赢"开展了丰富的研究，大致可以归纳为以下几个方面。

1）保护地建设与原住民生计发展的矛盾/冲突识别。对保护地建设和居民生计的主要矛盾及其原因进行识别和分析，是协调区域保护与发展工作的基础。研究显示，保护地与原住民之间冲突，主要体现在人与自然对于土地、资源使用的争夺（苗鸿等，2000），以及在资源使用中平等、公平的经营和利益分配机制（宋

文飞等，2015）；保护地建设导致的人口非自愿迁移和资源利用受限，以及补偿措施不到位等，导致原住民收入波动、预期收益未能兑现等（李琴和陈家宽，2015）。这些矛盾和冲突削弱了原住民的生态保护意向，增强了其对发展的诉求，需得到妥善解决。

2）保护地建设对原住民的影响。随着自然保护地数目增多、面积扩大，保护工作与周边居民发展的相互影响也日益密切。部分研究证明了保护地建设对当地居民社区带来的积极影响（刘静等，2009；赵正等，2016；马奔等，2017）。针对我国保护地的具体政策如退耕还林还草还湿、生态移民等对农民生产生活的影响，也有若干研究成果（程春龙和李俊清，2006；张春丽等，2009；祁进玉，2015），原住民参与和支持生态保护的程度，取决于能否在生态保护要求和措施下发展好替代生计，也最终决定着保护成效和可持续性。

3）保护地原住民生存现状和生计资本核算研究。研究显示，不同自然条件、社会经济、生计资本条件下，原住民生计对自然资源的依赖度有所差别（段伟等，2016；孙润等，2017；王会等，2017），由此也会带来对保护地建设支持程度的差异（李星群和文军，2008）。同时，随着实地调查手段的改进以及相关理论的应用，近年来原住民生计现状和生计资本核算研究的调查样本量逐渐增大，涉及地域更多，差异性比较研究开展更为广泛（孙博，2016；杨彬如，2017；王昌海，2017）。

4）生计和原住民保护认知对保护态度/行为的影响。保护地的持续存在与发展必须得到当地居民的支持和认可，周边社区直接参与保护地的建立、管理活动以及保护决策更有利于保护地的发展。韩锋等（2015）通过对陕西五个国家级自然保护区的入户调查发现，农户比较认同自然保护区的生态防护、物种资源保护和生态旅游功能，但是补偿低、林地限制利用和林地面积小构成了社区居民参与保护区内林业经营的主要障碍。周睿等（2017）对原住民的政策感知能力研究得出，原住民对共同管理政策感知最强，对功能分区政策感知最弱。吴伟光等（2014）研究显示，自然保护地对周边社区提供就业帮助和补偿机制，提高了周边农户支持意愿。生计的提高也会显著影响原住民的保护态度和行为。张艳（2015）等研究得出居民对保护地的感知通过影响参与态度进而影响参与行为；徐建英等（2017）运用参与式农户评估方法，研究了生计资本对农户再次参与下一轮退耕还林意愿的影响。研究结果显示，自然资本、金融资本、社会资本对农户再参与有着显著的负影响，农户拥有的耕地面积、现金收入、家庭村委会成员数量以及劳动力受教育程度也对农户的再参与意愿具有显著影响。

（二）生态行为与生计资本

关于居民环境生态行为的研究起于 20 世纪 60 年代，该领域研究涉及环境科学、社会学、心理学等多学科交叉的关系，因此形成了生态行为（Ecological Behavior）、环境保护行为（Environmental Protection Behavior）、环境友好行为（Environmental Friendly Behavior）等多种称呼以及不同的认识和定义（Kaiser and Wilson，2004；Kaiser et al.，2003；Sia et al.，1986；Hines et al.，1987）。Hines（1987）等将环境行为分为五类：生态管理、说服行为、金融行为、政治行为和法律行为。Stern（1997）将环境行为分为直接影响和间接影响：前者如砍伐森林或处理家庭垃圾，直接或在近端引起环境变化；后者则如影响国际发展政策、世界市场上的商品价格以及国家环境和税收政策的行为对环境的间接影响。

生计指的是一种谋生的手段，包括能力、资产以及一种生活方式所需要的活动。在社会学中，"生计"这一概念既包括工作，也包括收入和职业等，甚至可能存在更加广阔的外延。随着生计研究的进一步发展，生计分析框架应运而生，为寻求生计脆弱性原因、改善生计解决方案提供有效的手段，特别是在扶贫领域得到了不断发展。现存可持续生计分析框架主要有英国国际发展部（Department for International Development，DFID）可持续生计分析框架、联合国开发计划署（United Nations Development Programme，UNDP）可持续生计分析框架、国际救助贫困组织（CARE）可持续分析生计框架。其中，DFID可持续生计分析框架使用最为广泛。现有的自然保护地周边或生态敏感地区周边农牧民的生计资本研究大致可以分为以下两方面：一是保护地周边原住民生计资本状况分析，如杨云彦和赵峰（2009）建立指标体系测量南水北调工程库区农户生计资本；郭圣乾和张纪伟（2013）利用因子分析法对河北、山东、河南、湖北、湖南五省农户生计资本的脆弱性做出评价；Bhandari（2013）使用可持续生计方法探讨了尼泊尔农户生计资本对从事非农活动家庭生计变化的影响程度；何仁伟（2014）等运用熵值法和聚类分析法将四川凉山彝族自治州农户生计资本划分成不同类型，并对农户生计资本的空间格局特征进行研究。二是自然保护地周边农牧民生计的影响因素研究，如自然条件和居民点布局（Edirisinghe，2015）、林业管理政策（Wiggins et al.，2004）、可持续管理与利用区域划分（Hiwasaki，2005）、生态旅游（Shoo and Songorwa，2013）等，以及家庭结构（黎洁等，2009）等内在因素均有可能产生影响。

（三）保护地重要生态保护政策

1. 命令控制型政策

制定和执行相应的保护政策是对于各级保护地的主要管理方式。在过去的二十年中，我国在保护地建设中制定了许多命令控制性政策，包括相关法律法规、保护区划、生态移民、还林还草等，以恢复和维持保护地中大规模生态系统功能。

生态保护红线:"红线"的概念起源于城市规划,指不可逾越的边界或者禁止进入的范围,此后这一概念被广泛应用于资源环境领域。2015 年环境保护部(现生态环境部)发布的《关于贯彻实施国家主体功能区环境政策的若干意见》中,提出"将国家级自然保护区的全部、国家级风景名胜区、国家森林公园、国家地质公园、世界文化自然遗产等区域的生态功能极重要区纳入生态保护红线的管控范围"。依据我国生态环境特征和保护需求,生态红线可以定义为:为维护国家或区域生态安全和可持续发展,根据生态系统完整性和连通性的保护需求,划定的需实施特殊保护的区域。

生态移民/易地扶贫搬迁:生态移民是指将生态脆弱地区的生态超载人口迁到生态承载能力高的农(牧)业区或城镇郊区,但不破坏迁入地的生态环境的工程(刘英和闫慧珍,2006),目的在于恢复和保护自然生态环境、改善原住民的生态环境,实现可持续发展。我国以消除贫困、发展经济为目的的生态移民源起于20 世纪 80 年代,也称作易地扶贫搬迁,通过对生活在环境恶劣地区的贫困人口实施易地安置来达到消除贫困和改善生态的双重目标,2001~2003 年,我国易地扶贫搬迁试点在云南、贵州、内蒙古和宁夏 4 地展开,2004 年在此基础上增加广西、四川、陕西、青海和山西 5 省(自治区)。2005 年,国家启动三江源生态移民工程,投资 75 亿元陆续从三江源地区搬出 5 万人。

退耕还林:为了控制水土流失、减缓土地荒漠化、减轻风沙危害、改善生态环境,我国启动了退耕还林工程,退耕还林工程自 1999 年在四川、陕西和甘肃等地开始试点,2002 年全面启动,涉及全国 25 个省(自治区)和新疆生产建设兵团,4100 万农户参与其中。截至 2019 年,实施退耕还林还草 5.15 亿亩[①];生态效益总价值量为 1.38 万亿元,退耕区生态环境得到显著改善(国家林业和草原局,2020;王一超等,2017)。

草原生态保护补助奖励政策:2011 年起,国家在内蒙古、新疆、西藏、青海、四川等 8 个主要草原牧区省(自治区)和新疆生产建设兵团,建立草原生态保护补助奖励机制。政策目标是保护草原生态,保障牛羊肉等特色畜产品供给,促进牧民增收。2017 年,《新一轮草原生态保护补助奖励政策实施指导意见(2016—2020 年)》发布,引导鼓励牧民在草畜平衡的基础上实施季节性休牧和划区轮牧,形成草原合理利用的长效机制。

2. 生态补偿

生态补偿机制:生态补偿机制是通过经济激励手段解决资金问题的重要途径(闵庆文等,2006)。从狭义的角度理解,就是指对人类的社会经济活动给生

---

① 1 亩≈666.7m²。

态系统和自然资源造成的破坏及给环境造成的污染进行的补偿、恢复、综合治理等一系列活动的总称；广义的生态补偿还应包括对因环境保护而丧失发展机会的区域内的居民进行的资金、技术、实物上的补偿、政策上的优惠以及为增进环境保护意识、提高环境保护水平而进行的科研、教育费用支出（秦大河，2017）。

生态管护岗位：《生态扶贫工作方案》中提出，到 2020 年新增生态管护员岗位 40 万个；要求"通过生态公益性岗位得到稳定的工资性收入；支持在贫困县设立生态管护员工作岗位，以森林、草原、湿地、沙化土地管护为重点，让能胜任岗位要求的贫困人口参加生态管护工作，实现家门口脱贫；在贫困县域内的国家公园、自然保护区、森林公园和湿地公园等，优先安排有劳动能力的贫困人口参与服务和管理。"

生计转型及其引导：《生态扶贫工作方案》中提出，要大力发展生态产业，发展生态旅游业、特色林产业、特色种养业；退耕还林、国家储备林建设等工程和项目重点进一步向贫困地区倾斜，积极支持贫困地区发展木本油料、森林旅游、经济林、林下经济等绿色富民产业。

3. 其他探索

其他探索，如特许经营项目，2017 年 10 月，出台了《三江源国家公园经营性项目特许经营管理办法（试行）》，划定了从特许经营项目、中藏药开发利用、有机畜产品及其加工、支撑生态体验和环境教育服务业等领域营利性项目特许经营活动的范围。鼓励特许经营者开展与国家公园保护目标相协调的民宿、牧家乐、民族文化演艺、交通保障、生态体验设计等支撑生态体验和环境教育的服务类项目；鼓励当地牧民将草场、牲畜等生产资料，以入股、租赁、抵押、合作等方式，流转到牧业合作社，探索将草场承包经营权转变为特许经营权；引导和支持政策性、开发性金融机构为特许经营项目提供绿色金融服务。

（四）保护地原住民行为影响机制研究

人类行为影响机制研究，最早可以追溯到 Fishbein（1963）的多属性态度理论，后 Fishbein 和 Ajzen（1975）据此发展出了理性行为理论，认为行为意向是决定行为的直接因素，它受行为态度和主观规范的影响；Ajzen 于 1991 年提出计划行为理论，认为非个人意志可完全控制的行为不仅受到行为意向的影响，还受到行为人实际控制条件的制约；行为态度、主观规范和感知行为控制是决定行为意向的 3 个主要变量。

农牧民的意识、行为研究除了以社会心理学为理论基础外，还应当考虑家庭特征和外在环境变量等更宽范围内影响农户行为的有效变量（Okoye，1998；陈利顶和马岩，2007）。家庭特征包括农牧户特征因素、生产特征因素、经济特征，以及外在环境变量（生态保护宣传、信息暴露程度、政策作用等）等。

由于个体行为受各类因素影响，而各因素间又存在着错综复杂的关系，简单的单因变量计量模型难以识别出影响因素间的耦合关系，从而使得模型结果在模拟农牧民行为决策时可能会出现偏差。综观现有的文献，多数研究集中于某一个因素对保护地农牧民生产方式或行为的影响，实际上，这些要素之间相互关联和制约，很难通过简单的一一对应的关系进行分析和统计。此外，生产行为作为上述因素的最终结果，会反馈并影响农户的保护态度、家庭财富等因素。只有系统分析因素之间的相互关系及其影响程度，才能有效制定保护地相关政策、实施保护地可持续管理。

五、保护地分区及差异化管控研究进展

保护地的建立是进行生物多样性保护的有效途径，但可利用的资金和资源并非可以无限获得，保护区不可无限扩大，如何利用有限的资源来最有效地保护生物多样性是生物多样性保护的关键问题。1988 年，Myers 提出了"热点地区"这一理念，对之后的生物多样性保护和研究产生了深远影响，促使了优先保护规划方法的发展与成熟。优先保护规划的目的是通过保护目标的保护需求分析，划分出不同区域的保护优先级，让保护更具目的性，投资更具有效性。

随着 3S 技术以及数理统计模型的不断发展，针对生物多样性保护方法中存在度量指标及其有效性、目标量化方法、运算效率以及社会经济因素等问题，Margules 在 2000 年提出了系统保护规划（Systematic Conservation Planning，SCP）。系统保护规划是根据生物多样性属性特征，确定量化保护目标，结合保护生物学、景观生态学等多学科知识，运用 GIS 等空间技术对一个地区生物多样性进行保护优先性分析和保护区规划设计的生物多样性保护规划方法。该方法侧重于保护区选址和设计，目的是保护整个地区的生物多样性特征，包括物种、生态系统和景观，是一种综合的保护规划途径。系统保护规划的步骤主要包括获取与处理研究区域内的生物多样性数据、确定保护目标（量化）、现有保护区所达到的量化目标程度评价、寻找新的保护区、实施保护行动、保护区管理与监测等。在系统保护规划被提出后，国内外诸多学者开始了相关研究。国外以南非好望角植物区保护规划最为著名。国内如曲艺等（2011）基于不可替代性对三江源地区进行了自然保护区功能区划研究及空缺地区评估；徐卫华等（2010）对长江流域重要保护物种多样性与保护优先区进行了研究分析；宋晓龙等（2012）以黄淮海地区为研究对象，进行湿地系统保护方案设计，构建了黄淮海地区湿地生物保护合理的网络格局。栾晓峰等（2009）应用系统保护规划理论方法在东北地区开展了生物多样

性优先地区和保护空缺地的研究分析。

进行功能分区是包括国家公园在内的多类型生态保护地管理的基础，是保护地管理的一个主要规定性工具（Sabatini et al.，2007），也是保护地规划中最相关的过程。分区就是将具体的用途分配给土地单元。作为一个决策问题，分区需要对土地单元的属性进行科学的评估并明确其在空间上的分布，进一步决定在哪里实施保护措施（如保护自然或文化遗产），在哪里限制或加强某些活动（如游憩和资源利用）（Geneletti and Duren，2008）。科学的分区有利于管理者根据不同区域的性质和特征制定不同的管理目标，以有针对性地采取严格的生态保护和适度的开发措施（梅洁人，2003），缓解由于追求不同目标而引起的人地冲突问题，促进生态保护地自然保护和经济建设的协调发展。

国外保护地功能分区的研究主要集中在海洋类型的保护地（Boyes et al.，2007；Agostini et al.，2015；Yates et al.，2015；Day et al.，2008；Habtemariam and Fang，2016）。说明在国际上，分区是海洋类型保护地管理的基石（Geneletti and Duren，2008）。如 Habtemariam 和 Fang（2016）等运用空间多准则分析法（SMCA）、GIS 和利益相关者协商的方法，对 Sheik Seid 海洋国家公园进行了功能分区。其中考虑了环境、经济和社会三个方面的因素，其中环境因素包括珊瑚礁面积、红树面积、海鸟的存在/适宜性；经济因素主要考虑渔业面积，社会因素则考虑游泳适宜性、潜水适宜性、沙滩、考古遗址等内容，最终将 Sheik Seid 海洋国家公园分为限制进入区、庇护区和栖息地保护区。对于陆地自然保护地，Geneletti 和 Duren（2008）从生境、文化遗产和基础设施出发，运用多准则决策分析法（MCDA）对 Paneveggio-Pale di S. Martino 自然公园进行了分区。3 个分区分别用于自然生态的保护、文化遗产的保护和娱乐旅游活动；Sabatini 等（2007）根据景观格局指数，运用模拟退火算法将 Talampaya 国家公园分为严格的保护区和娱乐区；Mehri 等（2017）根据世界自然保护联盟"濒危物种红色名录"中的 15 种物种的分布情况，结合土地利用、破碎化指数、到水资源距离、降水量、地形、到农田距离和归一化植被指数（NDVI）等指标，使用最大熵模型（Maximum Entropy Model，MaxEnt）对鸟类栖息地的适宜性进行建模，进而利用系统保护规划软件 Marxan 对 Hyrcanian 混交林进行了分区。从国外的分区研究中可以看出，生物多样性保护都被放在了重要的位置，同时也兼顾了保护地对发展的需求以及人类对游憩功能的需要。但是国外的保护地分区以"国家公园"的研究较多，对于其他类型保护地的分区研究则较少。

表 1-1 总结了国内学者针对不同保护地类型所进行的分区研究。总体来说，分区指标主要考虑了生态因素和人文因素两个方面，只考虑生态因素或只考虑人文因素的研究较少。分区的类型都符合保护程度逐渐降低而利用程度逐渐增强的规律，但是对于各个类型的保护地来说，其具体的分区模式有所不同，并

适当参考了相应类型保护地法定文件中对分区的规定。而分区方法则相对多样，如最小费用距离法、不可替代性分析法、游憩机会类别法、行为分析法、综合指数法等。

表 1-1   国内保护地功能分区研究

名称	研究学者	研究对象	分区指标	分区方法/技术	分区类型
国家公园	虞虎等（2017）	钱江源国家公园	高程、土地利用、重点保护资源密度、居民点和道路分布	综合分析	核心保护区、生态保育区、游憩展示区和传统利用区
	付梦娣等（2017）	三江源黄河源园区	生态系统服务、重要物种潜在生境、生态敏感性、生态压力	AHP、专家评判、综合指数法	核心保育区、生态保育修复区、传统利用区、居住和游憩服务区
自然保护区	陈利顶等（2000）	大熊猫卧龙保护区	海拔、坡度、食物	空间叠置分析法	核心区、缓冲区和廊道
	李纪宏和刘雪华（2005）	陕西老县城自然保护区（大熊猫）	坡度、植被类型、可食竹类（确定阻力值）	最小费用距离法	核心区、缓冲区、实验区
	曲艺等（2011）	三江源	物种分布、生态系统、人类活动	不可替代性分析法	核心区、缓冲区、实验区
	吴承照等（2017）	大山包国家公园（大山包黑颈鹤国家级自然保护区）	食物、行为空间、夜宿环境要求、支持的生态安全格局等	行为分析法	荒野保护区、生态保育区、传统利用区、风景展示区、综合服务区（各大区再分小区）
风景名胜区	庄优波和杨锐（2006）	黄山风景名胜区	现状、资源评价、发展战略	—	资源核心保护区、资源低强度利用区、资源高强度利用区、社区协调区（各大区再分小区）
	崔少征（2013）	广西花山风景名胜区	水体、地形、地质、动物、植物、人口、环境污染等	综合指数法	危机区、不利区、稳定区、有利区
	张薇（2010）	溱湖风景名胜区	生态敏感评价和景源评价	不同评价等级组合	核心保护区、重点保护区、生态缓冲区、适度开发区、外围协调区
森林公园	张瑞（2009）	灵石山国家森林公园	景观敏感度和森林公园旅游的客源分析	因子叠加法	森林游览区、游乐区、野营区、接待服务区、生产经营区、管理及生活区
	孙盛楠和田国行（2014）	天池山森林公园	可达性、偏僻程度、视觉特征、场地限制、游客管理、社会相遇、游客冲击	游憩机会类别-综合指数法	生态保育区、核心景观区、一般游憩区、管理服务区
湿地公园	蒋敏（2010）	南沙城市湿地公园	无	实例型的分区研究较少，更多的是分区模式探讨	湿地生态保护区，湿地景观培育区，湿地游览区，外围保护地带
地质公园	王兴贵等（2006）	四川万源八台山省级地质公园	地质遗迹、类型、特点、旅游开发现状、紧急发展	综合分析	保护区、旅游观光区和服务区

这些研究对保护地功能分区进行了有益的探索，但仍存在一定的不足。首先，生态保护与经济发展相协调考虑不充分。从表 1-1 中可以看出，大部分研究虽然在分区的类型中体现了"保护"与"利用"的结合，但是指标体系的构建却并没有针对某一地块能否进行某一经济社会活动而进行适宜性评价。其次，内容相对丰富的功能分区研究主要集中在国家公园和自然保护区，自然公园分区的研究还较为薄弱，需要进一步加强。再次，分区的结果基本是通过综合指数法产生的，虽然综合指数法相对简便，但主观性较强，因此需要考虑新的分区方法来获得更优的结果。例如，空间聚类分析法可进一步挖掘空间信息，具备获得更为客观可靠分区结果的潜力。在《建立国家公园体制总体方案》中，要求理清各类自然保护地关系，构建以国家公园为代表的自然保护地体系。因此，为了统一保护地的管理，进一步提高对不同类型保护地的重视，促进保护地体系建设，需要构建一套针对保护地的功能分区方法。

六、保护地区域经济建设与生态保护协同发展路线图研究进展

"路线图"一词最初是在 19 世纪中期创造的（Khanam and Daim，2017），它可以包含以下几种含义：①用于表明路线特别是机动车路线的地图。②为了实现某种目标而制定的用以引领发展或进步的一个详细的计划，如中东和平"路线图"计划、巴厘岛路线图等。③一个详细的说明。④一种管理和预测工具或指南，如技术路线图。"技术发展路线图"一词最早出现在 Willyard 和 McClees 在 1987 年合作发表的论文《摩托罗拉技术路线图过程》中。1998 年 5 月，技术路线图的奠基人、前摩托罗拉公司首席执行官 Robert Galvin 在美国的 *Science* 杂志上发表的"科学路线图"中指出"技术路线图是对某一特定领域的未来延伸的看法，这一看法集中了集体的智慧以及带来最显著技术变化的驾驭者的看法，一般采用绘图的形式表达出来，可成为这一领域可能发展方向的一个详细目录"。随着路线图概念的出现与发展，不同学者对路线图也有着不同的理解，如 Donnelly 等认为，路线图将市场、技术和资源等要素有机地结合起来，通过对短期或长期环境驱动力的分析和描述，明确市场、技术和资源等各层次之间的现在和未来的关系及属性，最终为组织的目标服务；Probert（2003）从企业技术路线图的制定过程出发，认为"技术路线图是通过集合群体知识对某一领域的变化需求进行的预测活动，它包括了技术路线图发起人等利益相关者对技术路线图制定目标的共同见解，从过程上看，技术路线图描述了从一个位置到另一个位置的具体路径"；在 Probert 的研究基础上，Wells（2004）提出，"技术路线图是一个帮助专家、支持战略决策的工具，具体来说，技术路线图是战略层面的技术规划和协同工具，帮助高层管理者做出更好的技术投资决策"。长城企业战略研究所（2005）认为"技术路线图描绘的是一种逻辑关系，可以使用

简洁的图形、表格、文字等形式进行描述，它能够帮助使用者明确该领域的发展步骤，明确该领域的发展方向和实现目标所需的关键技术"。

虽然不同学者给出的路线图的定义都不尽相同，但是都认可其目的是给技术人员提供明确的方向，更好地把握技术要素演进的结构，运用技术选择、技术预测、研发项目的排序以及整合资源等手段来实现这个前景。经过几十年的发展，学者将技术路线图分为三种：①国家技术发展路线图、行业技术发展路线图以及企业技术发展路线图（Wells，2004）。其中，国家技术发展路线图是在政府部门的主导下，召集科研院所及产业部门的相关人员，通过信息统计及专家讨论的方式，按照"国家目标战略任务关键技术发展重点"这种自上而下的关系，识别关键技术实现的时间及实现的路径，为科技规划奠定基础。此外，国家技术发展路线图也被认为是资源配置的方案或者是行动计划。②行业技术路线图是根据区域产业的情况，按照时间序列描述从"技术"到"产品"再到"产业"的发展路径，该类路线图的主要目的是诱导社会资源的合理配置，为产业未来的市场发展指明道路。③企业技术路线图是指需要阐述"技术创新、产品应用及市场推广"的研发进程。但是这种路线图更加微观，即在结合企业资源及自身实力的前提下，明确企业所处位置，并找到最佳的企业投资方向（周潇，2015）。因此，本研究中所制定的生态保护地发展路线图属于为国家或政府制定的发展路线图。

目前，发展路线图的相关研究已趋于成熟，系统地梳理其研究历程，有利于研究工作的扩展与创新，从而解决技术评价及预测中出现的新问题。本书基于相关文献，将发展路线图的发展分为四个阶段：萌芽期（1970~1986 年）、兴起期（1987~1991 年）、高速发展期（1992~2000 年）以及多元化创新期（2001 年以来）。

发展路线图发展的萌芽期为 1970~1986 年。在此期间，美国汽车产业技术路线图是世界上第一个技术路线图的应用实例。后来摩托罗拉公司和康宁公司先后采用了绘制技术路线图的管理方法，其中摩托罗拉公司把实现技术的进化和定位放在制定技术路线图所要实现目标的首位，康宁公司绘制技术路线图则是为公司的商业战略服务（赵博，2012）。但是在该阶段，各界对技术路线图的研究还较为粗浅。

发展路线图的兴起期为 1987~1991 年。在这一阶段，企业界开始将技术路线图运用到对新产品的开发预测上，美国摩托罗拉公司为其中的代表。该公司于 1987 年绘制了公司的重要技术及产品技术路线图，并首次提出了"技术路线图"这一概念。在新兴技术路线图和产业技术发展路线图的指导下，摩托罗拉公司实现了跨越式发展（赵博，2012）。

发展路线图真正的高速发展期出现在 1992~2000 年。1992 年美国开始制定《国家半导体技术路线图》（National Technology Roadmap for Semiconductor，NTRS），这是产业技术路线图的起源和旗帜。随后，欧洲国家、亚洲部分国家积极参与到该路线图的制定中来，NTRS 相应地更名为国际半导体技术发展路线图

（International Technology Roadmap for Semiconductors，ITRS）（卢超等，2013）。1995 年，英国石油（BP）就开始使用技术路线进行技术预测。1997 年，欧洲工业研究管理协会引入 8 阶段的技术路线图项目过程，强调在企业中的有效的技术路线图的绘制过程。

2001 年是路线图多元化的创新时期。发展路线图的研究已经从美国、欧洲过渡到全球范围，其中又以亚洲各国最为突出。2005～2007 年，日本经济产业省分别发布了《战略技术路线图 2005》《战略技术路线图 2006》《战略技术路线图 2007》等战略技术路线图，涉及信息、生命科学、环境能源、纳米科学与材料、先进制造等领域的 38 项战略技术路线图（张海波，2012；卢超等，2013；李万等，2013）。2005 年，日本新能源和产业技术综合开发机构制定完成了技术战略路线图，涵盖信息通信技术、制造业、环境与能源、生命科学四大领域，且每个领域又各有各自细分的下级路线图。韩国科学技术信息通信部也于 2002 年发布国家技术路线图，并进一步明确了其科技发展的方向（张振刚等，2013）。随着 2003 年《国际半导体技术发展路线图》在我国的出版，技术路线图的概念首次为国人所关注。技术路线图的种类在这个时期也越来越多元化。除了反映微观层面的产品路线图以及中观层面的产业路线图外，各国政府将这一工具应用在国家战略的制定上，扩大了技术路线图的内涵。此外，越来越多的分析工具与方法被引入发展路线图的创新应用中去，例如，英国剑桥大学技术管理中心基于节约资源的目的快速制定发展路线图的方法（Phaal，2004）（T-plan），以及各种定量化的研究方法和模型等（佟瑞和李从东，2013；黄慧玲，2013）。

近几年，我国对发展路线图也有所研究。刘传林（2019）对技术路线图的理论基础进行了分析，通过对国内外文献的分析整理，阐述了技术发展路线图的概念、制定流程和控制机制，并结合实际，对我国使用这一技术给出了建议和参考。谭超（2006）从三个案例——企业层面的摩托罗拉公司的技术路线图、行业层面的《国际半导体技术发展路线图》和国家层面的韩国国家技术路线图研究中，总结了发展路线图的作用，并对在我国有效利用技术路线图解决技术预见中一些问题以及有效推进技术预见的开展提出一些措施和建议（谭超，2006）。在这些专家和学者的引进和倡导下，中国的很多行业都在应用发展路线图上取得了一定成效。例如，为了深化国有企业改革，让中国企业成为世界一流，为世界输出管理智慧和方案，中国通过召开政府、专家、企业三方座谈会的方式，绘制新时代央企发展路线图（饶恒，2019）。孟凡生和李晓涵（2017）运用词频分析与 TOPSIS 结合的分析方法确定了新能源装备关键智造化技术，并在此基础上构建了新能源装备智造化指标体系，基于此绘制了三项智造化技术的发展路线图，为新能源装备制造领域未来工艺流程、产品服务以及运营管理的智能转型提供借鉴和参考。为使我国在光通信器件、通信光纤光缆、特种光纤、光传感器件等领域在将来的国际竞争中获得优势，工业和信息化部发布了《中国光电子器件产业技术发展路线图（2018—2022 年）》，从光通信器件方面的目标、政策扶持办法等角度出发，绘制了为期五年的发展路线图（杨洁，2018）。

在资源和生态环境的研究领域中，资源、能源发展路线图的研究比较多。例如，《中国风电发展路线图 2050》（辛华，2011）、《中国至 2050 年水资源领域科技发展路线图》（中国科学院水资源领域战略研究组，2009）、《中国至 2050 年生物质资源科技发展路线图》（中国科学院生物质资源领域战略研究组，2009）《中国至 2050 年矿产资源科技发展路线图》（中国科学院矿产资源领域战略研究组，2009）等。2010年，由中国科学院生态与环境领域战略研究组编写并出版的《中国至 2050 年生态与环境科技发展路线图》，从人口、气候变化、生态环境演变、生态环境科技发展、保障体系等多个方面阐述了中国生态与环境技术的发展趋势。国家能源局能源节约和科技装备司的王思强表示，有关单位将研究制定氢能的产业发展路线图。除了国家层面的研究以外，一些学者也对能源产业的技术发展路线图进行了深入探讨，刁磊（2010）以生物质能产业为例，对清洁能源技术路线图的制定流程进行了研究，对可能产生误差的因素进行了针对性的研究，并提出了解决的方法。主要突出了技术路径的选择、专利分析以及技术路线图后续更新和修正问题等问题的研究。通过对清洁能源技术路线图制定流程的研究和改进，最终凝练出符合实际的绘制清洁能源产业技术路线图的科学方法。陈小辉（2010）运用产业技术路线规划的思想，对陕西新能源产业技术领域以及技术课题进行预见，在此基础上绘制新能源产业发展的发展路线图。天津出台了《天津市新能源汽车推广应用实施方案》，该方案通过对将来十年的规划，绘制规划路线图，目标是在接下来的十年内于新能源汽车整车和关键零部件核心技术上实现突破，力争成为全国主要的新能源汽车整车及关键零部件研发、生产基地。广东质量技术监督局和科学技术厅联合发布的《广东省 LED 照明产业标准体系规划与路线图（2011—2015）》，是亚洲首个 LED 产业标准体系规划与发展路线图。力图解决当前 LED 产业发展中出现的标准、技术规范等方面的障碍，促进该战略性新兴产业发展。根据该标准体系规划，未来五年内，广东将制订 130 多项与 LED 照明产业相关的地方标准，对广东有时间性和阶段性地实施战略新兴产业技术标准规划具有重要指导作用和意义。

目前，保护地相关发展路线图的研究还比较少，并且基本处于定性描述阶段。王梦君和孙鸿雁（2018）对以国家公园为主体的自然保护地体系建立的路径进行了初步的探讨，认为到 2020 年，自然保护地体系建设要完成国家公园体制试点，整合设立一批国家公园，推动解决自然保护地存在的边界不清、重叠交叉等问题，初步建立以国家公园为代表的自然保护地体系框架；到 2025 年，建立健全自然保护地体系的政策法规、体制机制、标准规范等，基本形成分类科学、保护有力的自然保护地体系；到 2030 年，建立完善、健全的自然保护地管理体制，以国家公园为主体的自然保护地管理效能全面提高。到 2035 年，建成完善的以国家公园为主体的自然保护地体系，形成中国特色的国家公园体制。王夏晖（2015）提出了国家公园初步的推进路线图的设想。他认为近期国家公园的发展可划分为三个阶段。第一阶段为 2015～2017 年，根据《建立国家公园体制试点方案》，在国家公园试点总结经验、建立模式、规范标准；第二阶段为 2018～2020 年，优先在我国世界级和国家级保护地中，根据代表性、重要性和建设基础条件，通过竞争性立项，按照国际标准，由国家主导建设一批国家公园；第三阶段为 2021～2025 年，继续扩大国家公园建设范围，按照"应建尽建"原则，使符合条件的自然文化资源保护地基本纳入国家公园管理体系。刘小龙等（2019）提出了国家公园发展战略的部署与举措，并基于一次规划、分期建设、逐步实施、滚动发展的原则，依据国家公园现状以及保护管理的目标和任务，大体给出了国家公园建设的内容、规模与建设分期，从中贯彻了统筹兼顾、突出重点，先急后缓、先易后难的指导思想：在近期，强化国家公园建设顶层设计，在已有的九省市试点的基础上进一步引领试点工作，发现问题，总结经验，尽早出台国家公园体系建设总体方案；在中期，基于试点经验和成功模式按区域进行建设推广，在各区域建成一批精品国家公园，健全法律法规体系，实现科学管理、合理利用，促进区域生态保护与经济社会协同发展，初步形成国家公园体系；在远期，建成适合我国国情的国家公园体系，实现有效发挥国家公园生态、社会、经济三大综合效益，充分发挥国家公园保护、教育、科研、游憩等功能，以及实现国家公园体系建设的系列目标。侯志凤（2018）依据重庆石柱滕子沟国家湿地公园的自然、地理、社会、文化等方面的调查研究和文献研究，结合湿地保护、生态恢复、景观设计、湿地管理和生态补偿的先进理念，做出了对该公园的简单布局规划，大致分为前期目标（2015～2017 年）和后期目标（2018～2020 年）两个部分。

第三节　本书内容框架

本书的章节安排及相应内容安排如下。

第一篇总论部分包括两章内容，其中第一章绪论介绍了本书的研究背景与意义，并从保护地区域经济建设与生态保护协调性，保护地区域生态承载力核算，保护地区域经济结构与布局优化调控，保护地农牧民生态行为、生计及影响因素，保护地分区及差异化管控，保护地区域经济建设与生态保护协同发展路线图 6 个方面对保护地经济建设与生态保护协同发展的相关进展进行总结；第二章为研究方法体系构建，从协调性分析、生态承载力核算、经济结构与布局优化调控、农户生计与保护行为及其政策调控、保护地功能分区、协同发展路线图等方面构建理论方法体系框架。

第二篇为保护地区域经济建设与生态保护发展协调性分析技术的相关研究，包括两章内容；其中第三章从空间叠置分析、空间冲突指数的角度构建了保护地区域空间冲突识别技术方法并以吉林红石国家公园、黄山风景名胜区和三江源地区进行了实证研究，第四章结合耦合协调度的方法提出了社会经济发展与生态保护协调度评价技术，构建了适合多类型保护地的协调度评价指标体系，并以神农架国家公园和黄山风景名胜区进行了实证研究。

第三篇为保护地区域生态承载力核算、经济结构与布局优化调控技术的相关研究，其中第五章构建了保护地生态承载力核算技术，并以三江源黄河园区（玛多县）进行了实证研究；第六章基于多目标优化模型，构建了基于生态系统服务的空间结构与布局多目标优化技术；第七章综合运用 MaxEnt、InVEST、Fragstats 和 Marxan 等模型和软件，构建了保护地空间格局优化调控技术，并以三江源地区进行了实证研究。

第四篇为保护地区域农户生计与保护行为及其政策调控技术的相关内容。第八章通过问卷调查和现场访谈的形式，对农户生计及保护行为进行了识别；第九章基于结构方程模型（Structural Equation Modeling，SEM），构建农牧民行为影响模型及其政策调控技术。

第五篇为保护地区域经济与生态协调发展路线图设计和差异化精细管控技术的相关内容。第十章在第七章的基础上，基于不可替代性进行了一级功能分区，基于生态脆弱性评价对核心保护区进行了二级功能分区，基于经济建设适宜性评价对一般控制区进行了二级功能分区，形成了保护地分级分区方法体系，并根据分区结果提出精细化差异管控措施；第十一章基于生态系统服务协调与权衡，提出构建保护地经济建设与生态保护协同发展路线图的设计方法。

第六篇是三江源国家公园示范案例研究的相关内容。第十二章为三江源国家公园经济建设与生态保护发展协调性分析；第十三章为三江源黄河源园区生态承载力多目标优化；第十四章为三江源国家公园农户生计与保护行为及其政策调控；第十五章为三江源国家公园经济与生态协调发展路线图设计与差异化精细管控。

第二章 保护地经济建设与自然生态保护协调发展方法体系

第一节 保护地区域经济建设与生态保护发展协调性分析方法体系

一、保护地区域空间冲突识别方法体系

1）基于管理目标的空间用地冲突识别。不同类型保护地的管理目标存在诸多差异，现存的各类型保护地存在一定程度空间和用地交叉重叠，导致重叠区域存在管理目标的矛盾。首先，系统总结法律法规，厘清管理目标冲突，依据法条层级与管制目标，对我国国家公园、自然保护区、自然公园三类保护地的土地管制严格程度进行分级排序。其次，识别保护地内部土地利用的冲突，应在数据可达的前提下对人类活动强度、生态系统变化进行量化评估，并识别冲突的热点区域。

2）基于三生空间分类的保护地三生空间冲突识别。首先，基于土地利用的主导功能并结合其多功能性质，进行三生空间的分类。其次，基于三生空间复杂性、三生空间脆弱性和三生空间稳定性，构建三生空间冲突指数，评价保护地内及其周边区域的三生空间冲突情况。

3）保护地野生动物栖息地与人类活动空间冲突识别。野生动物和人类之间的冲突是一个全球性问题，而其中最重要的原因之一是物种栖息地与人类活动空间之间的"冲突"。基于这些原因，在已有"土地利用冲突"和"空间冲突"概念的基础上，提出"人-兽空间冲突"的概念，描述野生动物生存空间（栖息地）与人类活动空间之间的冲突。为了进一步衡量"人-兽空间冲突"的强度，本研究再次提出了"人-兽空间冲突指数"（Human-Wildlife Spatial Conflict Index，HWSCI），用于衡量"人-兽空间冲突"的强度。"人-兽空间冲突指数"的构建主要基于野生动物栖息地的适宜性和人类活动强度。本书认为，野生动物栖息地的适宜性与物种分布数量和活动强度呈正相关。高适应性区域分布的物种数量更多，物种活动强度更高。野生动物栖息地的适宜性是通过 MaxEnt 模型使用物种点数据分布和环境因素来计算。而人类活动强度根据居民的居住、放牧和旅游三

方面选择指标构建指标体系，并通过熵权法计算人类活动强度。进一步考虑野生动物的摄食习惯和保护水平，构建"人-兽空间冲突指数"（图2-1）。

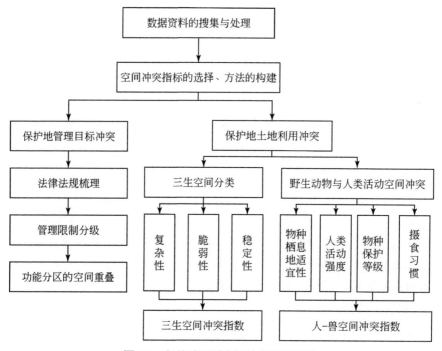

图 2-1　保护地区域空间冲突识别过程

二、保护地社会经济发展与生态保护协调度评价方法体系

系统梳理国内外关于自然生态保护和经济建设协调发展的评价技术的发展近况，如可持续发展评估指标体系、社会经济发展类评估指标以及生态环境类指标。通过耦合协调度方法来评价保护地社会经济发展与生态保护的协调程度。协调度评价涉及自然生态系统和社会经济系统两个维度，两个维度之间存在着相互影响、相互推动的耦合关系，二者达到协调的状态，是指系统之间的良性循环、经济稳定发展、资源合理高效利用、生态状况良好的有序状态。多类型保护地协调性评价指标体系基于社会经济系统和自然生态系统两部分良性发展作为核心目标层，形成以核心管护目标为重点的协调性评价指标体系。进而整合国内现有的多类型生态保护地和管理优化对策；以环境和生态承载力为上限，结合问题甄别和预测结果，针对多类型保护地分区布局、人类活动、开发强度等方面提出缓解冲突的调整对策，并最终提出优化建议（图2-2）。

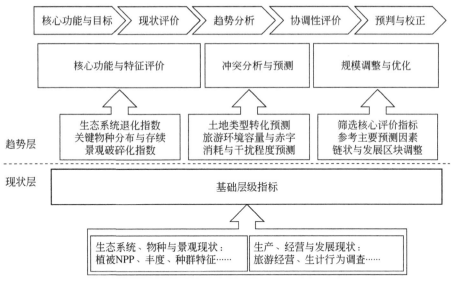

图 2-2　保护地社会经济发展与生态保护协调度评价过程

第二节　保护地区域生态承载力核算、经济结构与布局优化调控方法体系

一、保护地区域生态承载力核算与规模结构优化方法体系

生态系统的功能空间包括生态、生产和生活"三生空间"，分别对应生态系统的生态功能、生产功能、生活功能。保护地的游憩功能是其主导功能之一，对应于文化服务。综上，保护地的功能空间可以与生态系统服务相对应，从而划分为四类：生态空间、生产空间、生活空间和游憩空间。保护地内所承载的一切活动都必须限制在生态系统所能承载干扰的阈值之内，这一承载阈值即保护地生态系统的承载力。本书将多类型保护地生态承载力定义为生态系统在保护地生态空间、生产空间、生活空间和游憩空间当中维持其重要生态系统服务功能的能力。

多类型保护地生态承载力核算模型是自然基础承载力、社会经济承载力以及游憩承载力内部逻辑关系的数学表达式。参考国际通用的环境容量计算公式，根据计算得到的野生动物栖息地内营养供应量和个体需求量计算自然基础承载力；参考基于生态系统服务的生态承载力评估模型，根据生态系统服务的供给量和人类活动（生活和生产）对生态系统服务的消耗量，取生态系统服务支撑的人口和经济规模中的最小值作为社会经济活动承载力；参考国际通用的旅游容量计算公式，采用面积法、卡口法、游路法三种测算方法，因地制宜地加以选用或综合运用，计算游憩空间访客容量，并结合各游憩空间所在区域的保护目标计算保护地总游憩承载力（图2-3）。

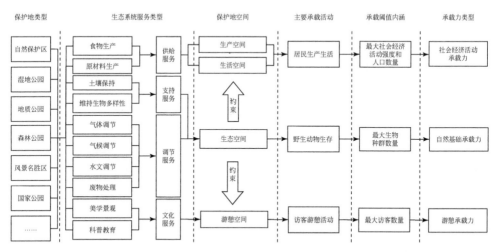

图 2-3　保护地生态承载力核算框架

二、保护地空间结构与布局多目标优化方法体系

土地覆被的空间格局会对各单项生态系统服务价值造成影响，不同的土地覆被空间格局具有不同的生态系统服务总价值结构。由此得到生态系统服务在保护地范围内的空间格局，进而利用保护地空间优化模型对其规模结构和空间布局进行优化。保护目标是在固定的空间范围内使每一类生态系统服务价值最大化，由此得到四个优化目标。同时也存在一定的约束条件：一是面积约束，包括土地覆被的总面积约束，以及每一类土地覆被的面积约束，其中各类土地覆被的面积约束需要根据保护地规划的目标具体确定；二是转换规则约束，即规定不同土地覆被之间能否进行相互转换，需要根据实际情况和保护目标做出具体确定。在约束条件下得到多目标优化的结果，进一步分析得到保护地空间结构与布局优化方案（图2-4）。

保护地规模与空间优化算法核心结构共包含三部分，一是优化目标，二是约束条件，三是优化算法。本书选取 COMLA 模型，用于约束条件下的多目标优化，其在约束条件设定上具有较大的灵活性和广泛的适用性，在预定义目标数据和约束强度、考虑基本的空间转换限制（面积和转换规则）的前提下，对于优化多个相互冲突的目标具有较好的优化效果。模型的整体运行流程分为 6 个部分：导入

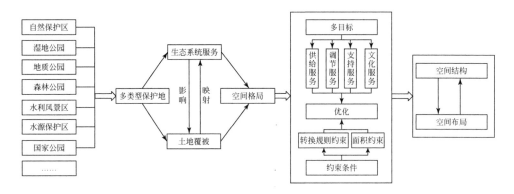

图 2-4　保护地空间结构与布局优化框架

数据—设定目标函数—设置约束条件—模型参数配置—执行优化模型—可视化结果分析。

三、保护地布局优化调控方法体系

关键物种栖息地适宜性模拟需要物种分布坐标点位数据和环境因子数据通过 MaxEnt 模型模拟。根据保护地野生生物的情况，选择具有代表性的动物开展研究。环境因子数据包括气候（平均温度、降水量、气温日较差、降水变异系数等生物气候变量）、地形（高程、坡度、坡向）和资源因子（NDVI）。

生态系统的价值可以根据生态系统服务的水平来进行衡量。可选择水资源供给、土壤保持等重要服务进行衡量。生态系统服务通过 InVEST 模型进行计算，水资源供给基于 Budyko 理论通过 InVEST 的产水量模块计算，土壤保持量则通过潜在土壤侵蚀量和实际土壤侵蚀量的差值来表示。土壤侵蚀量通过通用水土流失方程（RULSE）计算。

景观多样性则通过"香农多样性指数"（SHDI）来表征。由于景观格局指数的计算需要基于"规划单元"，因此在计算之前需要通过 ArcGIS 的水文分析工具对研究区进行汇水单元的划分。以汇水单元为基础，通过 Fragstats 软件计算"香农多样性指数"。

进而利用系统保护规划软件 Marxan，考虑物种分布与保护等级、生态系统服务、景观多样性、连通性（边界长度）和成本因素对保护地的不可替代性和保护优先区位置进行计算。成本因素主要通过人类活动强度指数衡量，人类活动强度越高的区域被转为保护地斑块所需的成本也就越高。在保证达到保护目标的前提下，折中保护成本和连通性（边界长度），得到不可替代性和保护优先区的分布情况。基于此对保护地的空间布局进行优化调控（图 2-5）。

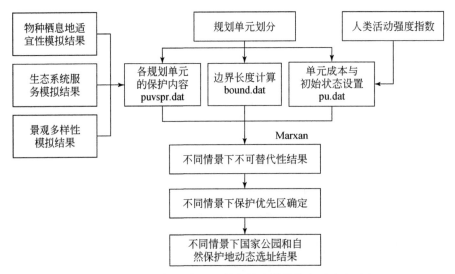

图 2-5　基于 Marxan 的不可替代性和保护优先区确定过程

第三节　保护地区域农户生计与保护行为
及其政策调控方法体系

一、理论模型构建

本书在计划行为理论框架的基础上，提出扩展的保护地原住民行为影响模型，并对模型中各潜变量（不可直接观测的变量）及其观测变量（指标）进行合理识别（图 2-6）。模型中共包含 4 个因素（潜变量）：保护行为意向、生计资本、保护政策和生态保护行为，其中前三个因素是前提变量，最后一个因素是结果变量，前提变量综合决定并影响着结果变量。

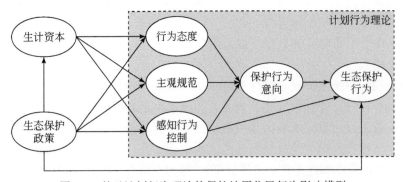

图 2-6　基于计划行为理论的保护地原住民行为影响模型

二、问卷调查与抽样方法

为收集前述理论模型建模数据，需开展入户问卷调查。问卷调查前，对中外文献进行了广泛查阅和梳理，同时搜集保护地实行生态保护的相关政策及其实施效果、生态补偿、农牧户生计等相关的文献，了解国内外研究进展，以此为基础，基于农牧户行为识别、生计资本识别以及行为影响因素识别的文献研究和实地预调研工作，本书问卷设计主要包括以下几个部分。

①基本生计信息，如家庭资产、家庭土地拥有情况和流转情况、家庭主要收入来源、种植作物/养殖品种及其收入、家庭能源消费和其他支出情况；②生态环境保护关注情况，如对本地保护地、保护政策的了解程度，对当地生态环境的关注情况和评价、是否接受过生态保护宣传，对自身生态保护行为的认识等，以及对生态保护和经济发展关系的认知等；③相关政策落实和满意度调查，通过预调查和实地调研了解，选择有针对性的政策措施，了解农牧户对其落实的评价和满意度，如针对农户的退耕还林、护林员公益岗、生态移民搬迁、生态补偿等，针对牧户的管护员公益岗、草畜平衡奖励、特许经营、野生动物伤害损失补偿/牲畜保险等；④家庭基本信息，统计家庭所有人口的基本信息，如性别、年龄、受教育年限、工作类型、收入、贷款情况、参保情况、务工情况等。

在农户、牧户家中，通过简单抽样和分层抽样等形式，开展关于当地原住民生计和保护发展行为的调研和问卷调查。根据研究需求和实际调研情况，界定"农户/牧户"是指生活在同个屋檐下的一组人（通常是家人），同享资源（劳动力和收入），同吃同住。在这里，纳入同一个"农户/牧户"家庭内的人并不一定要有血缘关系或户籍关系，如保姆、养子养女等也可根据实际情况纳入。另外，判断子女是否纳入同一个家庭的重要标准是，其收入和消费是否与原生家庭分开，分家后的子女不计入该农户家庭。一个家庭只选择一个人作答问卷，户主是主要访问对象，如果户主不在家，则对户主的配偶或家中其他长期居住的、比较了解家庭情况的成年人进行访问。如果所选择的农牧户不在家，由于时间和经费限制，不再安排回访，而选择邻居家进行调查。

三、模型估计求解

结构方程模型是一种应用广泛的统计建模技术，用以处理复杂的多变量数据，广泛应用于心理学、经济学、社会学、行为科学等领域的研究。实际上，它是计量经济学、计量社会学与计量心理学等领域的统计分析方法的综合。多元回归、因子分析和通径分析等方法都只是结构方程模型中的一种特例。该方法通过构建结构模型和测量模型，能够处理多元自变量和因变量之间的关系。在理论模型的基础上，利用结构方程进行建模，并使用 Amos 23.0 软件进行模型估计和求解（图 2-7）。模型运算是使用软件进行模型参数估计的过程。在结构方程模型中，试图通过计算方法（如最大似然法等）求出那些使样本方差协方差矩阵与理论方差协方差矩阵的差异最小的模型参数。

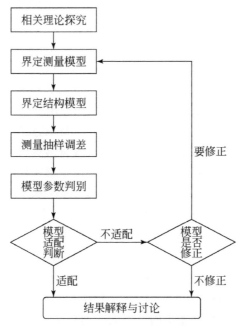

图 2-7　结构方程模型分析的基本程序

第四节　保护地区域经济与生态协同发展路线图设计与差异化精细管控方法体系

一、保护地功能分区及差异化精细管控

分区是保护地规划管理中最重要的过程之一。分区有助于明确在哪些地方进一步加强环境保护，在哪些地方可以适度开发。规划单元是分区的基础，因此需要将研究区划分规划单元。采用自然生态分区单元。本书功能分区采用分级分区的方式。一级分区基于保护地选址的过程，在通过 Marxan 或者 C-plan 等系统保护规划软件获得不可替代性计算结果和优先保护区的基础上，通过阈值法确定一级功能分区。根据《关于建立以国家公园为主体的自然保护地体系的指导意见》，

一级分区包括核心保护区和一般控制区。进而通过聚类分析方法进行二级分区以达到对区域的差异化精细管控。核心保护区的二级分区基于生态脆弱性评价。脆弱性评价的指标选取需要根据保护地的特点以及数据的情况进行选择，进而制作脆弱性的空间分布图。目前，比较权威的人地耦合系统脆弱性的定义认为，暴露度（Exposure）、敏感性（Sensitivity）和适应能力（Adaptive Capability）是系统脆弱性的 3 个构成要素，需要从这 3 个方面选择指标构建指标体系。对于一般控制区，可以在保护的基础上，辅助一定经济发展，因此需要评价经济发展设施建设的生态适宜性，即评价并选择利于居住、发展生态旅游和农牧业等区域，为生态与经济建设协调发展提供基础。土地适宜性普遍认为是"一定条件下一定范围内的土地对某种用途的适宜程度"。在利用上包括诸多方面。原住民需要保证基本生活需求，可从居住适宜性、农业和放牧适宜性等方面构建指标体系。其中，农业适宜性可以从土壤性质和环境条件两方面选择指标构建指标体系，放牧适宜性可以从草场适宜性和环境条件两方面选择指标构建指标体系。对于非原住民则主要考虑自然公园对游憩的作用，游憩适宜性则主要从风景资源、旅游设施和环境状况三方面构建指标体系。居住适宜性则从人类活动强度和外界环境条件两方面构建评价指标体系。通过加权求和的方法得到脆弱性、游憩适宜性、居住适宜性、农业适宜性和放牧适宜性在空间上的分布。按规划单元统计完栅格数据后，采用 ArcGIS 的组分析工具进行功能分区。ArcGIS 的组分析工具提供了 K-均值空间聚类方法（图 2-8）。

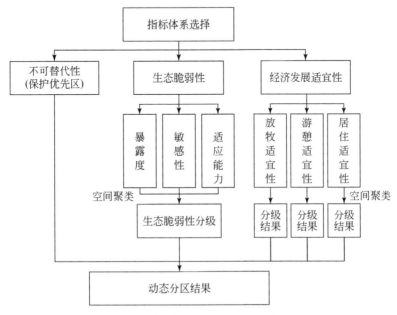

图 2-8　保护地功能分区流程

二、保护地区域经济建设与生态保护协同发展路线图设计方法体系

路线图部分是对所有前期研究的总结提升，通过总结凝练前期不同层次的保护地经济和生态研究结果，构建有针对性的保护地协同发展路线图设计与差异化精细管控方法体系，从而实现理论成果向实践指导创造性转化、创新性发展，使得前期研究成果能真正意义上用于保护地发展需要。这种半定量半定性的规划方法相较于常见的路线图绘制方法，具有更强的科学性与可行性，规划结果在落地实施后，能尽可能减少经济与生态之间的对立，推动经济与生态的统一，实现保护地经济与生态的协同提升。

保护地区域经济建设与生态保护协同发展路线图的绘制需要首先识别各主要生态系统服务间的协同权衡关系；然后依据维持协同关系和逆转权衡关系的原则筛选措施；最后对协同发展措施的分阶段落实方案进行时序安排，从而绘制协同发展路线图（图2-9）。

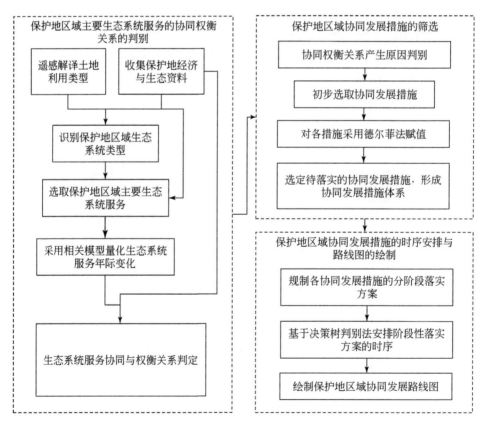

图2-9　保护地区域经济建设与生态保护协同发展路线图的绘制方法设计

1. 主要生态系统服务的协同权衡关系判别

分析各类土地利用类型面积、占比及分布，结合相关资料识别生态系统类型。不同的生态系统类型能提供不同的生态系统服务，选取其中较关键的采用 InVEST 模型进行定量分析。典型保护地区域大都为森林、草原或水生生态系统，故能发挥增加经济收益、满足生物质类生活必需品、提供水源、提供良好生存环境等作用，分别对应于 GDP 总量、碳总量、产水量、生境质量等生态系统服务。

2. 协同发展措施的筛选

对存在协同或权衡关系的生态系统服务，首先判别是否存在某生态系统服务的变化能直接或间接导致其他生态系统服务的变化；如存在，则该服务即为影响因素，否则表明存在同时影响几类生态系统服务的外界影响因素。进一步，针对这些影响因素选取协同发展措施，所选取的协同发展措施应涵盖工程技术措施、规模结构措施、政策制度措施等各个层面。所选取的协同发展措施可能存在落实难度大、费效比过高等问题，可采用德尔菲法对每个协同发展措施进行评价赋值。最后，将所有措施按评价数值由大到小排序，依据实际选取评价数值较大的那部分作为最终选定的协同发展措施，形成协同发展措施体系。

3. 协同发展措施的时序安排与路线图的绘制

筛选出的协同发展措施需要分阶段落实，可采用决策树分析方法，从措施的可行性、迫切性和可操作性三方面确定各协同发展措施时序安排。由此绘制保护地区域经济建设与自然生态保护协同发展路线图。虽然由协同发展措施和协同发展路线图构成的协同发展方案能解决部分经济建设与生态保护相权衡的问题，但是总存在难以消除权衡关系的部分。因此，需要界定假如在协同发展方案实施过程中遇到两相权衡的问题，哪些功能区的经济建设应让位于生态保护，哪些功能区的生态保护应让位于经济建设。本书采用情景分析法，依据历年各生态系统服务情况预测近期、中期、远期惯性发展情景和三种规划发展情景下各生态系统服务情况，由于有些生态系统服务可以表征生态效益，有些生态系统服务可以表征经济效益，因此可以预测各功能区 3 个时期惯性发展情景和三种规划发展情景下生态效益与经济效益。将各功能区的栅格结果求平均并归一化即得整体的生态效益与经济效益量化值，通过绘制判别图采用决策树方法预测三种规划发展情景下的发展，从而选取最适合保护地区域实际的规划发展情景。

第二篇　保护地区域经济建设与生态保护发展协调性分析

第三章 保护地区域空间冲突识别

第一节 基于管理目标的保护地空间用地冲突识别

不同类型保护地的管理目标存在诸多差异，现存的各类型保护地存在一定程度的空间和用地交叉重叠，导致重叠区域存在管理目标的矛盾。保护地管理目标矛盾将直接引起用地冲突，用地冲突主要体现为保护地不同功能区对土地保护和开发的限定程度不同，同一地块承担不同层级的开发权限。这类矛盾的研究重点在于梳理各类型保护地现行的法律、条例与规定，按照保护优先的原则，来识别空间冲突。保护地土地利用应遵循"面积不减少、性质不改变、功能不降低"的原则，空间矛盾主要源自各类违法违规活动。根据对"绿盾2017""绿盾2018"问题清单的梳理（表3-1），保护地内违法违规活动类型主要包括：采石采砂、工矿用地、违规旅游设施和违规水电设施四大类。土地用途的矛盾主要表现为：植被破坏、土地退化、水土流失、生物多样性丧失等。这类矛盾的研究重点在于人类活动强度、生态系统变化及冲突产生的热点区域。

表3-1 "绿盾2017""绿盾2018"焦点问题统计

问题类型	采石采砂	工矿用地	违规旅游设施	违规水电设施	其他
数量（个）	1443	5715	450	289	321
比例（%）	17.56	69.53	5.48	3.52	3.91

从保护地管理目标和土地利用两方面出发，建立多类型保护地空间冲突识别技术流程。首先，厘清管理目标冲突，梳理《中华人民共和国自然保护区条例》《风景名胜区条例》《森林公园管理办法》《国家湿地公园管理办法》等法律法规。在此基础上，依据法条层级与管制目标，对我国国家公园、自然保护区、自然公园三类保护地的土地管制严格程度进行分级排序。在土地开发的限制方面可以分为5级，最严格的等级为G1，实施严格保护、禁止人类活动，这一级别特指国家公园的严格保护区、自然保护区的核心区；G2等级准许科考观测人员进入，禁止其他活动，该等级包括自然保护区的缓冲区、自然公园的保育区主要包括：森林公园的生态保育区、湿地公园的保育区以及地质公园的一级保护区；G3等级允许科研考察、旅游、物种驯化、原住民生活，但是禁止产业项目的开展；G4等级允许旅游接待、游客服务、旅游基础设施建设；G5等级与周边社区衔接，可以开展

旅游管理服务、附属及配套产业工程建设等。其次，利用空间分析技术识别冲突，应在数据可达的前提下对人类活动强度、生态系统变化进行量化评估，并识别冲突的热点区域（图3-1）。

保护强度	生态保护地功能分区及管控目标	国家公园	自然保护区	自然公园
高 G1	严重保护，禁止人类活动	严格保护区	核心区	
G2	准许科考观测人员进入，禁止其他活动	生态保育区	缓冲区	保育区
G3	允许科研考察、旅游、物种驯化、原住民生活，但是禁止产业项目的开展	传统利用区	实验区	景观修复区
G4	允许旅游接待、游客服务、旅游基础设施建设	科教游憩区	—	游憩利用区
低 G5	与周边社区衔接，可以开展旅游管理服务、附属及配套产业工程建设	—	—	管理服务区

图3-1 多类型生态保护地土地功能限定分级矩阵图

第二节 自然保护地及其周边地区三生空间冲突识别

一、三生空间分类

三生空间是生活空间、生产空间和生态空间的简称。三生空间的划定是本研究的基础。由于土地是生产功能、生活功能和生态功能相互关联与统一的整体，每一种土地利用方式并不是只具有唯一的单项功能。因此，本书基于土地利用的主导功能并结合其多功能性质，根据相关参考文献和研究区的实际情况进行三生空间的分类（李广东和方创琳，2016；刘继来等，2017）（表3-2）。

表3-2 研究区空间类型划分

空间类型	对应的土地利用类型
生活生产空间	城镇用地、农村居民点、厂矿、工业用地、交通道路等
生产生态空间	水田、旱地、苗圃、茶园、果园、未成林造林地等
生态生产空间	有林地、灌木林地、疏林地、草地、水库坑塘水面
生态空间	河流、滩地、裸岩石质地

二、三生空间冲突指数构建

三生空间冲突综合水平可表示为

$$SCCI = CI + FI - SI \tag{3-1}$$

式中，SCCI 为三生空间冲突指数；CI、FI、SI 分别为三生空间复杂性指数、三生空间脆弱性指数以及三生空间稳定性指数。

1. 三生空间复杂性指数（CI）

面积加权平均斑块分形指数（AWMPFD）在一定程度上反映了人类活动对空间景观格局的影响，一般来说，受人类活动干扰小的自然景观的分形值高，而受人类活动影响大的人为景观的分形值较低。AWMPFD 的表达式为

$$AWMPFD = \sum_{i=1}^{m}\sum_{j=1}^{n}\left[\frac{2\ln(0.25P_{ij})}{\ln(a_{ij})}\left(\frac{a_{ij}}{A}\right)\right] \tag{3-2}$$

式中，P_{ij} 为斑块周长；a_{ij} 为斑块面积；A 为空间类型总面积；i，j 为第 i 个空间单元格内第 j 种空间类型；m 为研究区总的空间评价单元数；n 为三生空间类型总数。获得计算结果后，进一步标准化到 0 和 1 之间。

2. 三生空间脆弱性指数（FI）

土地利用系统脆弱性主要来自外部压力的影响，不同土地利用类型对外界干扰的抵抗能力也不同。空间脆弱性指数可用来表示土地利用系统的脆弱度，是度量土地利用空间单元对来自外部压力和土地利用过程的响应程度的指标。

$$FI = \sum_{i=1}^{n}F_i \times \frac{a_i}{S} \tag{3-3}$$

式中，F_i 为第 i 类空间类型的脆弱性指数；n 为空间类型总数，根据前文三生空间分类个数，$n=4$；F_i 根据相关参考文献通过转移矩阵分析的方法来确定，其中向其他类型转移概率高的空间类型脆弱性高，赋较大值，转移概率低的空间类型脆弱性低，赋较小值；a_i 为单元内各类景观面积；S 为空间单元总面积。转移矩阵的获取需要在 ArcGIS 中运用叠置分析的方法构建。获得计算结果后，进一步标准化到 0 和 1 之间。

3. 三生空间稳定性指数（SI）

三生空间的稳定性可用景观破碎度指数来衡量，公式如下：

$$SI = 1 - PD \tag{3-4}$$

$$PD = \frac{n_i}{A} \tag{3-5}$$

式中，PD 为斑块密度；n_i 为各空间单元内第 i 类空间类型的斑块数目；A 为各空间单元面积。PD 值越大，表明空间破碎化程度越高，而其空间景观单元稳定性则越低，对应区域生态系统稳定性亦越低，并将各空间单元的稳定性指数计算结果标准化到 0 和 1 之间。

4. 三生空间冲突指数测算

利用 ArcGIS 的渔网功能生成 1000 m×1000 m 的格网，将其作为划分空间冲突评估的单元。对于研究区边界处未布满整个方格面积的空间斑块，按一个完整方格参与计算，即在研究区边界外但同研究区同处于一个方格内的地物也进行了提取并参与计算，以保证边界计算结果的准确性与可比性。进而将三生空间分类数据与格网数据叠加，并利用 ArcGIS 的分析工具进行统计。将反映每个空间单元网格复杂性、脆弱性和稳定性的相关景观生态指数计算结果代入空间冲突指数模型，并将测算结果标准化处理至 [0，1] 范围内，得到每一网格的空间冲突水平值。

根据冲突的倒 U 型曲线模型，可将空间冲突的可控性分为稳定可控、基本可控、基本失控和严重失控 4 个层次，其对应的空间冲突指数范围分别为 [0，0.4)、[0.4，0.6)、[0.6，0.8)、[0.8，1] 4 个区间（廖李红等，2017）。

第三节　物种栖息地与人类活动空间冲突识别

野生动物和人类之间的冲突是一个全球性问题（Redpath et al.，2013；Kansky and Knight，2014）。野生食肉动物可能对人和牲畜造成伤害（Kim and Arnhold，2018），食草动物与牲畜争夺食物（Huang et al.，2018）。反过来，人类的狩猎和控制也威胁着野生动物的生存，人类与野生植物之间的冲突已成为物种灭绝的重要原因。造成人类与野生生物冲突的最重要原因之一是物种栖息地与人类活动空间之间的"冲突"（Sharma et al.，2015）。随着经济的飞速发展，人类活动的不断增强，建设用地、耕地、道路等人工景观的不断扩大，物种栖息地已被人类占领或破碎化。即使某些栖息地没有被人类占领，人类影响的痕迹仍然存在。由于规划不科学、资金缺乏等因素，保护地网络无法始终覆盖该地区所有物种的所有野生动植物栖息地（Gabriel et al.，2014），也就是说，存在保护空缺区域（Fonseca and Venticinque，2018；Liu et al.，2018）。这些区域不能得到严格的保护，许多已经转变为人工土地的地区也可能适合物种生存；这些区域的生态保护和经济发展无法平衡。

基于这些原因，在已有"土地利用冲突"和"空间冲突"概念的基础上，本书尝试提出"人-兽空间冲突"的概念，旨在描述野生动物生存空间（栖息地）与人类活动空间之间的冲突。本书认为"人类与野生动物的空间冲突"是人类与野生动物之间为争夺空间资源而引起的空间资源分配过程中的矛盾现象。它虽然源自前文所提到的"土地利用冲突"或者"空间冲突"的概念，但本书中所提出的概念与它们还是有所不同的，"土地利用"冲突的主体是人，是不同土地开发者对同一地块不同用途需求的矛盾状态；而本书所提出的概念的冲突主体是人和野生动物。此外，"土地利用"冲突涉及的可能是不同土地利用类型之间的冲突，而"人-兽空间冲突"涉及的是野生动物栖息地和人类活动空间之间的冲突，它并不局限于土地利用类型之间。还需要强调的是，"人-兽空间冲突"与"人-兽冲突"也不相同，"人-兽空间冲突"是引起"人-兽冲突"的原因。空间冲突必然是有其强度的，明确空间冲突的位置和强度的最终目标是有针对性地通过制订一系列合理的措施来促进区域协调发展进而缓解冲突（Brown and Raymond，2014）。为了进一步衡量"人-兽空间冲突"的强度，本书再次提出了"人-兽空间冲突指数"，即定量衡量"人-兽空间冲突"强度的一个参数。"指数"概念在生态评估过程中非常重要，它可以将定性表达转化为定量描述。

　　"人-兽空间冲突指数"（HWSCI）的构建主要基于野生动物栖息地的适宜性（WHS）和人类活动强度（HII）。本书认为，WHS 与物种分布数量及其活动强度呈正相关。高适应性区域分布的物种数量更多，物种活动强度更高。这样，对于 WHS 高，HII 高的地区，HWSCI 就很高；对于 WHS 较高但 HII 较低的地区，HWSCI 不高；对于 WHS 较低的地区，即使 HII 高，HWSCI 仍然低；对于 WHS 和 HII 都低的地区，HWSCI 最低。因此，可以通过将 WHS 和 HII 的两个变量 [式（3-6）] 相乘来表示 HWSCI，而初始 HWSCI（HWSCI′）可以由图 3-2 表示（Zeng and Zhong，2020）。

$$HWSCI' = WHS \cdot HII \tag{3-6}$$

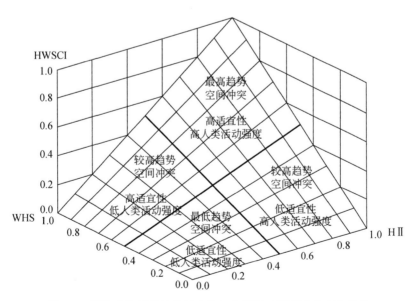

图 3-2　野生动物栖息地的适宜性与人类活动强度冲突变化趋势

一、野生动物栖息地适应性（WHS）分布模拟

WHS 是通过 MaxEnt 模型使用物种点数据分布和环境因素来计算的。MaxEnt 模型是物种空间分布模拟与评估中应用较为广泛的模型（朱耿平和乔慧捷，2016），对物种适宜性空间分布具有较高的可信度，属于机器学习模型。该模型由 Phillips 等在 2004 年提出，以最大熵原理作为其统计推断的工具，通过限制条件的最大熵分布来评估潜在分布区的适宜性大小（张路，2015；王书越，2018）。MaxEnt 模型在生态学中这样描述：当一个物种没有任何竞争压力或者环境条件限制时，它的分布会尽最大可能地分散扩张，直至逼近于均匀分布状态，事物熵最大时是最可能反映或者接近于该事物的真实状态。所以，要判断一个物种在某区域是否存在及其分布情况，若没有任何外界约束条件，则最合理的空间分布预测应该是 50% 的存在概率或者 50% 的不存在概率。MaxEnt 模型从符合条件的分布中选择熵最大的分布作为最优分布，即先确定物种的已知的空间地理分布，再寻找限制物种分布的约束条件（环境变量），建立两者的相互关系。MaxEnt 模型就是根据当前物种分布点和分布区域的环境变量经过运算得到预测模型，再利用预测模型估计目标物种在目标区域的可能分布状况。MaxEnt 模型的优点主要体现在模拟预测物种分布时只需要目标物种的当前存在的地理空间分布数据，对样本量的要求较低，只需要少量目标物种的"存在点"数据，特别是在目标物种信息不全的情况下，仍然能得到较为满意的预测结果（季乾昭等，2019）。

MaxEnt 模型的函数表达为（高翔，2018）：

$$S\left(p|p_0\right) = -\sum_i p_i \ln \frac{p_i}{p_{0i}} \tag{3-7}$$

式中，S 代表熵，p_0 是已知条件下的先验分布。模型的目标是在满足约束条件同时满足最大化熵的前提下，计算感兴趣的概率分布。

本书通过软件 MaxEnt 3.4.1 进行三江源地区物种适宜性空间分布的模拟。MaxEnt 3.4.1 软件的界面如图 3-3 所示：

MaxEnt 需求的数据主要包括两个方面，一方面是物种分布点位坐标（位于界面左侧），另一方面是环境层因子数据（位于界面右侧）。物种分布点位的获取在前文已经进行了阐述，在输入 MaxEnt 前需要整理为 csv 格式的文件。文件内容主要包括物种名称和坐标。环境层因子数据则输入影响物种分布的环境因子数据。根据相关参考文献，环境层因子主要选择地形因子和气候因子。MaxEnt 的环境层可以接受两种数据格式，分别为栅格格式（grd format）和 SWD（Sample with Data）格式（swd format）。如果物种分布点位数据的获取是基于整个研究区，则可以在环境层中输入研究区的环境因子栅格数据用于模拟。但如果研究区范围太大，或

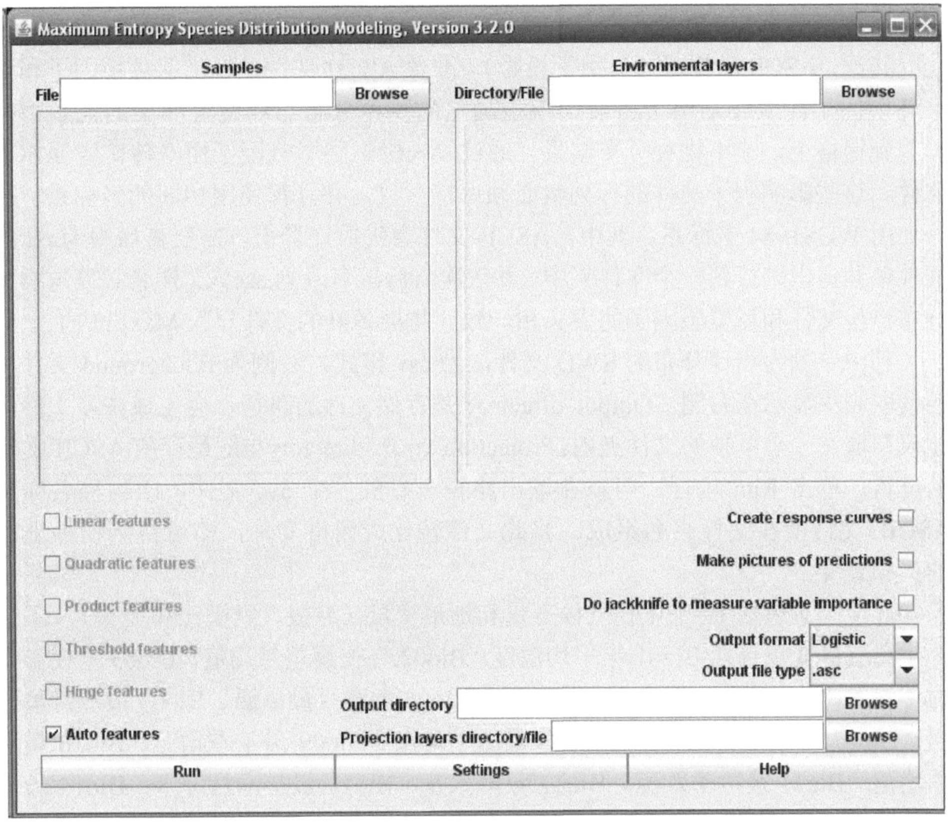

图 3-3　MaxEnt 软件界面

者研究区内有难以进入的区域，或者调研条件不允许针对整个研究区进行调研而只能获得局部区域的数据时，则可以采用 SWD 方式输入环境层栅格数据。软件可以根据局部建立起的关系通过 Project（投影）功能将物种分布模拟到全局范围上。具体模拟方法如下。

首先，准备 MaxEnt 所需的 SWD 文件。对物种出现点位数据来说，第一列为物种名称。第二列和第三列为坐标。坐标是必须存在的，其第二列必须是 Longitude（经度），第三列必须是 Latitude（纬度）。从第四列开始是影响物种分布的影响因子。利用物种分布的坐标点位提取对应的影响因子栅格文件得到。Field（字段）务必和后续 Backgroud（背景）文件的表头、ASCII 文件的文件名相对应。需要通过 excel 存储为 csv 格式。

环境层仅用于读取"Background"像素的环境数据。Background 文件同样需要准备 X、Y 的坐标点，并位于第二列（Longitude）和第三列（Latitude）。前面第一列的名称使用"Background"即可。从第四列开始是影响因子。Field 名称必须与物种出现点位表的表头名称相对应，顺序可以不一致。Background 数据表也同样需要存储为 csv 格式。

其次，ASCII 数据准备（用于投影）。准备 ASCII 文件包括当前环境因子和未来环境因子，主要是用于将前边模型确定的物种分布与环境层因子的关系"投影"到栅格上，输出物种分布结果。通过 ArcGIS 将影响因子栅格转化成 ASCII 文件。这些影响因子文件的行列数必须保持一致，并且都使用相同的坐标系。统一使用 WGS1984 坐标系。其中，ASCII 文件会生成许多个，需要将后缀为.txt 的文件单独提出来放到一个文件夹中，并依次将后缀名改为.asc。文件名必须与物种分布点位文件和环境层因子的表头相一致。将准备好的文件导入 MaxEnt 内。

其中左侧为物种分布的 SWD 文件，为 csv 格式。右侧为 Background 文件，会读取表头显示在右侧。Output directroy 是存储文件的路径，会生成许多文件，建议存放在一个单独的文件夹内。Projection layers directory/file 是存放 ASCII 文件的位置。单击 Run 运行。可以在输出路径下看到一个 asc 文件，由物种名称和 ASCII 文件所在文件夹名组成。将此文件转化成栅格文件，即可得到物种分布的模拟结果。

环境因素包括 19 个生物气候变量和地形变量（海拔，纵横比和坡度）。这 19 个生物气候变量包括 Bio01 年平均温度、Bio02 昼夜温差月均值、Bio03 昼夜温差与年温差比值、Bio04 温度变化标准差、Bio05 最暖月最高温、Bio06 最冷月最低温、Bio07 年温度变化范围、Bio08 最湿季均温、Bio09 最干季均温、Bio10 最暖季均温、Bio11 最冷季均温、Bio12 年降水量、Bio13 最湿润月降水、Bio14 最干旱月降水、Bio15 降水的季节性（变异系数）、Bio16 最湿润季降水、Bio17 最干旱季降水、Bio18 最暖季降水、Bio19 最冷季降水。本研究通过 Pearson 相关分析计算了这些因素的相关性，而高相关性因素（$|r|>0.9$）仅保留其中之一。计算结果范围为 0～1，数值越高表明野生动植物栖息地的适应性越高。由于使用线调查方法获得了物种分布数据，因此在模拟和预测物种分布的过程中，将 SWD（带数据的样本）模型用于输入物种分布点数据和环境影响因子。使用 MaxEnt 软件的 Project 功能，将物种分布的局部范围投影到整个研究区域。使用曲线下面积（AUC）方法以下标准测试了仿真结果：高度准确（$0.9 \leqslant AUC < 1.0$）；中度准确（$0.8 \leqslant AUC < 0.9$）和有用（$0.7 \leqslant AUC < 0.8$）。

二、人类活动强度（HII）评估

通过土地利用类型的相对干扰程度来测量 HII 是一种常见的方法（徐勇等，2015；Li et al.，2018）。但是，选择的指标主要基于相对较简单的土地利用/覆盖数据。此外，HII 指标权重的确定通常是通过专家评分来完成的，这是相对主观的（Li et al.，2018；赵亮等，2019）。在这项研究中，HII 是根据居民的居住、放牧和旅游三个方面进行测量的。具体指标包括人口分布、到定居点的距离、到耕地的距离、道路密度（包括：高速公路密度、铁路密度、一级道路密度、二级道路密度、三级道路密度）、放牧强度、到河流的距离、景点密度和旅游基础设施密度。HII 各项指标的权重通过熵权法计算（赵亮等，2019）。人口数据为县级数据，根据 NPP-VIIRS 夜间照明数据分配到 1 km 网格级。现有的放牧量数据也在县一级。由于县级的放牧强度（单位面积的表单位）与 NDVI 有很强的相关性（R^2=0.52），因此假设在 1 km 范围内也存在相同的关系。然后根据植被类型和 NDVI 将全国范围的放牧数据分配到 1 km 范围。道路密度、景点密度和旅游基础设施密度是通过 ArcGIS 的内核密度工具获得的。

三、评估野生动物的摄食习惯和保护水平

物种的不同摄食习惯也会导致物种与人类之间不同程度的冲突强度。例如，大型食肉动物攻击牲畜和人类，并摧毁房屋（Huang et al.，2018），造成高水平的破坏。反过来，人类为了报复而猎食这些食肉动物，从而导致了大规模的冲突。然而，对于小型食肉动物，如藏狐，它们主要捕食小型哺乳动物，这种哺乳动物很少伤害牲畜，与人类的冲突较小（Liu et al.，2010）。对于食草动物，它们与牲畜争夺食物并可能引起冲突（徐增让等，2019）。食肉鸟主要捕食小鸟、鼠、兔等，与人类的竞争水平较低。但是，草食性鸟类可能会破坏农作物并与人类发生高度冲突（Ma et al.，2009）。综上所述，不同物种与人类活动的冲突程度不同，因此，有必要根据不同物种的摄食习惯为其分配不同的评分（表 3-3）。

表 3-3　评价物种的摄食习惯

物种类型	摄食习惯	评分
食肉动物	猎食大型动物	1
	猎食小型动物	0.1
食草动物	食草	0.5
鸟类	食草或谷物	0.3
	猎食小型动物	0.1

物种具有不同的保护级别。保护级别越高，数量越少，对环境质量要求也越高，发生冲突时对这些动物的影响就越大；此外，如果人类伤害了受保护的动物，对于不同保护等级的物种，法律上的处罚也是不同的。因此，需要根据不同的物种和不同的保护水平来有区分地衡量空间冲突。为了合理地区分不同物种，有必要进一步评价物种的保护价值，并将这些因素乘以适宜性的模拟结果。根据"中国动物主题数据库""世界自然保护联盟濒危物种红色名录"，结合文献资料调

研方式，物种的保护价值从三个方面进行计算：保护等级、濒危程度和特有性，并对研究区珍稀濒危物种的保护价值进行分级赋值（表 3-4）。

表 3-4　物种保护价值评价

指标	评价方法
保护等级	根据物种的保护等级，一级保护动物赋值为 1，二级保护动物赋值为 0.5，非保护动物赋值为 0.1
濒危程度	按极危（CR）、濒危（EN）、易危（VU）、近危（NT）、低危（LC）分别赋值 1、0.8、0.6、0.4、0.2，未列入赋值为 0.1
特有性	中国特有赋值 1，非特有赋值 0.1

最后根据式（3-8）得到每个物种的综合评价结果：

$$I=(I_{保护等级}+I_{濒危程度}+I_{特有})/3 \quad\quad (3\text{-}8)$$

式中，I 为综合评价结果；$I_{保护等级}$ 为保护等级的赋值情况；$I_{濒危程度}$ 为濒危程度的赋值情况；$I_{特有}$ 为物种特有性的赋值情况。

四、人与野生动物空间冲突指数的最终构建

由于进食习惯和保护水平是该物种的属性，因此将它们作为权重计入式（3-6）。开四次方用于将指数的大小转换到 10^{-1}。在分别计算每个物种的 HWSCI 后，组合结果用该地区所有物种的最大 HWSCI 和平均 HWSCI 表示。因此，最终的 HWSCI 被构建为以下公式。

$$\text{HWSCI}_{\text{mean}} = \frac{\sum_{n}[(w_{\text{feedhabits}} \cdot w_{\text{value}} \cdot \text{WHS}) \cdot \text{HII}]^{\frac{1}{4}}}{n} \quad\quad (3\text{-}9)$$

$$\text{HWSCI}_{\text{max}} = \max_{n}[(w_{\text{feedhabits}} \cdot w_{\text{value}} \cdot \text{WHS}) \cdot \text{HII}]^{\frac{1}{4}} \quad\quad (3\text{-}10)$$

$$\text{HWSCI}_{\text{final}} = \sqrt{\frac{\text{HWSCI}_{\text{max}}^2 + \text{HWSCI}_{\text{mean}}^2}{2}} \quad\quad (3\text{-}11)$$

式中，WHS 为野生动植物栖息地的适宜性的值；$w_{\text{feedhabits}}$ 为摄食习惯评价结果；w_{value} 为该物种的保护价值；HII 为人类活动强度的值；n 为物种数。$\text{HWSCI}_{\text{mean}}$ 和 $\text{HWSCI}_{\text{max}}$ 分别为所有物种和人类活动的空间冲突指数的平均值和最大值。$\text{HWSCI}_{\text{final}}$ 是研究区域的 HWSCI 的最终值。HWSCI 的范围为 0～1，将值分配给各种级别的冲突，如 0 为无冲突；0～0.20 为低冲突；0.20～0.40 为低度冲突；0.40～0.60 为中度冲突；0.60～0.80 为中高冲突和 0.80～1.0 为高度冲突。

第四节　实　证　研　究

一、吉林红石国家森林公园空间用地

（一）案例区概况

吉林红石国家森林公园地处长白山富尔岭支脉西部，大部分位于吉林桦甸市红石镇和白山镇行政区内，于 2005 年 12 月经国家林业局（现国家林业和草原局）评审正式批复设立，总面积为 291.32 km²。2009 年吉林松花江三湖国家级自然保护区建立，规划面积为 1152.53 km²，红石国家森林公园范围内 50 个林班、25 000多公顷面积划入松花江三湖国家级自然保护区范围，二者空间用地重叠面积占红石国家森林公园比例达到 90% 以上。

（二）吉林红石国家森林公园空间冲突识别

采用 2000 年与 2010 年两期土地利用数据，通过 ArcGIS 10.3 空间分析软件将吉林松花江三湖国家级自然保护区和案例区边界进行叠加，找出空间重叠区域，根据土地利用现状数据（图 3-4），重叠区域的主要土地利用类型为林地，面积约为 210.11 km²，约占区域总面积的 72.12%，其次是水面面积约为 51.01 km²，约占森林公园总面积的 17.51%；建设用地面积约占该区域面积的 2.15%，主要包括建制镇、铁路用地、村庄和风景名胜区及特殊用地等，集中分布在红石镇及周边社区，生活和生产经营活动频繁。对比十年间案例区土地利用变化趋势，发现整体保护良好，土地利用类型变化面积约为 1.70 km²，约占总面积的 0.58%。

综上分析，案例区自建成后建设用地无明显扩张，区域内自然生态系统保护现状良好，生态格局相对稳定。近年案例区旅游产业发展及周边扶贫压力大，游客接待逐年上升，截至 2017 年底已经突破 10.35 万人次，未来面临更加迫切的发展需求。

将红石国家森林公园和松花江三湖国家级自然保护区进行叠置分析，可以发现红石国家森林公园和松花江三湖国家级自然保护区高度重叠，重叠面积占森林公园总面积比例约 90%（图 3-5），一个建制镇、两个行政村、三处重要景点位于松花江三湖国家级自然保护区范围内，红石国家森林公园未将辖区内土地进行合理明确的功能区划分，森林资源保护与合理开发等用地范围不明确，增加了保护地的管理难度。2009 年松花江三湖国家级自然保护区调整范围，将森林公园约 90% 的面积纳入自然保护区范围，遵照上位法原则，应当按照《中华人民共和国自然保护区条例》（简称《条例》）相关规定进行管理。按照《条例》第二十六条、第二十七

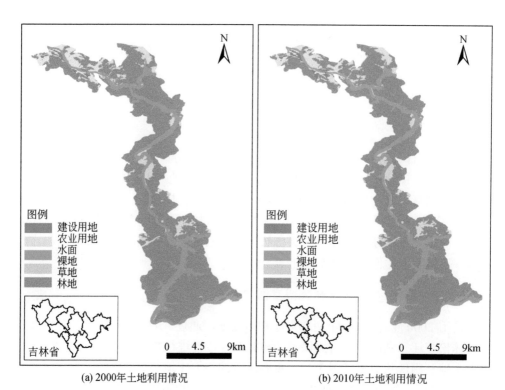

(a) 2000年土地利用情况   (b) 2010年土地利用情况

图 3-4   吉林红石国家森林公园 2000~2010 年土地利用变化图

图 3-5   红石国家森林公园与松花江三湖国家级自然保护区、生态红线关系图

条规定，该空间重叠的区域内不能进行砍伐、放牧、旅游开发等活动，与红石国家森林公园的主体功能区划和规划建设内容产生冲突。根据实地调研，该重叠区域内的部分村庄已迁出，红石国家森林公园原规划中的生活与旅游设施停止建设，影响了森林游憩、环境教育等主体功能（表3-5，图3-6）。

表3-5　松花江三湖国家级自然保护区与红石国家森林公园功能区保护与开发属性冲突分析矩阵

松花江三湖国家级自然保护区分区功能	红石国家森林公园分区功能			
	b_1-生态保育区：不对游客开放，保护修复植被	b_2-核心景观区：游览休憩，不开展设施建设	b_3-一般游憩区：生态旅游，小规模旅游设施	b_4-管理服务区：旅游接待，综合服务
a_1-核心区：严格保护禁止进入	主体功能一致（√）	主体功能冲突（×）	主体功能冲突（×）	主体功能冲突（×）
a_2-缓冲区：可以开展科研观测	主体功能一致（√）	主体功能冲突（×）	主体功能冲突（×）	主体功能冲突（×）
a_3-实验区：科研旅游考察实验	b_1功能外溢（○）	主体功能一致（√）	主体功能冲突（×）	主体功能冲突（×）

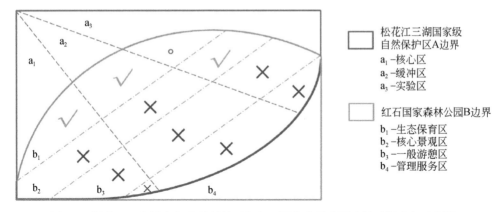

图3-6　松花江三湖国家级自然保护区与红石国家森林公园功能区划冲突示意图

（三）吉林红石国家森林公园空间冲突调整

通过调整案例区功能分区理顺土地权限。选取红石国家森林公园职工及居民为采访对象，围绕红石国家森林公园开发经营与松花江三湖国家级自然保护区保护的主题开展访谈，内容涉及居民生计、土地使用、政策、保护意识等，明确保护的核心目标，同步完成红石国家森林公园和松花江三湖国家级自然保护区的功能分区调整（图3-7），实现红石国家森林公园与松花江三湖国家级自然保护区在功能区空间上的协调：

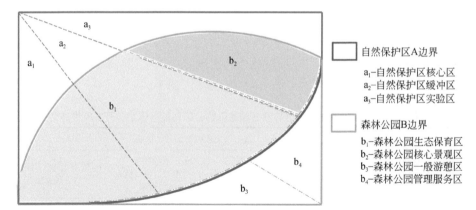

图 3-7 基于核心目标管理的功能分区调整

1）将红石国家森林公园与松花江三湖国家级自然保护区核心区、缓冲区的重叠部分划为生态保育区，禁止建设开发活动实行严格保护；

2）将红石国家森林公园与松花江三湖国家级自然保护区实验区重叠的部分划为核心景观区，开展小规模生态旅游活动；

3）将森林公园其他范围、周边建制镇与行政村范围划为一般游憩区、管理服务区，引导森林公园周边的社区居民参与旅游经营活动和附属产业（图 3-8）。

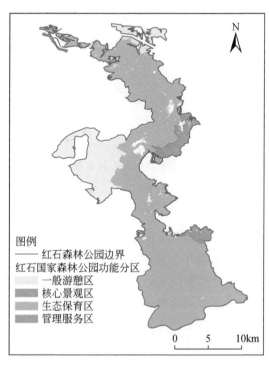

图 3-8 基于核心目标管理的案例区功能区调整方案

二、黄山风景名胜区及其周边地区三生空间冲突模拟

（一）三生空间分类

本书所使用的数据为黄山市 2005 年和 2015 年土地利用数据，来自资源环境数据云平台，分辨率为 100m。包括 6 个一级分类和 26 个二级分类。由于本书需要开展土地利用变化模拟，土地利用分类宜采用一级分类，包括耕地、林地、草地、水域、建设用地和未利用土地。黄山风景名胜区范围、缓冲区范围根据黄山风景区管理委员会提供的图件数据经地理配准和矢量化得到。

三生空间是生活空间、生产空间和生态空间的简称（黄金川等，2017）。由于土地是生产功能、生活功能和生态功能相互关联与统一的整体，每一种土地利用方式并不是只具有唯一的单项功能。因此，本书基于土地利用的主导功能并结合其多功能性质，根据相关参考文献和研究区的实际情况进行三生空间的分类（赵旭等，2019；李广东和方创琳，2016；刘继来等，2017）。生活生产空间是以生活功能为主导兼具生产功能的空间，主要包括建设用地这一个类别。生产生态空间是以生产功能为主导兼具生态功能的空间，包括耕地这一个类别。生态生产空间是以生态功能为主导兼具生产功能的空间（如生态旅游的功能），包括林地、草地和水域。未利用土地无生产功能，归入生态空间。

（二）三生空间变化模拟过程

元胞自动机具有强大的空间运算能力，常用于自组织系统演变过程的研究。大量的元胞通过简单的相互作用而形成动态系统的演化。对于二维空间的元胞自动机，其空间以二维规则格网为主，这与 GIS 所使用的栅格数据的特征相匹配，可利用栅格数据开展土地利用变化的模拟研究（Liu et al.，2008）。元胞自动机涉及到的元素包括元胞、元胞空间、转换规则、邻域、时间和约束。其中，转换规则是元胞自动机模型的核心。本书选择使用 Logisitc 回归方法构建元胞自动机的转换规则。Logistic 回归可以用于判断土地利用分布与影响因子的相关性，筛选出相关性较高的因子，并对不显著相关的因子进行剔除（郝晓敏等，2020）。首先需要准备影响土地利用变化的因子数据，主要包括气候、地形和距离三类。气候因子主要包括降雨和温度两个因子。地形因子考虑高程、坡度和坡向三个因子。坡度和坡向利用 ArcToolbox 中的坡度和坡向工具以高程数据为基础计算获得。距离因子则包括距道路距离、距铁路距离、距机场距离和距河流距离，通过 ArcGIS 的欧式距离工具计算获得。影响因子准备完成后，需要通过栅格计算器进行归一化处理。进一步，利用 ArcToolbox 中的"随机生成点工具"生成 10 000 个采样点，利用"将

值提取到点"工具提取各个采样点所对应的因子的值。将提取结果导出至 Excel 中进行整理，进一步导入 SPSS 中进行 Logistic 回归分析，获得每个栅格的转换概率。

$$\lg\left(\frac{P_r}{1-P_r}\right) = \beta_0 + \beta_1 X_1 + \beta_2 X_2 + \cdots + \beta_n X_n \tag{3-12}$$

式中，P_r 为元胞 r 从其他土地类型转化到目标土地利用类型的概率；β_1，β_2，β_3，$\cdots$，β_n 为 Logistic 回归系数的集合；β_0 为一个常数；X_1，X_2，X_3，$\cdots$，X_n 为驱动因子的集合；r 为土地利用/覆盖数据的像元编号。

在模拟过程中，土地利用的变化并不是随意的，一般限制于同一土地利用的周围，邻域的约束规则表示为（Liu et al.，2010；Ma et al.，2018）

$$\Omega_r = \frac{\sum\limits_{k \times k} N}{k \times k - 1} \tag{3-13}$$

式中，Ω_r 为邻域单元的贡献。只有当附近的元胞存在与目标土地利用类型相同的元胞时，该元胞才能转换。与元胞 i 转换的目标土地利用/覆盖的元胞数量越多，该元胞从其他土地利用/覆盖转换为目标土地利用/覆盖类型的可能性就越大。本研究中考虑了 3×3 的邻域（即 $k=3$）。N 为 3×3 邻域中的与转换目标土地利用/覆盖类型相同类型的元胞的数量。

除了邻域约束外，如已有保护地等区域，则其也属于在土地利用转换过程中不能被占用的部分（Liu et al.，2008），也作为空间约束图层。在本书中，将黄山市内的保护地包括黄山风景名胜区、牯牛降国家级自然保护区、太平湖风景区、清凉峰国家级自然保护区和岭南省级自然保护区作为约束图层，即转换的概率为0。而其他可以转换的土地利用/覆盖类型分配的概率值为1。表达式如下：

$$C_r = \begin{cases} 0, & \text{如果该区域为保护地} \\ 1, & \text{如果该区域为非保护地} \end{cases} \tag{3-14}$$

式中，C_r 为栅格 r 为约束区域的栅格。

转化的最终概率（P_f）的表达式如下：

$$P_f = P_r C_r \Omega_r \tag{3-15}$$

土地利用变化的过程基于 Visual Studio 2010 和 ArcEngine，使用 C#.NET 语言进行编程并运行。

2025 年土地利用面积的预测基于 2005 年和 2015 年两期土地利用数据，通过 Markov 模型计算获得（徐睿择等，2020）。Markov 模型认为，若随机过程在有限的时序中，任意时刻的状态只与其前一时刻的状态有关，即无后效性。土地利用变化具有 Markov 过程的性质，可用于未来土地利用面积的预测。

判断模拟结果准确性最为常用的方法就是通过 Kappa 系数进行验证（王健等，2010）。Kappa 系数用于评价模拟结果与实际情况之间的吻合程度，Kappa 系数的值越大，说明模拟结果和实际情况之间的吻合程度越高（焦利民等，2019；张剑等，2020）。

（三）三生空间冲突的时空变化分析

对于黄山风景名胜区，2005～2025 年，在本书的尺度内，其土地利用未发生变化，其空间冲突水平保持不变，且处于稳定可控状态。对于缓冲区，2005 年，稳定可控区域占比为 83.33%，基本可控区域占比为 15.79%，基本失控区域占比为 0.88%，严重失控区域占比为 0。2015 年由于缓冲区内生活生产用地发生一定的扩张，0.88% 的稳定可控冲突转为基本可控冲突，其他不变。2025 年，稳定可控区域占比为 82.45%，基本可控的区域占 15.79%，基本失控的区域占 1.76%，严重失控的区域占 0。相比 2015 年，基本失控区域面积增加了 0.88%。在研究时间段内，缓冲区的空间冲突总体处于稳定可控和基本可控状态，但是由于存在土地利用变化，基本失控状态的空间冲突区域有所增加（图 3-9，表 3-6）。

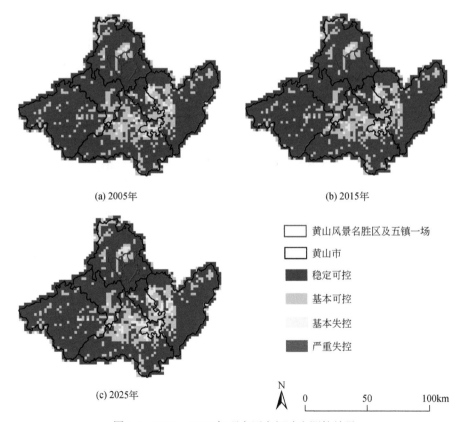

(a) 2005年　　　　　　　　　　　　　　　(b) 2015年

(c) 2025年

　黄山风景名胜区及五镇一场

　黄山市

　稳定可控

　基本可控

　基本失控

　严重失控

N

0　　　　50　　　　100km

图 3-9　2005～2025 年研究区空间冲突测算结果

表 3-6 研究区空间冲突指数测算结果统计

年份	冲突级别	黄山风景名胜区		缓冲区		周边地区	
		单元个数	占比（%）	单元个数	占比（%）	单元个数	占比（%）
2005	稳定可控	49	100	95	83.33	2030	77.42
	基本可控	0	0	18	15.79	517	19.72
	基本失控	0	0	1	0.88	74	2.82
	严重失控	0	0	0	0	1	0.04
2015	稳定可控	49	100	94	82.45	2046	78.03
	基本可控	0	0	19	16.67	506	19.3
	基本失控	0	0	1	0.88	68	2.59
	严重失控	0	0	0	0	2	0.08
2025	稳定可控	49	100	94	82.45	2007	76.55
	基本可控	0	0	18	15.79	505	19.26
	基本失控	0	0	2	1.76	100	3.81
	严重失控	0	0	0	0	10	0.38

对于黄山风景名胜区及缓冲区的周边区域，2005～2025 年，各种冲突比例变化并不剧烈，稳定可控冲突分别占 77.42%、78.03%、76.55%，呈现先升后降的趋势，基本可控冲突分别占 19.72%、19.30%、19.26%，略有下降；基本失控冲突分别占 2.82%、2.59%、3.81%，呈现上升趋势，严重失控冲突占 0.04%、0.08%和 0.38%，也呈现出上升趋势。从空间上来说，各种类型的空间冲突互相交织，其中黄山区南部（包括黄山风景名胜区在内）为稳定可控冲突的中心，其他稳定可控冲突分布的区域还包括祁门县的西部、歙县东部、黟县西北部和休宁县南部；而屯溪区、歙县西部、休宁县北部则为基本失控冲突的中心，黄山区中部也是基本失控冲突的聚集区。2015 年，屯溪区出现了严重失控冲突，到 2025 年，黄山区、休宁县东部和歙县西部也都将出现严重失控冲突（图 3-9，表 3-6）。

黄山风景名胜区内部无三生空间转化发生。黄山风景名胜区是首批建设的风景名胜区，其管理措施也相对完善，内部土地利用转化控制相对严格。黄山风景名胜区内部为稳定可控冲突，为珍贵野生动植物提供了较为良好的栖息环境。作为自然保护地，未来黄山风景名胜区需要进一步加强与其他保护地的联系，形成生态网络，加强野生生物栖息地的完整性。

对于缓冲区来说，土地利用变化主要发生在生产生态空间向生活生产空间的转化上，转化面积占生产生态空间的 2.40%～4.98%；而生态生产空间向生活生产空间的转化的面积占 0.04%～0.05%。三生空间的转化是加剧空间冲突的原因，在本书中则主要体现在建设用地对其他类型空间的占用。缓冲区与黄山风景名胜区是紧密相邻的，是缓冲外界影响的屏障，也是黄山重要物种栖息地的补充，其自身产生扰动将可能对黄山风景名胜区的生态安全造成一定的影响。模拟表明，到2025年，虽然生活生产空间面积增量不多，基本失控冲突增量也较小，但是考虑到黄山风景名胜区的生态安全，缓冲区内产生的空间冲突仍需要得到一定的关注，合理引导生产生活空间的扩张，保证其所具有的缓冲作用。

对于外围区域（黄山市）来说，其土地利用变化也是主要发生在生产生态空间向生活生产空间的转化上。转化面积占生产生态空间的 3.30%（2015～2025年）～3.94%（2005～2015年）。而生态生产空间向生活生产空间转化的面积占生态生产空间的 0.06%（2005～2015年）～0.17%（2015～2025年）。总体来说，生态生产空间的转化面积较小，并能够一直保持较高的总面积。从自然因素来看，黄山市地形较为复杂，高度、坡度值较高的区域面积较大，不适合耕地和建设用地的大规模发展，尤其生产生态空间几乎没有发生扩展。从社会因素来看，黄山市政府的管理起到了重要作用，对山脉的自然属性进行了很好的保护。但是我们也发现，在相对平坦的地区，耕地（生产生态空间）呈树枝状蔓延，并存在大量不连续的小斑块，其与生态生产空间接触范围大且产生了破碎化的作用。虽然大部分地区形成了基本可控冲突，但在部分地区形成了基本失控冲突。由于生产生态空间基本不发生扩展，所以这两类冲突的变化主要是建设用地的加速扩张导致的。至2025年这种趋势会更强。黄山区、屯溪区、休宁县东部和歙县西部的基本失控冲突都有所扩展，且都出现了严重失控冲突。对于失控型冲突存在的区域，其空间资源分配可能存在问题，如占用物种栖息地，也可能对生态过程的正常进行产生阻碍作用。需要避免建设用地的无序扩张，促进其集聚化发展，并注重引导产业向着注重生态产品和生态旅游的方向进行转型与升级，以进一步突出生态生产空间的作用，进一步促进生态保护与经济建设的协调。此外，需要构建生态廊道连接被切割的生态生产空间，这也是促进研究区自然保护地网络形成的重要措施之一。

三、三江源地区物种生存空间与人类活动空间冲突识别

（一）野生动植物栖息地的适应性模拟结果

MaxEnt 模拟的野生动物栖息地的适应性的空间分布如图 3-10 所示。其中，雪豹、狼和藏狐的 WHS 空间分布模拟结果如图 3-10（a）、图 3-10（b）和图 3-10（c）所示。因为它们的 AUC 值均大于 0.7，所以模拟结果可以接受，中高适用性区域的面积分别为 25 771 km²、196 919 km² 和 149 387 km²。藏野驴、藏羚羊和藏原羚

的 WHS 空间分布模拟结果如图 3-10（d）、图 3-10（e）和图 3-10（f）所示。它们的 AUC 值为 0.759、0.929 和 0.703。中高适应性区域面积分别为 176 567 km²、74 574 km² 和 195 095 km²；图 3-10（g）、图 3-10（h）和图 3-10（i）显示了猎隼、大鵟和黑颈鹤的 WHS 空间分布模拟结果。它们的 AUC 值为 0.778、0.741 和 0.865，中高适应性区域面积分别为 180 155 km²、185 838 km² 和 104 407 km²。

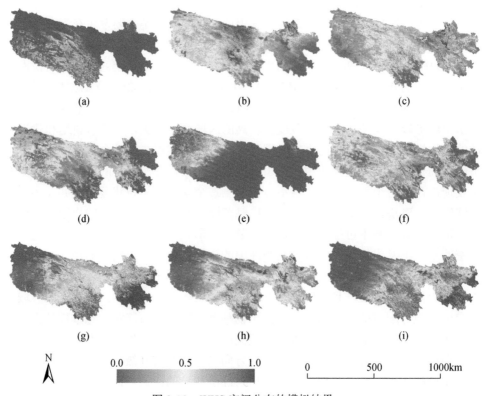

图 3-10　WHS 空间分布的模拟结果

（a）雪豹；（b）狼；（c）藏狐；（d）藏野驴；（e）藏羚羊；（f）藏原羚；（g）猎隼；（h）大鵟；（i）黑颈鹤

（二）人类活动强度空间分布评价结果

图 3-11 显示了人类活动强度指标的分布，表 3-7 显示了权重。HII<0.05 占研究区域的最大面积（276 944 km²），占总面积的 77.89%；HII>0.2 的面积为 752 km²，占总面积的 0.21%。图 3-12 显示，HII 较高的区域主要位于定居点、铁路和主要道路所在的位置。西部的 HII 高的地区是铁路的所在地。东部和中部的 HII 较高的区域是道路所在的位置。HII 在道路交界处较高。这些地区的公路密度高，并有居民点和风景名胜区。

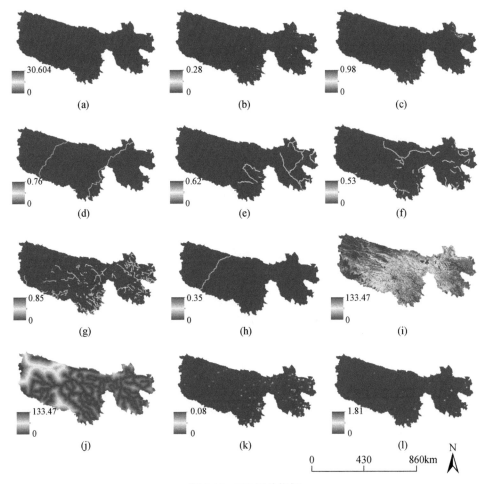

图 3-11 HII 评估指标

（a）人口分布；（b）到定居点的距离；（c）到耕地的距离；（d）高速公路密度；（e）一级道路密度；（f）二级道路密度；（g）三级道路密度；（h）铁路密度；（i）放牧强度；（j）到河流的距离；（k）景点密度；（l）旅游基础设施密度

表 3-7 HII 评估指标权重

指标	权重	指标	权重
人口分布	0.2282	三级道路密度	0.0661
到居民点的距离	0.0021	铁路密度	0.1472
到耕地的距离	0.0025	放牧强度	0.0102
高速公路密度	0.1162	到河流的距离	0.0005
一级道路密度	0.1053	景点密度	0.0971
二级道路密度	0.0961	旅游基础设施密度	0.1285

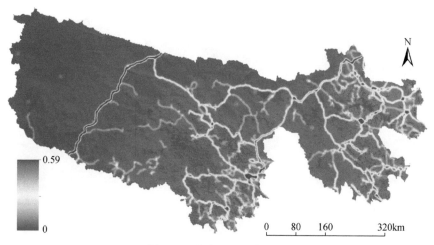

图 3-12　人类活动强度分布

（三）"人-兽空间冲突"分布

图 3-13 为 $HWSCI_{final}$ 在三江源区的空间分布。从结果可以看出，三江源区的 $HWSCI_{final}$ 在 0.06~0.41，这说明空间冲突情况并不严重。没有地区是中高度冲突和高度冲突。低冲突区域（0~0.20）为 270 502km^2。这些地区占研究面积的 80.887%，分布在西部、中部和东部。其中，$HWSCI_{final}$ 在 0.15~0.20 范围内最大。中低度冲突地区为 63 912km^2，占研究区面积的 19.111%，主要位于公路和铁路分布的地区。中度冲突区域仅 7km^2（0.002%）。

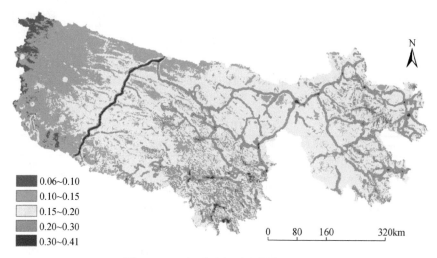

图 3-13　"人-兽空间冲突指数"分布

第四章 保护地社会经济发展与生态保护协调度评价

第一节 耦合协调度概念

耦合与耦合度模型："耦合"是来自物理学的概念，它是指若干系统之间的互相作用、彼此影响，可客观地反映出若干系统之间的相互关系。这种关系达到某种程度时会结合成另一个全新的、更高一级的结构-功能体。在电子学和电信领域，耦合是指能量从一种介质传播到另一种介质的过程。耦合度就是对系统相互作用大小的量化模型，概括地说是两个及以上实体依赖于某一方程度的测度。耦合度高是指系统之间的相互作用强，反之则是弱（李严鹏，2017；许辉云，2018；买里娅•阿不力孜，2016；刘建伟，2020）。

协调与协调度模型：耦合度只能反映出若干系统彼此之间的影响程度的强弱，不能准确地反映出系统之间的协调发展关系，因此借鉴耦合协调度来研究若干系统间存在的良性关系。对"协调"的定义就其词义可以理解为客观事物诸方面的配合和协调，是指为实现系统总体目标，各子系统或各元素之间相互协作配合、相互促进而形成的一种良性循环态势，是对系统内部各要素相互和谐一致的量化（李严鹏，2017；许辉云，2018；买里娅•阿不力孜，2016）。通过构建协调度模型评判区域系统人口、经济以及社会交互耦合的协调强度。协调发展应该是以人的全面发展为目的的，通过区域内人口、经济、社会、资源、环境等系统及各系统内部各要素之间相互适应、相互协作、相互促进构成的一个良性循环的发展系统。耦合协调度的综合性比较强，一方面体现了系统之间相互配合的同步程度，另一方面体现了研究对象的整体耦合协调发展水平。耦合协调度反应了一定阶段或不同时期系统的协调状况，是衡量系统协调发展的最为重要的指标。然而在现实生活当中，各种自然和人文因素，各系统或系统内部各要素并不会都表现出相互作用、相互促进的正反馈，从而出现了不同的耦合协调状况。

第二节　多类型保护地协调性评价指标构建

一、评价指标综合与比较

自然保护地的存在意义在于发挥生态产品功能，核心管护目标在于保证保护地内生态系统完整性（包括典型物种）和生态系统服务的优势，进而良性发展游憩、文教等其他功能，其涉及可持续发展评价（张志强等，2002）、社会经济发展评价（张丽君，2004；周龙，2010；国家发改委和国家统计局，2017）、生态环境质量评价（张江雪等，2010；赵霞等，2014）等多个方面。通过表 4-1～表 4-3 综合对比国内外应用较为广泛的代表性指标。

表 4-1　可持续发展评估指标体系对比及指标构成

代表性指标体系	提出部门	指标体系构成
人文发展指数（HDI）	联合国开发计划署	预期寿命、教育水准、生活质量
OECD 可持续发展指数	经济合作与发展组织	核心环境指标、部门指标、环境核算指标
UNCSD 可持续发展指标体系	联合国可持续发展委员会	经济、社会、环境、制度
可持续性晴雨表	世界自然保护联盟	人类福利、生态系统福利
UNSD 可持续发展指标体系	联合国统计局	类似 UNCSD 可持续发展指标体系，88 个指标
国际竞争力评估指标体系	瑞士洛桑国际管理发展学院	经济表现、政府效率、企业效率、基础设施
可持续发展能力评估指标体系	中国科学院可持续发展战略研究组	生存支持系统、发展支持系统、环境支持系统、社会支持系统、智力支持系统
绿色发展指数	北京师范大学等	经济增长绿化度、资源环境承载潜力、政府政策支持度
中国生态现代化的监测指标	中国科学院中国现代化研究中心	生态进步、生态经济和生态社会

表 4-2　社会经济发展评估指标体系对比及指标构成

代表性指标体系	提出者	主要构成
"国家财富"和"真实储蓄"	世界银行	"国家财富"和"真实储蓄"
可持续经济福利指数（IESW）	Daly 和 Cobb	个人消费、资产构成、防护支出、环境损害、自然资产折旧
真实进步指标（GPI）	Cobb 等	个人健康状况、社会凝聚力、智力资本、经济繁荣、自然资本和环境健康的可持续性
综合环境经济核算体系（SEEA）	联合国统计局	生态国内生产净值（EDP）=国内生产总值（GDP）-固定资产消耗-非生产自然资产的使用
环境退化与经济增长脱钩指标	经济合作与发展组织	脱钩率

续表

代表性指标体系	提出者	主要构成
循环经济评价指标体系	国家发展和改革委员会、国家统计局等	资源产出、资源消耗、资源综合利用、再生资源回收利用和废物处置降低
生态经济（城市）综合评价指标体系	中国社会科学院城市发展与环境研究所	低碳产出指标、低碳消费指标、低碳资源指标、低碳政策指标
低碳功能区动态评价指标体系	国务院发展研究中心、国家发展和改革委员会等6部门	研究阶段

表 4-3　生态环境评估指标体系对比及指标构成

代表性指标体系	提出者	主要构成
环境可持续性指标（ESI）	耶鲁大学和哥伦比亚大学	环境系统、减轻环境压力、减轻人类脆弱性、社会和制度能力、全球管理
环境绩效指数（EPI）	耶鲁大学和哥伦比亚大学	环境疾病负担、水对人类的影响、空气污染对人类的影响、空气污染对生态系统的影响、水对生态系统的影响、生物多样性和栖息地、森林、渔业、农业和气候变化
生态足迹指标（EF）	Rees & Wackernagel	生态足迹、生态承载力
生态效率	经济合作与发展组织等	生态效率=产品或服务的价值/环境影响
生态需求指标（ERI）	麻省理工学院	从环境中开采资源的需要、各类废弃物返回环境的需要
能值分析指标	Odum	净能值产出率、能值投资比、环境负载率等
生态服务指标体系（ESI）	Constanza & Lubchenco	生态系统服务价值化
自然资本指数（NCI）	《生物多样性公约》	生态系统状况、可利用土地状况
碳效率指数（USCEI）	标准普尔公司	碳足迹=公司年度温室气体排放量的价值/年收入
资源承载力	联合国粮食及农业组织	土地资源人口承载力

可持续发展评估指标体系包括人文发展指数（HDI）、OECD可持续发展指数、联合国可持续发展委员会（United Nations Commission on Sustainable Development，UNCSD）可持续发展指标体系、可持续性晴雨表、UNSD可持续发展指标体系、国际竞争力评估指标体系、可持续发展能力评估指标体系、绿色发展指数、中国生态现代化的监测指标等（表4-1）。这些指标体系中关注环境、生态和福利的指标较多，指标体系中评价指标的数量较多、研究类指标较多，影响了应用的范围。评价尺度相对宏观，集中在全球、国家、地区，也有到城市的尺度。

社会经济发展评估指标体系有"国家财富"和"真实储蓄"、可持续经济福利指数（IESW）、真实进步指标（GPI）、综合环境经济核算体系（SEEA）、环境退化与经济增长脱钩指标、循环经济评价指标体系、生态经济（城市）综合评价指标体系、低碳功能区动态评价指标体系等（表4-2）。这些指标体系多从福利、财富等角度探讨宏观社会和经济的发展绿色化，在文化、制度等方面考虑不多；评价尺度可大可小，但在数据可获取性、指标统计上存在不足。

生态环境类指标体系有环境可持续性指标（ESI）、环境绩效指数（EPI）、生态足迹指标（EF）、生态效率、生态需求指标（ERI）、能值分析指标、生态服务指标体系（ESI）、自然资本指数（NCI）、碳效率指数（USCEI）、资源承载力等（表4-3）。这些指标体系以资源、环境、生态的承载力为主，研究性指标较多，在认可度以及可操作性方面需要加强。

二、评价指标构建原则

保护地社会经济与生态环境协同发展评价指标的构建原则包括针对性原则、简明性原则、区域性原则、动静态相结合原则、可获取原则。

针对性原则。生态与社会经济系统协调发展指标体系必须针对社会经济及生态环境系统的性质和特点，兼顾现状及未来发展的趋势，保证选出的指标体系的可行性。

简明性原则。目前世界各国表征社会经济及生态环境系统的指标成千上万，为了便于数据的收集和整理，应对评价的指标进行筛选，选择的指标尽可能简单、明了，使之能够恰当地反映社会经济与生态环境系统的变化特征。

区域性原则。由于区域的自然条件、发展历史、文化背景等方面的差异，区域间社会经济发展的水平差别很大，造成各区域间存在地域差异性，指标应客观、准确地反映社会经济-生态环境系统的发展状况。

动静态相结合原则。协调发展是一个动态的过程，其指标体系不但要有能反映现状的静态指标，而且还要有反映其发展趋势的动态指标，作到动静结合，更好地反映系统协调发展的整个过程。

可获取原则。指标尽可能来自应用广泛的评价体系或得到官方认可，指标便于计算、统计或记录于官方统计数据，便于数据的收集和整理。

三、指标体系建立

保护地社会经济与生态环境协同发展评价涉及社会经济系统及生态环境系统两个维度，两个维度之间存在着相互影响、相互推动的耦合关系（图4-1），二者达到协调的状态，是指系统之间的良性循环，经济稳定发展，资源合理高效利用、生态状况良好的有序状态。

多类型保护地协调性评价指标体系基于社会经济系统和自然生态系统两部分良性发展作为核心目标层，形成以核心管护目标为重点的协调性评价指标体系（表4-4），为应用到具体保护地时提供参考范围。

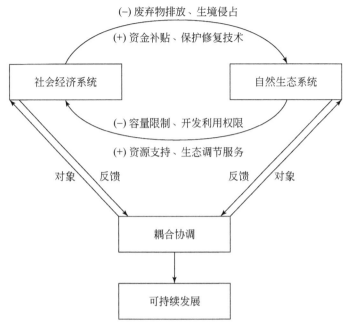

图 4-1　社会经济与自然生态系统间和谐状态示意

表 4-4　多类型保护地社会经济与生态环境协同发展评价指标及指标适用范围

核心目标	评价因素	评价指标	适用保护地类型	指标层级
自然生态质量	生态质量	林草覆盖率	共性	现状＋趋势
		自然生态空间面积	共性	现状＋趋势
		生态环境状况指数	共性	现状＋趋势
		管护人员数量	共性	现状
		特有物种观测比例	国家公园、自然保护区	现状＋趋势
		土地确权面积比例	共性	现状
	干扰胁迫	自然植被边缘密度	共性	趋势
		灯光指数	共性	趋势
		陡坡面积比例	共性	现状
	调节功能	空气质量指数（AQI）	共性	趋势
		地表水水质优于III类水的比例	共性	趋势
		生态系统生产总值（GEP）	共性	趋势
社会经济发展	经济效益	居民人均可支配收入	共性	现状＋趋势
		人均主要农产品年产值	国家公园	现状＋趋势

续表

核心目标	评价因素	评价指标	适用保护地类型	指标层级
社会经济发展	经济效益	生态补偿类财政收入占比	共性	现状
		旅游收入占地区 GDP 比例	国家公园、自然公园	现状＋趋势
		接待游客总人数	国家公园、自然公园	现状＋趋势
	发展压力	人均生活污染物排放量	共性	现状＋趋势
		万元 GDP 能耗	国家公园	现状＋趋势
		万元 GDP 水耗	国家公园	现状＋趋势
		禁牧（减畜退耕）减收比	国家公园、自然保护区	现状＋趋势
		野生动物侵害损失比例	国家公园、自然保护区	现状＋趋势
		游览路网密度	国家公园、自然公园	现状＋趋势
	公共服务	客房年度出租率	国家公园、自然公园	现状＋趋势
		生态产业从业人员占比	国家公园、自然公园	现状＋趋势
		新农合医疗覆盖率	国家公园	现状＋趋势
		义务教育人口比例	国家公园	现状＋趋势
		助农（公益）贷款覆盖率	国家公园	现状＋趋势

衔接多类型保护地空间用地的限制分级体系，其指标相应呈现出较为明显的层级和特征，现状层指标的核算数据不会出现相对明显的年度变化，可作为定性评价的辅助参考；趋势层指标会随年度呈现不同变化趋势，需要针对不同用地类型筛选不同的评价指标进行分区评价（图 4-2）。

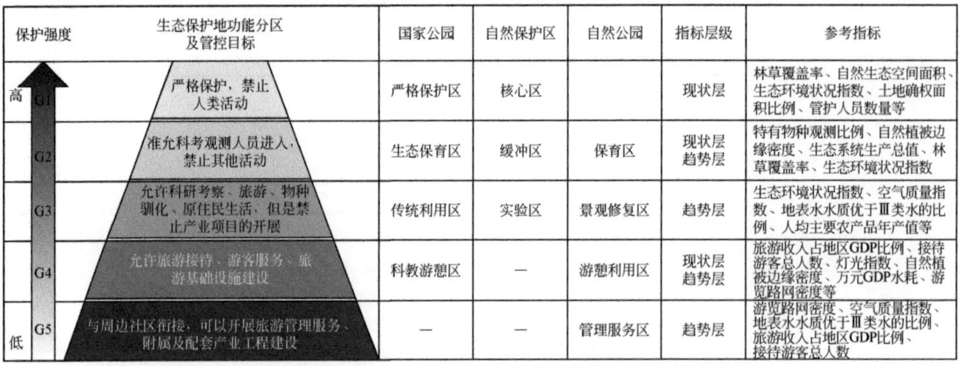

保护强度	生态保护地功能分区及管控目标	国家公园	自然保护区	自然公园	指标层级	参考指标
高 G1	严格保护，禁止人类活动	严格保护区	核心区		现状层	林草覆盖率、自然生态空间面积、生态环境状况指数、土地确权面积比例、管护人员数量等
G2	准允科考观测人员进入、禁止其他活动	生态保育区	缓冲区	保育区	现状层趋势层	特有物种观测比例、自然植被边缘密度、生态系统生产总值、林草覆盖率、生态环境状况指数
G3	允许科研考察、旅游、物种驯化、原住民生活，但是禁止产业项目的开展	传统利用区	实验区	景观修复区	趋势层	生态环境状况指数、空气质量指数、地表水水质优于Ⅲ类水的比例、人均主要农产品年产值等
G4	允许旅游接待、游客服务、旅游基础设施建设	科教游憩区	—	游憩利用区	现状层趋势层	旅游收入占地区GDP比例、接待游客总人数、灯光指数、自然植被边缘密度、万元GDP水耗、游览路网密度等
低 G5	与周边社区衔接，可以开展旅游管理服务、附属及配套产业工程建设			管理服务区	趋势层	游览路网密度、空气质量指数、地表水水质优于Ⅲ类水的比例、旅游收入占地区GDP比例、接待游客总人数

图 4-2 多类型生态保护地管理目标与评价指标筛选矩阵示意

第三节　多类型保护地协调性评价方法

采用耦合协调性评价模型，主要集中自然生态和社会经济两个维度，对多类型保护地社会经济与生态保护的发展协调度进行评价，针对目标案例区的特点和功能区设定，在保护地社会经济与生态环境协同发展评价指标体系中选取评价指标，假定自然生态维度有 m 个指标，社会经济维度有 n 个指标。

一、初始化数据处理

各指标原始数据存在量纲不同，为了更好地对数据进行比较，需要对数据进行无量纲化和正向化处理，采用极差法对数据进行标准化处理，同时区分正向、逆向指标。

$$Z_i^x = \frac{X_i - \min(X_i)}{\max(X_i) - \min(X_i)} \quad (X_i \text{ 为正向指标}) \tag{4-1}$$

$$Z_i^x = \frac{\max(X_i) - X_i}{\max(X_i) - \min(X_i)} \quad (X_i \text{ 为逆向指标}) \tag{4-2}$$

式中，$\max(X_i)$、$\min(X_i)$ 分别对应自然生态发展维度指标 X_i（$i=1, 2, \cdots, m$）的最大值和最小值，同理，对社会经济发展维度指标 Y_j 也进行相应的极差标准化处理，得到 Z_j^y（$j=1, 2, \cdots, n$）：

$$Z_j^y = \frac{Y_j - \min(Y_j)}{\max(Y_j) - \min(Y_j)} \quad (Y_j \text{ 为正向指标}) \tag{4-3}$$

$$Z_j^x = \frac{\max(Y_j) - Y_j}{\max(Y_j) - \min(Y_j)} \quad (Y_i \text{ 为逆向指标}) \tag{4-4}$$

二、分维度的综合发展指数计算

用 $f(x)$、$g(y)$ 分别表示自然生态维度和社会经济维度的综合发展指数，$f(x)>g(y)$ 表示社会经济发展滞后型，$f(x)=g(y)$ 表示二者同步发展型，$f(x)<g(y)$ 表示生态保育发展滞后型。

$$f(x) = \sum_{i=1}^{m} a_i Z_i^X \quad \left(\sum_{i=1}^{m} a_i = 1\right) \tag{4-5}$$

$$g(y) = \sum_{j=1}^{n} b_j Z_j^Y \quad \left(\sum_{j=1}^{n} b_j = 1\right) \tag{4-6}$$

式中，a_i、b_j 分别为自然生态各指标和社会经济各指标的权重。

三、熵值法确定指标权重

生态保育维度，设有 m 个指标，k 个年份，经式 4-1 标准化后的数据矩阵为 $\mathbf{Z}=(z_{ij})_{m \times k}$，用 z_{ijp} 表示所有指标在 k 年间所有表现值的标准值矩阵，即 $p=m \times k$。

第 j 个指标的熵权计算：

$$P_{ijp} = \frac{(M_{ijp}+1)}{\sum\limits_{i=1}^{m}(M_{ijp}+1)} \tag{4-7}$$

当 $P_{ij}=1$ 时，$\ln P_{ij}$ 是没有意义的，因此修正为式（4-8）。

$$H_j = -\frac{1}{\ln k} \sum\limits_{j=1}^{m} P_{ijp} \ln P_{ijp} \tag{4-8}$$

式中，k 为年份数，m 为指标个数，H_j 为第 j 项指标的熵值，熵值越大，指标间的差异越大，指标越重要。

第 j 个指标的权重设定：

$$w_j = \frac{(1-H_j)}{\sum\limits_{j=1}^{m}(1-H_j)} \tag{4-9}$$

$$0 \leqslant w_j \leqslant 1, \quad \sum\limits_{j=1}^{m} w_j = 1 \tag{4-10}$$

四、耦合度与协调度计算

耦合度计算：

$$C = \left\{ \frac{f(x) \cdot g(y)}{\left[\dfrac{(f(x)+g(y))}{2} \right]^2} \right\}^{e-1} \tag{4-11}$$

式中，$C \in [0, 1]$ 为协同发展耦合度，C 值越大，表示系统之间相互影响程度越高；e 为调节系数，根据维度确定 2 个维度，即 $e=2$。

协调度计算：

$$T = \alpha f(x) + \beta g(y) \tag{4-12}$$

$$D = \sqrt{C \cdot T} \tag{4-13}$$

式中，T 表示复合系统的综合协调指数，反映协同发展效应；α、β、γ为三个维度综合发展指数的权重，需要根据专家打分法和指标权重法进行单独设定；$D \in [0, 1]$ 表示复合维度的耦合协调度，D 值越大表明维度之间的耦合作用有序程度越高，协同发展状态越好。根据 D 值对社会经济-自然生态系统协同发展的阶段进行初步划分，建立两系统协调发展的评价标准（表4-5）。

表 4-5　耦合协调度量值及协同发展水平分级

耦合协调度	协同发展等级	耦合协调度	协同发展等级	耦合协调度	协同发展等级
0.00～0.39	失调	0.60～0.69	初级协调	0.90～1.00	优质协调
0.40～0.49	濒临失调	0.70～0.79	中级协调		
0.50～0.59	勉强协调	0.80～0.89	良好协调		

第四节　多类型保护地经济发展与生态保护协调发展对策建议

一、历史遗留问题与挑战

（一）保护地空间布局不合理

空间重叠与交叉管理问题突出。受自然保护地分类标准不明确、自然地理特征与报批、管理体制等因素的综合影响，中国现有自然保护地体系类型繁多，保护地空间重叠、内嵌与分割数量多，破碎化。有研究表明，自然保护地空间重叠现象普遍存在，约 18% 的自然保护地存在空间重叠，其中自然保护区与森林公园重叠现象最突出，在地理分布上看，重叠问题主要集中分布在鲁中山区、太行山区和怀玉山区等区域；从管理职能上，国家林业局涉及交叉管理的自然保护地数量最多，住房和城乡建设部与水利部次之。数量众多的自然保护地的空间重叠直接导致部门交叉管理等问题，保护地原主管部门间缺乏统一的宏观规划与协调，自然保护地分类不科学、界限模糊、范围交叉、部门割裂、多头管理，导致管理成效低。

部分地区存在保护空缺。由于生物多样性基础研究不足、自然保护地管理体制不清晰等，我国部分地区存在珍稀濒危物种及重要生态系统保护空缺。研究表明，我国红树林总面积的 38.6% 未受到严格保护，主要分布于广西海岸、海南西海岸、广东珠江口沿岸和福建闽江口沿岸等。在长江中游，白鹤（*Grus leucogeranus*）、东方白鹳（*Ciconia boyciana*）、小白额雁（*Anser erythropus*）、中华秋沙鸭（*Mergus squamatus*）等珍稀濒危物种潜在生境存在约 80% 面积的保护空缺。根据全国第四次大熊猫调查结果，仍有约 33.2% 的野生大熊猫和 46.2% 的大熊猫栖息地未纳入自然保护地网络。

（二）管理体制不完善

主管部门事权不清。国务院机构改革之前，各类自然保护地体制上依据各自法规制度由各业务主管部门监管，同时按照属地实行分级管理，没有实现真正意义上的国家管理，随着管理层级的降低，管理力度和质量随之降低。管理职责交叉、权责脱节、都管或都不管的情况时有发生，导致整体性差、协同度低、内耗低效的管理交叉、"九龙治水"现象，面积重复，数据打架，各自为政，效率不高，有的区域甚至一地多牌，多头管理（表4-6）。

表4-6　机构改革前自然保护地主管部门列表

名称	数量（个）	国家级数量（个）	面积（万 hm²）	占国土比例（%）	主管部门	条例和部门规章
	2 249		13 000	13.10	林业	
	236		2 269.6	2.30	环保	
自然保护区	119	474	—		农业	《自然保护区条例》
	59		28	0.03	海洋	
	87		115.7	0.10	其他	
风景名胜区	962	225	1 937	2.00	住建	《风景名胜区条例》
森林公园	3 234	881	17 38.2	1.80	林业	《森林公园管理办法》
地质公园	485	240	—		国土	《地质遗迹保护管理规定》
矿山公园	72	72	—		国土	《矿山地质环境保护规定》
湿地公园	979	898	390	0.40	林业	《国家湿地公园管理办法》
水利风景区	2 500	719	107.3	0.10	水利	《水利风景区管理办法》
海洋公园	42	33	16	0.02	海洋	《国家级海洋公园评审标准》
水产种质资源保护区	535	535			农业	《水产种质资源保护区管理暂行办法》

基层机构管理能力薄弱。部分自然保护地管理委员会等基层保护地管理机构存在保护资金紧张、专业人员不足、基础设施不完善等现象。抽样调查表明，约59.1%的自然保护地建立了管理机构，25.3%的自然保护地没有建立管理机构，另外15.6%的自然保护地管理机构不明确。国家级自然保护地中有 4.2%没有设立专门的管理机构，而省级自然保护地中有 18.2%没有管理机构，县级自然保护地中则有 78.1%没有管理机构。所有自然保护地的平均职工人数是 66 人，其中国家级自然保护地平均职工人数最多，为 86 人；省级为 54 人，市级为 52 人，县级为25 人。

（三）资源权属不明确

自然保护地内自然资源权属问题普遍存在。由于历史和客观原因，很多自然保护地特别是自然保护区在划建时，受计划经济影响，资源权属意识淡薄，造成相当一批自然保护地管理机构并没有土地权属和自然资源权属的历史遗留问题，导致自然保护地内违规开发和建设难以有效控制。

抽样调查表明，39.6%的自然保护地拥有边界以内所有林地的所有权或者使用权，5.1%的自然保护地拥有核心地林地的使用权或所有权，22.8%的自然保护地只拥有部分地域林地的使用权或所有权，32.5%的自然保护地完全没有林地的所有权或使用权。其中，省级和国家级自然保护地拥有土地相关权利的比例较高，国家级自然保护地拥有全部或者部分林地的比例高达 83.1%，省级为 81.8%；而拥有全部林地所有权或者使用权的市级自然保护地占四分之一，58.9%的自然保护地没有就区内土地权属问题与社区达成协议，该问题在市、县级自然保护地最普遍，分别有 87.0%、90.2%的市、县级自然保护地没有与社区达成土地权属协议。

（四）保护与发展矛盾突出

我国自然保护地普遍存在人类活动。人类活动类型多样，采石采砂、工矿用地、核心区缓冲区旅游设施和水电设施四类焦点问题依然突出。2015 年卫星遥感监测结果显示，446 个国家级保护地内均存在不同程度的人类活动，共有人类活动 156 061 处，总面积为 28 546km^2，占保护区总面积的 2.95%。保护区人类活动形式多样，主要包括采石场、工矿用地、能源设施、交通设施、旅游设施、养殖场、居民点、农业用地、道路、其他人工设施等多种类型。以居民点和农业用地为主，数量分别达到 73 602 处和 47 608 处，分别占人类活动总数的 47%和 31%。2017 年，调查处理约 20 800 个涉及自然保护地的问题线索，关停取缔企业 2460 多家，强制拆除 590 多万平方米建筑设施。2018 年，调查处理问题线索约 30 900 万个，关停违法违规企业 1900 多家，拆除违法违规建筑面积超过 1697 万 m^2。截至 2019 年底，2017～2019 年"绿盾"专项检查发现自然保护地问题点位总共 71 564 个，整改完成 25 207 个，无需整改 36 448 个。

二、经济建设与生态保护协调发展对策建议

（一）优化全国自然保护地空间布局

总结深化国家公园体制试点建设经验，加快制定国家公园设立标准和国家公园空间布局方案。进一步完善国家自然保护地网络体系，以自然生态系统完整、物种栖息地连通、保护管理统一为目标，逐步解决自然保护地划定在空间用地上的历史遗留问题，归并优化相邻的自然保护地，按照同级别保护强度优先、低级别服从高级别的原则进行国家公园、自然保护区、自然公园的类型划分，优化各类保护地边界范围、功能分区和管理目标。

（二）厘清自然保护地管理权责权属

实行自然保护地分级管理体制。结合自然资源资产管理体制改革，将保护地分为中央直接管理、中央地方共同管理和地方管理三类，分级设立，分级管理。中央直接管理和中央地方共同管理的自然保护地由国家批准设立，管理主体由中央确定；地方管理的自然保护地由省级政府批准设立，管理主体由省级政府确定。

界定自然资源资产权属。以每个自然保护地为独立登记单元，厘清边界内各类自然资源资产的产权主体，明确各类自然资源的本底数据、权属性质、代行主体与权利内容，统一确权登记，非全民所有的自然资源资产实行协议管理。

（三）推动自然保护地持续协调发展

有序推动自然保护地合理调整。将保护价值低的建制城镇、村屯或人口密集区域、社区民生设施等调整出自然保护地范围，实施核心保护区内原住民的有序搬迁，落实安置措施，保护区内探矿采矿、水电开发、工业建设等项目通过分类处置方式有序退出，依法依规实施保护地内矿山、耕地的还林还草还湿。

协调保护地相关方的收益分配。实行自然资源有偿使用制度，对划入各类自然保护地内的集体所有土地及其附属资源进行价值与利用风险评估，通过租赁、赎买、合作等方式维护产权人权益，支持和传承传统文化及人地和谐的生态产业模式；扶持和鼓励原住社区居民参与资源特许经营活动；推行参与式社区管理制度，按照生态保护需求设立生态管护岗位并优先安排原住居民从事管护活动。

（四）加强自然保护地监管能力建设

统一构建自然保护地资源、生态、环境综合监测、评估和预警体系，建设天空地一体化监测监控网络和智慧平台，加强年度自然保护地生态环境质量状况评价和五年生态环境状况调查评价，适时引入第三方评估制度。严格生态环境保护综合执法及常态化监督，定期开展"绿盾"自然保护地监督检查专项行动，开展常态化遥感监测和实地核查，将保护地生态环境状况评估结果、属地自然保护地名录、保护地单元管理水平等内容纳入对地方生态文明建设目标评价考核体系。

（五）制度完善与对策建议

建立统一、分级和差别化的自然保护地管理体制。全面落实《关于建立以国家公园为主体的自然保护地体系的指导意见》，整合各类自然保护地管理职能，结合生态环境保护、自然资源资产监管体制改革，由林业和草原部门统一行使全部自然保护地管理职责。制定自然保护地设立、晋（降）级、调整和退出规则，实行全过程统一管理。完善自然保护地分级设立、分级管理机制和管理机构设置，协调好与地方政府关系，管理人员以整合现有单位为基础，探索公益治理、社区治理、共同治理等管理方式。

推进国家公园和自然保护地立法。加快推进自然保护地相关法律法规立改废释和标准建设，修订完善《中华人民共和国自然保护区条例》，积极推进《国家公园法》制度设计，进一步明确国家公园的法律定位和标准，研究制定"中华人民共和国自然保护地法"，明确自然保护地价值、功能、保护目标与原则，明晰相关利益主体的职责权限和权利义务，解决自然资源保护与开发利用的矛盾，研究制定各级各类自然保护地的相关配套规章制度。

推动自然保护地统一规范化建设。建立国家公园规划建设规范，科学制定国家公园设立标准和国家公园空间布局方案，推动总体规划和专项规划任务落地，逐步完善国家公园准入标准、资源分类与评价、空间功能划定、环境影响评价、发展规划、分区管理、容量控制、游客服务等方面的标准与规范。推动建立自然保护地标准化建设规范，建立系统规范的自然保护地总体规划编制标准与管理流程，实施自然保护地统一设置、分级管理、分区管控技术标准。

建立以财政投入为主的经济政策。一是要执行持续稳定的专项资金政策，设立支持国家公园、自然保护区、自然公园分类建设的中央预算内投资专项和中央财政专项资金，明确专项资金投资渠道和路径，保障自然保护地保护、运行和管理，按自然保护地规模和管护成效加大财政转移支付力度。二是要不断探索创新绿色金融政策，鼓励金融和社会资本出资设立自然保护地基金，为自然保护地建设管理项目提供融资支持；引入市场竞争机制，对自然保护地一般控制区内个别特许经营项目征收自然资源使用税，用以反哺资源保护；通过贷款、理财、担保、租赁、信托、赎买等多种方式鼓励原住民参与自然保护地运营，健全生态保护补偿机制；建立完善野生动物肇事损害赔偿制度和野生动物伤害保险制度。

完善社会参与机制。一是探索自然保护地特许经营机制，制定自然保护地控制区经营性项目特许经营管理办法，建立健全特许经营制度，构建法律保障的特许经营合同关系，规范特许经营的价格调整及收支管理，建立健全特许经营收益分配机制及社区反哺机制，推动特许经营信息公开监督。二是建立公众参与和信息共享机制，完善自然保护地信息公开制度，建立政府与社会各界的沟通协商机制；在自然保护地控制区内扶持和规范原住民从事环境友好型经营活动；协调居民委员会、街道办事处、村民委员会等基层组织建立共管委员会，参与并监督自然保护地内资源管理与利用的规划、实施、监督和收益分配等环节；完善社团登记和管理的制度，建立面向科研院所、学校、企事业单位、公益组织等社会群体的志愿者服务体系，建立人才教育培训基地，完善环境保护的公益诉讼制度，健全社会捐赠制度和社会监督机制。

第五节　实　证　研　究

一、神农架国家公园传统利用区协调性发展评价

（一）案例区概况

神农架国家公园位于鄂西边陲，试点区东西长为 63.9km，南北宽为 27.8km，总面积约为 1170km^2，占神农架林区总面积的 35.97%（图 4-3），其中，国有土地面积约为 1006km^2，占总面积比例 86%，集体土地面积约为 164km^2，占比 14%。

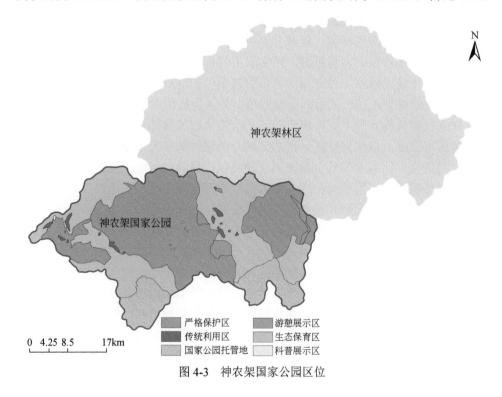

图 4-3　神农架国家公园区位

地处大九湖镇、下谷乡、木鱼镇、红坪镇和宋洛乡 5 个乡镇、25 个行政村，社区居民 8492 户约有 21 072 人。

（二）案例区经济建设与生态保护发展协调度评价

按照生态系统功能、保护目标需求，神农架国家公园试点区内划分为严格保护区、生态保育区、传统利用区、游憩展示区等，实行差别化管控策略，实现生态、生产、生活空间的科学合理布局和可持续利用（表 4-7）。

表 4-7　湖北神农架国家公园功能分区方案及管护重点

功能分区	划定方式	管控措施
严格保护区	以自然保护区的核心区和缓冲区范围为基线，衔接区域内自然遗产地、国际和国家重要湿地核心区域和国家级水产种质资源保护区、国家水利风景区等的核心区边界，以及野生动物关键栖息地等划定	以保持自然生态过程的原真完整为目的，以生态系统服务功能为依据，针对水源涵养、水土保持及动植物重要栖息地等重要生态功能区，提出保育措施
生态保育区	严格保护区外围的区域，加强水土流失防治、小流域综合治理、生态修复和自然封育	在生态系统和生态过程评价的基础上，按照退化成因，划分自然封育区和人工修复区，提出保育措施
传统利用区	与生态保育区相互套嵌，是当地居民的传统生活生产空间，是承接严格保护区人口、产业转移与区外缓冲的地带	根据生态保护要求和农业生产需要、村落分布和农田承包经营权界限等情况，划分生活和生产区，按照土地利用总体规划，控制城乡建设用地规模和布局
游憩展示区、科普展示区	面积较小，承担国家公园试点区的宣传教育、文化传播等相关功能	根据生态保护要求和农业、旅游业发展需要、村落分布、产业附属设施建设情况，控制土地利用规模、产业布局和污染物排放

1. 保护对象分布

神农架保存了北半球最为完好的常绿落叶阔叶混交林，这些林木所构成的常绿落叶阔叶混交林生态系统展示了植物生态学的独特演变过程。整体上看，神农架拥有北亚热带典型的山地垂直自然带谱，是北半球常绿落叶阔叶混交林生态系统的最典型代表，成为研究全球气候变化下北亚热带山地生态过程的杰出范例。神农架国家公园共有维管束植物 210 科 1186 属 3684 种，其中，蕨类植物 27 科 75 属 309 种，种子植物 183 科 1111 属 3375 种，是中国种子植物特有属三大分布中心之一。

神农架国家公园在生物多样性栖息地、生态系统类型、生物演化等方面是全球同纬度山地生态系统的杰出代表，保存有无脊椎动物 4358 种，其中昆虫有 4318 种（占湖北 75%）；有脊椎动物 591 种，其中国家 I 级保护野生动物 8 种，国家 II 级保护野生动物 76 种。特别是该区域具有旗舰保护物种神农架川金丝猴种群，目前有 8 个群体 1300 余只。神农架川金丝猴是川金丝猴分布最东端的孤立种群，是湖北亚种目前的唯一现存分布地，是神农架生态系统的生态演替与物质循环过程中不可或缺的物种，起着群落结构调控的关键作用。神农架生物物种的丰富性与特有性具有全球意义。

2. 人类活动热点区识别

采用 2000 年、2007 年和 2013 年三期 DMSP/OLS 数据，将数据按照神农架国家公园试点边界（神农架林场）进行提取，分别统计三期数据的像元灰度值，计算每期神农架国家公园试点范围的灯光指数（卓莉等，2003）。结果表明，三期灯光指数分别为 0.189、0.194、0.198，2000~2013 年国家公园范围内的灯光指数由 0.189 上升为 0.198，远低于同期全国县级平均灯光指数（0.711）（表 4-8）。可以推断处神农架地区内 2000~2013 年人类活动强度增加不显著。从活动热点区域看，人类活动主要集中分布于神农架东北部（图 4-4）。

表 4-8　神农架 2000 年、2007 年、2013 年灯光指数情况

指数	2000 年	2007 年	2013 年
灯光指数 CNLI	0.189	0.194	0.198

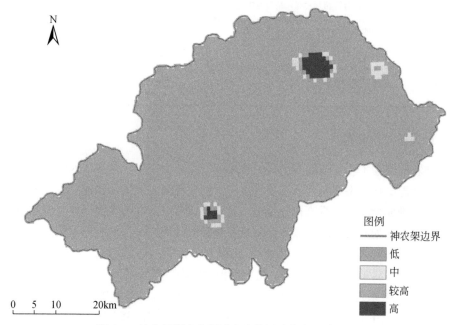

图 4-4　神农架国家公园试点人类活动热点区域分布

采用徐新良发布的中国人口空间分布公里网格数据集对神农架地区 2015 年人口分布状况以及近 20 年人口分布变化情况进行分析，进一步验证神农架国家公园试点范围内的人口分布及经济社会活动情况。

从人口分布看，神农架核心区范围内人口分布整体较低，外围区域人口分布显著增高；2000 年，神农架区域平均人口密度约为 24.13 人/km^2，2015 年，神农架区域平均人口密度下降为 23.48 人/km^2，2000～2015 年神农架区域整体人口数量下降，核心保护范围内人口密度低于周边地区，保护政策落实情况较好（图 4-5，图 4-6）。

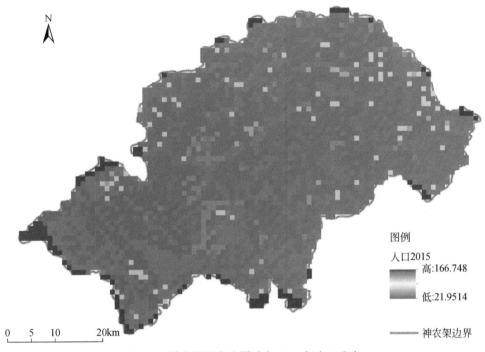

图例

人口2015

高:166.748

低:21.9514

—— 神农架边界

0　5　10　20km

图 4-5　神农架国家公园试点 2015 年人口分布

3. 土地利用变化识别

总体看神农架区域生态系统保持稳定。根据遥感影像统计，神农架国家公园试点范围内主要土地类型为森林，约占区域的 94.58%（图 4-7）。2000～2015 年，土地利用变化总面积约为 1.77km^2，主要分布在东北部和西南部；其中生态系统恶化区域约为 1.21km^2，主要变化特征为森林转变为农田和建设用地等；约为 0.56km^2 的区域改善，主要表现为农田转变为森林（图 4-8）。

4. 社会经济发展与生态保护协调度评价

选取湖北神农架国家公园传统利用区作为评价案例区，建立试点区协调性评价指标（图 4-9）。评价案例区主要涉及神农架林区的大九湖镇、下谷乡、木鱼镇、红坪镇和宋洛乡 5 个乡镇，为当地居民主要的生产生活聚集区。

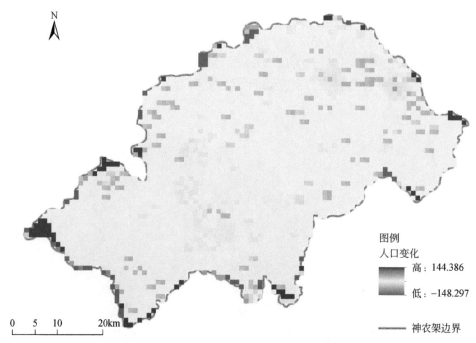

图 4-6　神农架国家公园试点 2000~2015 年人口密度变化示意图

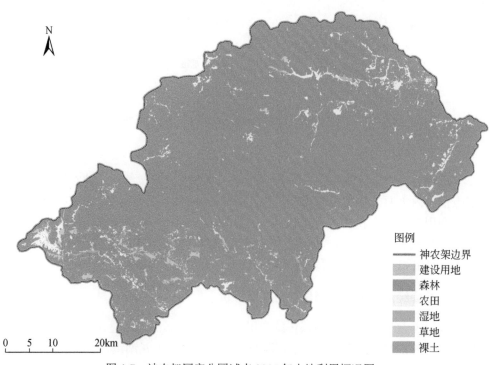

图 4-7　神农架国家公园试点 2015 年土地利用概况图

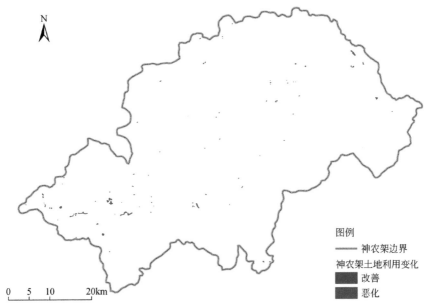

图 4-8 神农架国家公园试点 2000～2015 年土地利用变化区示意图

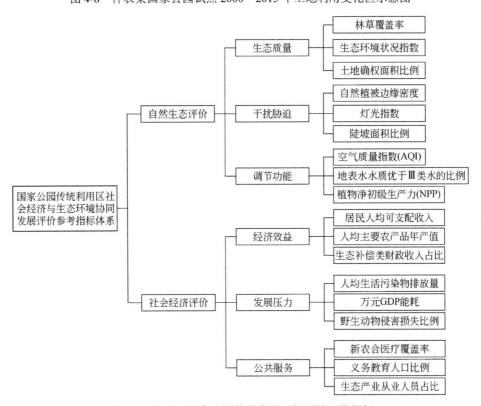

图 4-9 神农架国家公园传统利用区协调性评价指标

综合神农架林区统计年鉴、神农架国家公园建设白皮书等资料数据，对评价指标进行初步核算统计，为体现发展趋势，指标选取 2000～2015 年，以 5 年为时间节点，共形成 4 组年度数据（表 4-9）。

表 4-9　神农架国家公园传统利用区评价指标基础数据值

维度层	准则层		指标层	2000 年	2005 年	2010 年	2015 年
自然生态	生态质量	X_1	林草覆盖率（%）	87.0	87.8	89.0	91.1
		X_2	生态环境状况指数	82.3	85.2	88.3	91.0
		X_3	土地确权面积比例（%）	67	66.1	71.8	90.9
	干扰胁迫	X_4	自然植被边缘密度	0.12	0.11	0.09	0.09
		X_5	灯光指数（%）	0.97	1.06	1.09	1.22
		X_6	陡坡面积比例（%）	0.06	0.06	0.06	0.06
	调节功能	X_7	空气质量指数（AQI）	72	66	75	57
		X_8	地表水水质优于III类水的比例（%）	82	76	72	78
		X_9	植被 NPP	947.10	1019.50	1027.60	987.50
社会经济	经济效益	Y_1	居民人均可支配收入（元/a）	1241.00	2846.20	4640.00	7578.00
		Y_2	人均主要农产品年产值（kg）	536.68	726.42	818.44	730.00
		Y_3	生态补偿类财政收入占比（%）	13.1	18.7	22.4	24.2
	发展压力	Y_4	人均生活污染物排放量（kg/a）	156.42	155.03	124.14	142.21
		Y_5	万元 GDP 能耗（万 tce/万元）	2.9	2.06	1.19	0.62
		Y_6	野生动物侵害损失比例（%）	3.6	4.2	2.9	2.5
	公共服务	Y_7	新农合医疗覆盖率（%）	36.0	78.8	90.5	98.1
		Y_8	义务教育人口比例（%）	14.82	13.21	8.19	7.21
		Y_9	生态产业从业人员占比（%）	68	70	72	81

经过数据归一化处理、指标熵值计算和权重计算后，分别得到发展趋势走向及耦合协调度趋势如图 4-10 所示。

正向趋势分析：分维度发展趋势显示，案例区林草覆盖率、生态环境状况指数呈现逐年上升趋势，说明 2000～2015 年国家自然保护地建设步伐不断加快，神农架地区的自然保护力度不断增加，自然保护地体系建设对地区的生态环境改善起到了显著作用，同时带来生态补偿类财政收入比例逐步上升，国家对神农架地区的生态环保支持力度不断加大。

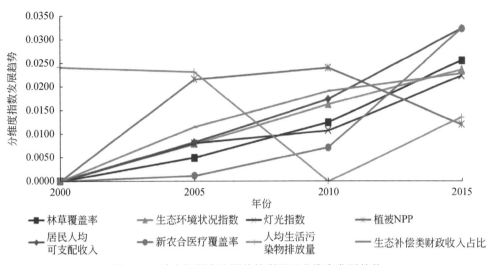

图 4-10　神农架国家公园传统利用区分维度发展趋势

案例区社会经济发展速度逐渐加快，尤其在 2010～2015 年，神农架地区传统利用区生态产业（含旅游业）发展速度较快，具体表现为生态补偿类财政收入占比显著提升，居民人均可支配收入和新农合医疗覆盖率逐年增多，当地社区居民生活水平提升，与此同时，2010～2015 年人均污染物排放量也出现增量，对生态环境干扰程度增加，植被 NPP 受到干扰呈现一定的下降趋势。

经济与生态保护发展矛盾分析。经过分析自然生态和社会经济的分系统综合发展指数，以及计算耦合协调度，总体而言，近 15 年，神农架国家公园传统利用区的自然生态保护与林区的社会经济发展呈现逐步向好的趋势（图 4-11）。2000～2005 年自然生态与社会经济系统发展濒临失调，自然生态及环境保护并未得到应有的重视，发展相对滞后；2005～2010 年，随着退耕还林还草、湿地保护、环境

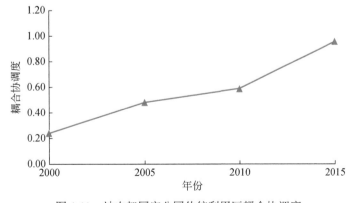

图 4-11　神农架国家公园传统利用区耦合协调度

保护工作的逐步加强，自然生态-社会经济系统初步呈现协同趋势，这个阶段的自然生态保护相对超前，力度较之以前得到大幅提升，由于受传统生产生活方式和发展水平的限制，社会经济发展相对落后；2010~2015 年随着生态旅游、现代农业和物流产业的发展，以及神农架国家公园试点的建设和实施，传统利用区人口发展水平和经济发展方式得到高度关注，减少了污染排量和对自然生态保育功能的干扰，良好的自然生态逐步发挥了优质生态产品的价值，社会经济系统综合发展指数大幅提升，协调发展度逐步转向良好和优质协同（图 4-12）。

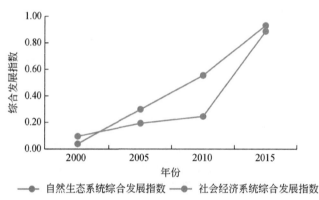

图 4-12　神农架国家公园传统利用区综合发展指数趋势

二、黄山风景名胜区社会经济与生态保护协调度评价

（一）案例区概况

黄山风景名胜区位于安徽南部黄山市内，地跨黄山区和徽州区的歙县、太平、黔县和休宁四县交界处，于 1982 年被国务院列为首批国家级重点风景名胜区，汇集了奇峰异石、古树名松、云海温泉、冰川遗迹等奇特的自然景观和人文景观资源。

黄山风景名胜区以旅游为支柱产业，近十年旅游营业收入增长趋势明显，与周边黄山区汤口镇、谭家桥镇、三口镇、耿城镇、焦村镇和国有洋湖林场，经济发展状况很不均衡，"五镇一场"的居民收入主要来源于农业、林业和旅游业。

（二）黄山风景名胜区经济与生态保护协调性评价

1. 案例区用地类型及趋势分析

黄山风景名胜区森林生态系统面积最大，约占景区总面积的 89.48%；其他生态系统（如裸岩等）面积其次，约占景区总面积的 6.50%，集中分布在温泉、云谷和钓桥管理区；草原生态系统约占景区总面积的 0.40%，主要分布在浮溪管理区；湿地生态系统和城市生态系统面积小，不足景区面积的 0.2%，仅零星分布在景区的东南侧部分区域（图 4-13，图 4-14）。

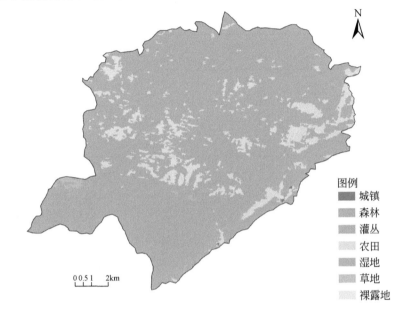

图 4-13　黄山风景名胜区生态系统分布

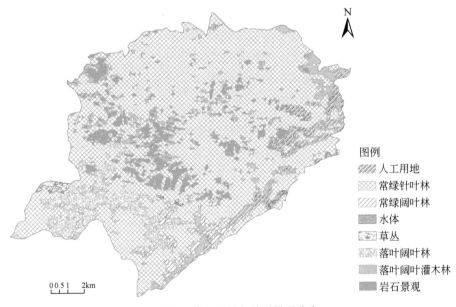

图 4-14　黄山风景名胜区景观分布

根据植被群落的外貌特征（包括森林外貌和树种组成）、优势树种等因素，结合黄山风景名胜区土地利用状况，将景观划分为 4 种斑块类型，基于景观分析软件 Fragstats 3.3 对黄山风景名胜区的景观格局进行了分析（表 4-10）。

表 4-10　黄山风景名胜区景观聚集度指数

景观类型	斑块密度（个/km²）	最大斑块占景观面积比例（%）	边缘密度（km/km²）	平均最近距离（m）	聚集度指数
自然植被	0.0877	89.3085	19.199	138.1795	96.2386
人工用地	0.3132	0.6671	5.5965	353.88	74.0827
岩石景观	1.2716	0.4157	14.9976	232.4699	64.5161
水体	0.0501	0.0231	0.3768	598.9461	41.791

分析结果显示，黄山风景区自然植被保存较完整，聚集程度高，斑块群连通性好，有利于为濒危物种提供完整的栖息场所。岩石景观破碎度较高，斑块密度大，景观差异大，为游客提供了多样的石林景观。

根据分析结果，聚集度指数排序：自然植被＞人工用地＞岩石景观＞水体；平均最近距离排序：水体＞人工用地＞岩石景观＞自然植被，自然植被聚集程度最高。由于景区内自然植被覆盖率高，近几十年人工保护与自然恢复效果显著，斑块群连通性好，自然植被破碎程度低，内部物质流动性强，物种迁徙通道更完整，有利于濒危物种恢复与回迁。岩石景观破碎度最高，斑块多样性最丰富，体现了黄山峰林景观变化多样的特点。

黄山风景名胜区生态系统整体保持稳定，2000～2010 年，森林、草原、其他和农田生态系统基本没有变化，面积未减少、分布未改变；湿地生态系统减少面积占景区总面的 0.02%，城镇生态系统增加面积约占 0.02%，变化区域主要分布在福固管理区和温泉管理区（图 4-15）。

2. 案例区社会经济与生态保护发展协调度分析评价

评价指标建立。主要以黄山风景名胜区的核心区和缓冲区为评价范围，总面积约为 650.6 km²；核心区范围为 2007 年国务院批复的空间范围，面积为 160.6 km²；缓冲区以"五镇一场"的行政边界为界，总面积约为 490 km²。以黄山风景名胜区的自然生态保护与景区旅游经济发展为核心，筛选建立耦合协调度评价指标（图 4-16）。

为体现发展趋势，指标选取 2000～2015 年，以 5 年为时间节点，共形成 4 组年度数据，景区旅游经济效益的各项指标数据来源于景区统计年鉴，"旅游收入占 GDP 比重"中 GDP 取景区所在的黄山市统计年鉴数据进行计算，得到统计数据如表 4-11。

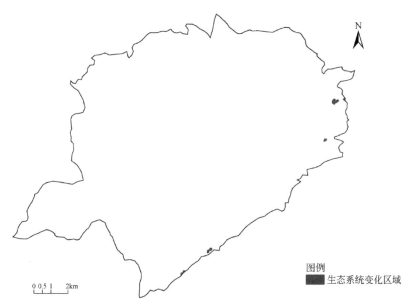

图 4-15　黄山风景名胜区生态系统变化分布区域图

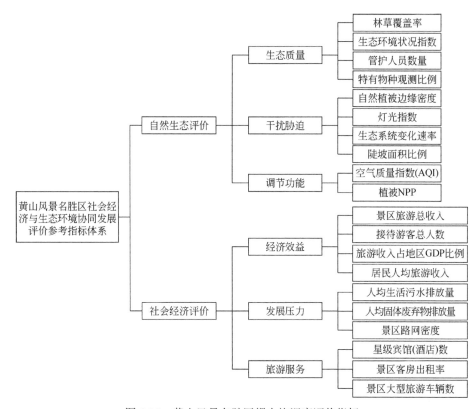

图 4-16　黄山风景名胜区耦合协调度评价指标

表 4-11　黄山风景名胜区评价指标基础数据值

系统层	准则层	指标层		2000 年	2005 年	2010 年	2015 年
自然生态	生态质量	X_1	森林覆盖率（%）	83.41	84.70	93.60	98.29
		X_2	生态环境状况指数	82.30	85.20	88.30	91.00
		X_3	管护人员数量	30	52	61	65
自然生态	生态质量	X_4	特有物种观测比例（观测种数/记录种）（%）	50.00	60.42	66.67	70.83
	干扰胁迫	X_5	自然植被边缘密度	0.12	0.16	0.15	0.10
		X_6	灯光指数（%）	0.66	0.89	1.03	1.41
		X_7	生态系统变化速率（%/a）	0.02	0.02	0.02	0.02
		X_8	陡坡面积比例（坡度>25°面积/统计单元面积）（%）	28.60	28.60	28.60	28.60
	调节功能	X_9	空气质量指数（AQI）	20	25	27	34
		X_{10}	植被 NPP	1 029.50	1 088.50	1 097.60	1 033.20
社会经济	经济效益	Y_1	景区旅游总收入（万元）	47 881	75 017	168 945	252 527
		Y_2	接待游客总人数（万人次）	1 172 871	1 709 658	2 518 346	3 182 811
		Y_3	旅游收入占地区 GDP 比例（%）	22.22	38.77	65.32	75.48
		Y_4	居民人均旅游收入（元/a）	1 208.07	4 185.38	1 3653.5	27 131.83
	发展压力	Y_5	人均生活污水排放量（t）	22.87	26.28	27.44	34.34
		Y_6	人均固体废弃物排放量（kg）	119.44	217.78	193.18	293.86
		Y_7	景区路网密度（km/km²）	18.5	29.4	56.2	70.7
	公共服务	Y_8	星级宾馆（酒店）数（个）	35	60	77	64
		Y_9	景区客房出租率（%）	42	62	51	51
		Y_{10}	景区大型旅游车辆数（辆）	25	65	96	141

协调发展评价。经过数据归一化处理、指标熵值计算和权重计算后，分别得到发展趋势走向及耦合协调度趋势如图 4-17 和图 4-19 所示。

正向趋势分析：风景区现状层指标如林草覆盖度、陡坡面积比例、生态系统变化速率等基本保持稳定，变化幅度不大，故未在分维度发展指数趋势图（图 4-17）中列入，随着风景名胜区的建设发展步伐不断加快，对风景名胜区自然生态系统保护的重视程度不断提升，景区内生产生活类的人为活动干扰较小，主要压力来自旺季游客数量激增带来的生态环境压力。

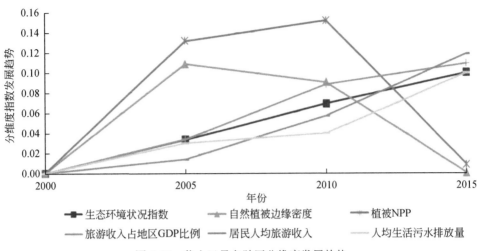

图4-17　黄山风景名胜区分维度发展趋势

　　黄山风景名胜区吸引的游客人数、旅游收入在2010~2015年显著增长（图4-18），周边社区居民主要从事旅游、农特产品、旅游纪念品、民宿餐饮等经营项目，人均生活污水和人均固体废弃物排量在此期间增长幅度较为明显，植被NPP相对受到影响。

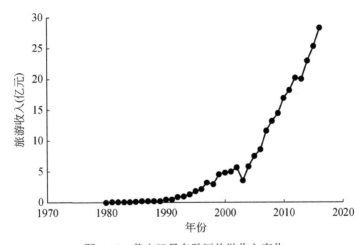

图4-18　黄山风景名胜区旅游收入变化

　　经过分析自然生态和社会经济的分系统综合发展指数，以及计算耦合协调度，总体而言，近15年，黄山风景名胜区的自然生态保护与旅游经济效益保持着协调发展的态势（图4-19、图4-20）。

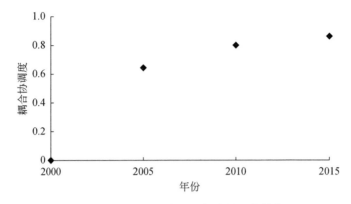

图 4-19 黄山风景名胜区耦合协调度趋势

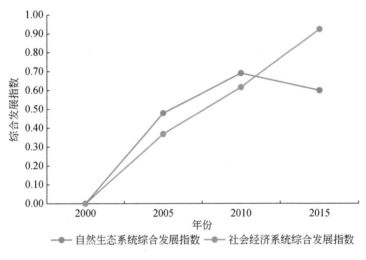

图 4-20 黄山风景名胜区综合发展指数趋势

（三）黄山风景名胜区协调发展对策建议

2000~2010 年，黄山风景名胜区自然生态系统综合发展指数相对超前，景区生态质量引起当地居民和景区管理委员会的高度重视，开展的多种自然生态保护措施取得了正向效果，自然生态质量和生态本底良好；2000~2015 年黄山风景名胜区社会经济指数逐年上升，景区旅游产业发展态势迅猛，社会经济系统综合发展指数逐步超过自然生态系统综合发展指数，自然生态系统综合发展指数相对滞后，景区在充分享受生态产品价值红利的同时，需要高度重视自然生态保护和旅游产业的科学发展，避免社会经济发展超过景区的环境容量与生态承载力，造成资源消耗。

第三篇 保护地区域生态承载力核算、经济结构与布局优化调控

第五章　保护地区域生态承载力核算

第一节　保护地生态承载力概念

在研究进展中对承载力及其研究进行了论述，生态承载力指在一定区域范围内，作为子项的自然资源、生态环境以及社会经济等协调可持续发展的前提下，自然-经济-社会复合生态系统所能最大限度地容纳的人类活动强度。生态承载力的核算逐渐侧重于将生态系统作为一个整体考虑，即"自然资源-生态环境-社会经济"复合生态系统承载能力与承载对象压力的反映。对于保护地，从生态系统整体的角度，保护地是生态系统服务价值较高和较为敏感的区域（朱春全，2018；Borrini-Feyerabend，2013）。即使不同类型保护地的保护对象、资源品质和利用强度有所差异（赵智聪等，2016），其最终目标都可以归为对生态系统服务价值的保护和管理。《关于建立以国家公园为主体的自然保护地体系的指导意见》指出要整合各类交叉重叠自然保护地，解决自然保护地区域交叉、空间重叠的问题，归并优化相邻自然保护地，实现对自然生态系统的整体保护。然而，现有的保护地生态承载力理论和实证研究大多针对单一类型保护地，并且根据保护目标侧重于核算其某一类承载力，尤其以旅游和环境承载力为多，且计算方法以指标评价为主，定量核算较少。目前缺少一个适用于多类型保护地生态承载力核算的分析框架对原有单一类型保护地生态承载力核算方法进行梳理与整合。因此，本书尝试在理论分析的基础上，明确多类型保护地生态承载力的概念和内涵，建立适用于多类型保护地生态承载力的核算框架和模型。

生态系统服务是人类从生态系统中所获得的效益和福祉，包括供给服务、调节服务、文化服务和支持服务四大类（谢高地等，2008），其中支持服务是其他服务的基础（Dempsey et al.，2017）。因生物多样性的自然属性差异，在一定地理空间内会有某一类生态系统服务处于优势地位，因此，保护地的地理空间可以依据不同优势生态系统服务进行分类（吕偲，2017）。在国土空间规划理论中，生态系统的功能空间包括生态、生产和生活"三生空间"（傅伯杰等，2017），分别对应生态系统的生态功能、生产功能、生活功能。其中，生态功能是指生态系统与生态过程所形成的、维持人类生存的自然条件及其效用，对应于生态系统服务中的支持服务和调节服务；生产功能是指土地作为劳作对象直接获取或以土地为载体进行社会生产而产出各种产品和服务的功能，对应于供给服务；生活功能是指土地在人类生存和发展过程中所提供的各种空间承载、物质和精神保障功能，其中空间承载和物质保障对应于供给服务，精神保障对应于文化服务（黄金川等，2017）。此外，相对于其他类型的国土空间来说，保护地的游憩功能是其主导功能之一，对应于文化服务。综上，保护地的功能空间可以与生态系统服务相对应，从而划分为四类：生态空间、生产空间、生活空间和游憩空间。

其中，生态空间是各类型保护地的核心保护区域，是保护地维持生态系统原真性、维持生物多样性、水源涵养和水土保持功能的重要分区，是保护地珍稀野生动物的主要栖息地。生态空间主要提供支持服务和调节服务，是划分生产空间、生活空间、游憩空间的基础，对其他三类空间的分布起到约束作用。由于人类活动在此受到严格限制，生态空间主要承载对象及其活动为野生动物及其生存活动，一旦野生动物种群数量超过阈值，可能会造成植被的破坏和生物多样性的降低，从而影响保护地生态系统的支持和调节服务功能。因此，承载阈值的内涵是保护地维持野生动物生存的最大种群数量，生态承载力的类型为自然基础承载力。

生产空间和生活空间为原住民居住的区域，生态系统主要提供食物生产和原材料生产的供给服务，承载的活动为原住民的日常生产生活活动，生产活动对于供给服务的消费不能超过生态系统提供的上限，以此限定社会经济活动的规模。同时，生产和生活空间受生态空间的约束，人类生产生活产生的废气、废水、废物排放不能对生态系统产生破坏，以此限定区域的人口规模。由于生产空间和生活空间均以供给服务为主导，在承载力核算时可以合并为一类。因此在生产空间和生活空间，承载阈值的内涵是当地主要产业类型的最大生产规模，以及满足一定生活水平条件下的原住民人口数量，生态承载力的类型为当地社会经济活动承载力。

游憩空间是在不损害生态系统功能的前提下开展游憩活动的区域，主要提供文化服务，包括美学景观的观赏和科普教育。游憩空间承载的活动为访客的游憩活动，受生态空间的约束。但与生产空间和生活空间不同的是，由于多类型保护地以保护自然生态系统为主要目的，游憩活动取决于项目和线路设计，呈点、线状分布，游憩功能可以同时存在于生态、生产、生活空间之中，因此游憩空间是同时叠加在三者之上的一类空间。游憩空间内承载阈值的内涵为特定的游览区域面积和线路所能容纳的最大访客容量，生态承载力的类型为游憩承载力（图5-1）。

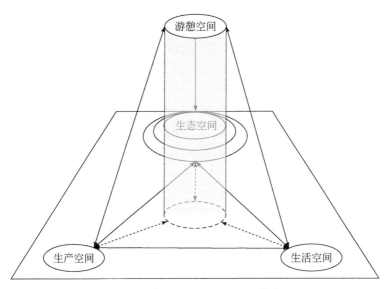

图 5-1 保护地四类空间分布模式

保护地生态系统以提供生态系统服务为核心，具有一定的自我调节能力，当外力与人为干扰的程度超过生态系统本身的承载与调节能力范围时，系统平衡和生态系统服务功能会被破坏。因此，保护地内所承载的一切活动都必须限制在生态系统所能承载干扰的阈值之内，这一承载阈值即保护地生态系统的承载力。结合上文的讨论，本书将保护地综合生态承载力定义为生态系统在保护地生态空间、生产空间、生活空间和游憩空间当中维持其重要生态系统服务功能的能力，即保护地综合生态承载力是指在确保保护地生态系统功能结构不被破坏，以及野生动物可持续生存繁衍前提下，保护地生态系统可持续支撑人类活动强度阈值（图 5-2）。

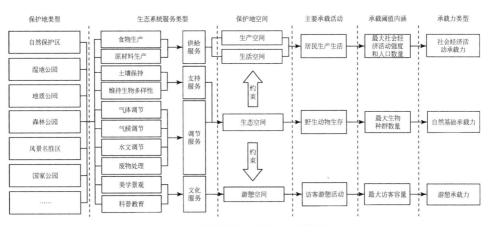

图 5-2 保护地生态承载力核算框架

第二节 生态承载力测算方法

多类型保护地生态承载力核算模型（MPECC）可以表示为

$$\text{MPECC} = f(\text{NCC，SCC，RCC}) \tag{5-1}$$

式中，NCC 为自然基础承载力；SCC 为当地社会经济活动承载力；RCC 为游憩承载力。$f(x)$ 为 NCC、SCC 和 RCC 的内部逻辑关系的数学表达式。

一、自然基础承载力

参考国际通用的环境容纳量计算公式，根据计算野生动物栖息地内营养供应量和个体的需求量计算自然基础承载力（NCC），其可以表示为

$$\text{NCC} = \frac{\sum_{i=1}^{n}(B_i \times F_i)}{R_q \times D} \times \theta \tag{5-2}$$

式中，n 为主要食物种类；B_i 为主要食物 i 的可食食物量（kg）；F_i 为主要食物的营养含量；R_q 为野生动物个体每日营养需要量（kg）；D 为野生动物占据冬季生境的天数（d）。考虑到野生动物栖息地的适宜性的不同与保护地保护目标的差异，θ 为野生动物对栖息地食物资源的占有率。

二、社会经济活动承载力

参考基于生态系统服务的生态承载力评估模型，根据生态系统服务的供给量和人类活动（生活和生产）对生态系统服务的消耗量，取生态系统服务支撑的人口和经济规模中最小值作为社会经济活动承载力（SCC）。计算公式如下：

$$\text{SCC}_{pi} = \frac{\text{TES}_i}{\text{ESP}_i} = \frac{\text{TES}_i}{\text{LESP}_i + \text{PESP}_i} = \frac{\text{TES}_i}{\text{LESP}_i + \text{PGDP} \times \text{PPESP}_i} \tag{5-3}$$

$$\text{SCC}_p = \min(\text{SCC}_{p1}, \text{SCC}_{p2}, \text{SCC}_{p3}, \cdots, \text{SCC}_{pi}) \tag{5-4}$$

$$\text{SCC}_E = \text{SCC}_p \times \text{PGDP} \tag{5-5}$$

其中，SCC_{pi} 为基于 i 类生态系统服务的生态承载力的人口规模；SCC_E 为基于生态系统服务的生态承载力的经济规模；TES_i 为区域 i 类生态系统服务总量；ESP_i 为区域人类活动（生活和生产）对 i 类生态系统服务的人均消耗；LESP_i 为区域人类生活对 i 类生态系统服务的人均消耗；PESP_i 为区域人类生产对 i 类生态系统服务的人均消耗；PGDP 为区域人均生产总值；PPESP_i 为区域单位产值

对应的生产活动对 i 类生态系统服务的消耗。

三、游憩承载力

参考国际通用的旅游容量计算公式，采用面积法、卡口法、游路法三种测算方法，因地制宜地加以选用或综合运用，计算游憩空间访客容量，并结合各游憩空间所在区域的保护目标计算保护地总游憩承载力（RCC），计算公式如下：

$$RCC_s = D \times N = \frac{t_1}{t_3} \times N = \frac{(H - t_2) \times N}{t_3} \qquad (5-6)$$

$$RCC_t = C_{t1} + C_{t2} = \frac{M_1}{m} \times D + \frac{M_2}{m + m \times E/F} \times D \qquad (5-7)$$

$$RCC_a = \frac{A}{a} \times D \qquad (5-8)$$

$$RCC = \sum_{i=1}^{n} RCC_i \times K_i \qquad (5-9)$$

$$G = \frac{t}{T} \times C \qquad (5-10)$$

式中，RCC_s 为卡口法计算出的访客容量；D 为日周转率，$D=$ 开放时间/游览所需时间；N 为每批游客人数（人次）；t_1 为每天游览时间（h），$t_1=H-t_2$；t_3 为两批游客相距时间（h）；H 为景区每天的开放时间（h）；t_2 为游完全程所需时间（h）；RCC_t 为线路法计算出的访客容量，包括完全游道和不完全游道；C_{t1} 为完全游道法，其中 M_1 为游道全长（m）；m 为每位游客占用合理游道长度（m）；C_{t2} 为不完全游道法，其中 M_2 为游道全长，F 为游完不完全游道所需时间；E 为沿不完全游道返回所需时间；RCC_a 为面积法计算的日环境容量；A 为可游览面积（m²）；a 为每位游人应占有的合理面积（m²）；RCC_i 为某一游憩区域的日游览人数容量（人）；t 为游完某观光区或游道所需的时间；T 为游客每天游览最合理的时间；C 为日访客容量（人次）；RCC 为该区域总游憩承载力；K_i 为第 i 个游憩区域的生态脆弱系数（0.1～1.0）。

四、适用范围与参数设定

多类型保护地的原有功能分区存在交叉重叠的现象。自然保护地按被保护的重要性和可利用性，通常划分为核心区、缓冲区、实验区或游憩区。因此，在进行生态承载力核算时，空间范围的界定可以在各类保护地现有功能分区的基础上，以保持生态系统完整性为原则，遵从保护面积不减少、保护强度不降低、保护性质不改变的总体要求，将功能分区对应于相应的生态、生产、生活、游憩功能空间，合理确定承载力核算的边界范围。

对于三类承载力，分别参照相关文献中的方法；搜集统计数据、调查数据，计算出每一类生态系统服务的供给量和承载对象的个体消耗量。由于不同类型保护地的保护目标和社会经济发展现状不一，达到承载力的精确核算较为困难，因此需要根据案例区的自然属性、生态价值和管理目标对承载力核算中生态系统服务消耗量设置相应的约束参数。部分参数可能会因保护地类型的不同而有所差异，在实际应用中应根据保护目标进行合理赋值。其中，在自然基础承载力的核算时，需要根据季节设定野生动物对食物资源占有率的3种情景，即50%(低)、70%(中)、90%(高)；社会经济活动承载力的核算以当地人民生活水平发展目标为约束条件；在游憩承载力的核算中，游憩活动的开展必须以服从以生态保护目标为前提，因此游憩承载力的约束参数弹性较大，应结合保护地保护目标和生态系统服务的实际情况进行合理设定（表5-1）。

表 5-1   多类型保护地生态承载力数据获取与参数设定

承载力类型	承载活动	供给量调查方法	消耗量调查方法	参数设定
自然基础承载力	野生动物生存活动	实地调样方法、遥感法计算保护地植被生物量	采集野生动物粪便分析其食性和摄入量	根据季节、食物共享等情景设置不同食物资源占有率：50%(低)、70%(中)、90%(高)
社会经济活动承载力	当地原住民生产生活活动	调查收集原住民居住区食物、原材料产量；废物回收能力	调查统计当地居民生产生活对各类资源的消耗水平，废物排放量	根据人均GDP或人均纯收入目标进行经济规模计算
游憩承载力	访客游憩活动	调查收集保护地游憩空间面积、游览线路长度、开放时间	调查人均游览时间、线路占用长度	根据游憩空间所在区域的保护目标设定生态脆弱系数(0.1~1.0)

第三节　实证研究——三江源国家公园黄河源园区生态承载力核算

一、模型与数据

本书构建了三江源国家公园黄河源园区生态承载力核算模型，通过对保护地生态系统供给能力的计算和承载对象消耗量的统计，计算自然基础承载力、社会经济活动承载力和游憩承载力。由于黄河源园区内的原住民主要为农牧业人口，且平均人口密度仅0.5人/km²，以畜牧业为生态系统提供供给服务的唯一来源，因此社会经济活动承载力模型也进行相应简化。相关数据来自遥感图像解译、玛多县统计资料及年鉴、三江源国家公园规划以及论文文献（表 5-2）。

表 5-2 数据内容及来源

承载力类型	保护地空间	对应功能分区	供给量	消耗水平
自然基础承载力	生态空间	核心保育区、生态保育恢复区	野生动物适宜栖息地面积、产草量	野生动物食性
社会经济活动承载力	生产空间、生活空间	传统利用区	草畜平衡区面积、产草量	牧民牲畜自食量、人均纯收入、牲畜出栏率
游憩承载力	游憩空间	核心保育区、生态保育恢复区、传统利用区	景区面积、道路长度	人均合理面积、合理游道长度

二、计算结果

1. 自然基础承载力

黄河源园区内的核心保育区和生态保育修复区是野生动物的重要栖息地，植被类型以高寒草原和高寒草甸为主。草地面积为 8057.64km²，占黄河源区总面积的 42.19%。根据杨淑霞等（2018）和杨帆等（2018）的研究，黄河源园区的产草量为 339.10kg/hm²。黄河源园区内广泛分布的大型食草野生动物为藏野驴和藏原羚，其在栖息地的分布密度之比约为 3∶1。每只藏野驴换算为 4 个羊单位，每只藏原羚换算为 0.5 个羊单位。经计算可得，黄河源区可以承载的野生动物为 28 3993 羊单位。由此可得黄河源区在不同食物占有率情况下两种野生动物的承载力。根据三江源国家公园规划中植被覆盖率目标，分别计算出 2020 年、2025 年和 2035 年不同食物占有率下的野生动物承载力（表 5-3）。

表 5-3 野生动物承载力核算结果

年份	野生动物承载力（羊单位）	野生动物	食物占有率为50%的野生动物数量（头）	食物占有率为70%的野生动物数量（头）	食物占有率为90%的野生动物数量（头）
2020	397 590	藏野驴	47 711	66 795	85 880
		藏原羚	15 904	22 265	28 627
2025	556 627	藏野驴	66 795	93 513	120 231
		藏原羚	22 265	31 171	40 077
2035	779 277	藏野驴	93 513	130 919	168 324
		藏原羚	31 171	43 640	56 108

2. 社会经济活动承载力

黄河源园区传统利用区面积为 0.81 万 km²，产草量为 339.10kg/hm²。根据维持草畜平衡的要求，由载畜量计算公式可得，传统利用区可以承载的家畜为 134 843 羊单位。牧户尺度人均消费占有量公式如下：

$$C = \frac{E + D/U}{R} \tag{5-11}$$

式中，C 为人均消费占有量；E 为牧民每人每年牲畜自食量（折合为羊单位）；D 为牧民每人每年各项生活消费开支总和或人均收入（元/a）；U 为一头成年绵羊（即一个羊单位）的出售价格；R 为牲畜出栏率。

根据相关文献数据及《青海统计年鉴》，2017 年一头成年绵羊（即羊单位）的平均售价为 1000 元，当地牧民每人每年约食用肉类 80kg，约合 5.5 个羊单位，牧民人均其他日常用品消费支出 3793.89 元，合 3.8 个羊单位，得出以 2017 年当地生活水平，每个牧民每年基本生活成本为 9.3 羊单位。2017 年该地区的平均牲畜出栏率为 30%，则由牧民人均消费占有量公式可计算得到维持一个牧民一年正常生活需要饲养的牲畜总量，即人均消费占有量为 30.98 羊单位。按照三江源国家公园规划，2017 年牧民人均纯收入应达到 7500 元，经牧民人均消费占有量公式计算后，得三江源区牧民每年人均消耗牲畜量为 43.33 羊单位。最终算得满足牧民基本生活需求水平下的黄河源园区牧民人均消费占有量为 30.98 羊单位；达到三江源国家公园规划目标下黄河源园区牧民人均消费占有量为 32.75 羊单位。结合上文计算出的黄河源园区理论载畜量，可得黄河源园区 2017 年的合理牧业人口承载量为 3112 人。根据植被覆盖率和牧民人均纯收入目标，结合玛多县家畜统计数据比例分别计算出 2020 年、2025 年和 2035 年的载畜量（经济规模）与合理牧业人口承载力（表 5-4）。

表 5-4　当地居民生产生活承载力核算结果

年份	牧业载畜量（羊单位）				牧民人均纯收入（元）	人均消费占有量（羊单位）	牧业人口承载量（人）
	总量	藏羊	家牦牛	马			
2020	174 196	102 194	70 846	1 156	10 500	53.33	3 540
2025	264 291	143 072	99 184	1 618	14 000	65	4 066
2035	370 008	200 300	138 858	2 266	25 000	101.67	3 639

3. 游憩承载力

本书以黄河源园区生态空间内重要的游憩空间——扎陵湖和鄂陵湖保护分区核心区为例，计算其游憩承载力。由于海拔因素和生态保护的要求，设定三江源国家公园的生态体验方式为乘坐车辆，按既定线路进行游览。该区域同时为国家公园的核心保育区、自然保护区的核心区和缓冲区、国际及国家重要湿地、国家水产种质资源保护区和国家水利风景区，属多类型保护地。核心区道路长度98.06km。根据世界上各国国家公园的相关规定，园区内车速一般控制在 40km/h 以内，车辆容量为 8 人/车次。景区日开放时间为 8h。设核心保育区合理车距为5km，则通过线路法计算可得，该区域日游憩承载力约 200 人次。在确定保护地游憩空间和游览路线之后，保护地整体游憩承载力可以依托各空间内生态体验与环境教育项目和线路进行具体核算。

第六章　基于生态系统服务的保护地空间结构与布局多目标优化

第一节　模型构建

一、模型框架

保护地的保护目标可以简化和限定为生态系统服务（吕偲等，2017），可以设置不同主导保护目标的保护地类型。合理的土地利用空间配置对区域生态环境改善和生态系统服务价值提高具有明显的促进作用（王军和顿耀龙，2015），土地利用变化通过对生态系统格局与过程的影响，改变着生态系统产品与服务的提供能力（傅伯杰和张立伟，2014），保护地以生态系统服务价值最大化为目标导向，求取空间约束下土地覆被提供生态系统服务价值的最优解，从而实现保护地空间结构与布局优化配置。本书提出的优化模型框架如图6-1所示。

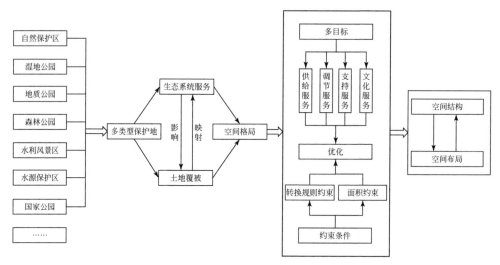

图6-1　保护地空间结构与布局优化框架

土地覆被格局和基于此形成的生态过程是生态系统服务保育和发挥的物质基础（葛菁等，2012）。土地利用/覆被变化通过改变生态系统的结构与功能，进而对生态系统服务的供应产生影响（石龙宇等，2010）。生态系统服务通过土地覆被得到空间表征，土地覆被的空间格局会对各单项生态系统服务价值造成影响，形成不同的生态系统服务总价值结构（王军和顿耀龙，2015）。在各类生态系统服务价值当量计算的基础上，通过土地覆被遥感解译数据可以进行不同尺度生态系统服务价值评估（吴玲玲等，2003），由此得到生态系统服务在保护地范围内的空间格局现状，进而能够利用优化模型对其规模结构和空间布局进行优化。本模型将多目标设置为每一类生态系统服务价值最大化，在约束条件下得到优化结果，进一步分析形成保护地空间结构与布局优化方案。其中，约束条件包括面积约束和转换规则约束，需要根据保护地保护目标和实际情况确定。

二、模型框架

使用约束多目标土地利用优化配置（Constrained Multi-objective Optimization of Land-use Allocation，CoMOLA）模型作为多目标优化工具，CoMOLA 模型基于非支配排序遗传算法（Elitist Non-dominated Sorting Genetic Algorithm，NSGA-II），由 Verhagen 等使用 Python 语言开发，可用于多目标（例如生态系统服务）优化和空间配置，CoMOLA 可以集成各种基于栅格数据的模拟模型，能够同时用于空间结构和空间布局的多目标优化，具有较大的灵活性和广泛的适用性（Strauch et al.，2019）。模型的基础技术流程包括：导入数据、构建目标函数、设置约束条件、利用 NSGA-II 算法进行空间结构和布局优化。其中，目标函数设置为将保护地各类生态系统服务价值最大化。约束条件根据保护地的保护目标和功能分区设置，包括面积约束和转换规则约束。面积约束包括总面积约束和每一类土地覆被类型的最小—最大面积约束；转换规则约束即建立空间转换矩阵，设定两类土地覆被间能否进行相互转换。

模型的优化算法为带精英策略的 NSGA-II 算法，是目前最流行的多目标优化算法之一，是由 Deb 等（2002）在 NSGA 基础上进行改进而提出的，它通过模拟自然选择过程来为多目标优化问题生成非主导解决方案，具有较高的求解效率，可在一次运行过程中得出多个高质量的解，在解决空间优化问题方面的表现优于 SA 和 PSO 等其他算法（Song and Chen，2018）。NSGA-II 的运行流程包括（图6-2）：①对原始栅格文件进行预处理，生成初始种群；②约束条件下随机生成个体，填充初始种群；③运行模型，量化目标；④进行非支配排序，竞赛选择，交叉，突变；⑤约束控制下修复突变。当满足终止条件时，模型停止运行，得到优化结果（Strauch et al.，2019）。

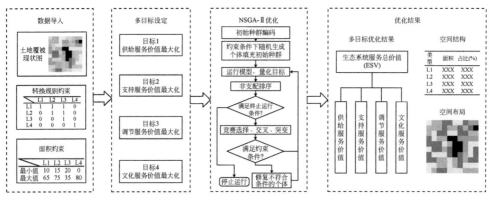

图 6-2 基于 CoMOLA 的多目标优化模型运行流程

注：L1～L4 指不同的土地利用/覆被类型

第二节 模 型 应 用

一、数据获取

研究数据主要来源于欧洲航天局研发的 CCI-LC 全球土地覆盖产品（http://maps.slie.ucl.ac.be/CCI）。该产品依照联合国粮食及农业组织开发的土地覆盖分类系统，将土地覆被划分为 22 个大类、36 个小类。数据格式为 TIFF，空间分辨率为 300m，坐标系统为 WGS1984。本书研究下载了 2015 年的 CCI-LC 数据，为了在准确反映研究区生态系统服务格局的基础上提高模型计算速度和分析效果，将下载数据重采样为 2km×2km 栅格单元（图 6-3）。三江源国家公园黄河源园区空间范围矢量数据来源于国家青藏高原科学数据中心（westdc.westgis.ac.cn/zh-hans/）三江源国家公园专题，利用 ArcGIS 软件进行研究区范围裁剪，得到三江源国家公园黄河源园区的十大土地覆被类型，即耕地、农林牧交错地、灌木、草甸、灌草丛、草原、荒漠、湿地、裸地和水系。根据黄河源园区土地覆被类型分布情况和《三江源国家公园总体规划》中的分类（国家发展和改革委员会，2018），对 CCI-LC 数据进行归并和重分类，形成 6 类土地覆被类型，包括农田、农林牧交错、林地和灌丛、草原、荒漠、河湖和湿地。

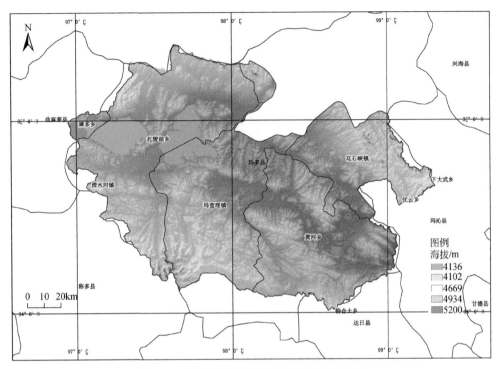

图 6-3　三江源国家公园黄河源园区地理位置

二、生态系统服务价值

本书选取基于货币量的价值量评价法，在前人研究（陈春阳等，2012；肖建设等，2020）基础上构建的玛多县单位面积生态系统服务价值当量权重因子表，选取 2015 年黄河源园区玛多县单位当量的经济价值（乔斌等，2020）作为基准数据来衡量黄河源园区不同土地覆被类型的生态系统服务价值，计算方法参考Costanza 等（1997）提出的生态系统服务价值系数法：

$$\mathrm{ESV}_k = \sum_f A_k \times \mathrm{VC}_{fk} \tag{6-1}$$

$$\mathrm{ESV}_f = \sum_k A_k \times \mathrm{VC}_{fk} \tag{6-2}$$

$$\mathrm{ESV} = \sum_k \sum_f A_k \times \mathrm{VC}_{fk} \tag{6-3}$$

式中，A_k 为第 k 种土地覆被类型的面积；VC_{fk} 为第 k 种覆被类型第 f 项生态系统服务功能的生态系统服务价值当量（表 6-1）。ESV_k、ESV_f、ESV 分别为第 k 种土地覆被类型的生态系统服务价值，第 f 项生态系统服务的价值及生态系统服务总价值。根据生态系统所提供的服务类型，即供给服务（食物生产、原料生产、水资源供给)、调节服务(气体调节、气候调节、净化环境、水文调节)、支持服务(土壤保持、维持养分循环、生物多样性)、文化服务(美学景观),计算三江源国家公园黄河源园区生态系统服务价值。

表 6-1 黄河源园区生态系统服务价值当量

重分类后覆被类型	供给服务			调节服务				支持服务			文化服务
	食物生产	原料生产	水资源供给	气体调节	气候调节	净化环境	水文调节	土壤保持	维持养分循环	生物多样性	美学景观
农田	0.85	0.4	0.02	0.67	0.36	0.1	0.27	1.03	0.12	0.13	0.06
农林牧交错	0.52	0.33	0.57	1.14	2.46	0.79	2.23	1.2	0.13	0.99	0.44
林地和灌丛	0.29	0.5	0.27	1.69	4.72	1.5	3.59	2.06	0.16	1.88	0.83
草原	0.16	0.24	0.13	0.83	2.18	0.72	1.6	1.01	0.08	0.92	0.41
荒漠	0.01	0.02	0.01	0.07	0.05	0.16	0.12	0.08	0.01	0.07	0.03
河湖和湿地	0.66	0.37	5.44	1.34	2.95	4.58	63.24	1.62	0.13	7.87	3.31

计算黄河源园区单位面积生态系统服务价值(表 6-2),并利用自然断点法将其分为高、中、低三类。从生态系统服务空间分布格局上看,黄河源园区生态系统服务高值区主要分布在扎陵湖、鄂陵湖、星星海及其周边地区以及水系附近;林地和灌丛等地区是生态系统服务价值次高值地区,分散在黄河源园区西北至东南部,以及东部的玛多县花石峡镇;北部草原、草甸和荒漠等地区生态系统服务价值相对较低。黄河源园区涉及 5 个乡镇(扎陵湖乡、黄河乡、玛查理镇、花石峡镇、麻多乡),其中扎陵湖乡中南部、麻多乡、玛查理镇北部生态系统服务总价值量最高,其次是玛查理镇南部、黄河乡南部、花石峡镇东部,扎陵湖乡北部、黄河乡北部、花石峡镇西部生态系统服务系统价值整体较低。将生态系统服务价值空间格局图与黄河源园区功能分区图对比发现,生态系统服务价值最高的地区及其附近地区基本都被划为核心保育区,生态系统服务价值其次的地区与传统利用区的范围大致相同,生态系统服务价值最低的地区被划为生态保育修复区。这说明三江源国家公园的功能分区划分与维持生态系统完整性和生态系统服务的长久性的保护目标相一致。

三、多目标优化

在上文中提出的模型进行三江源国家公园黄河源园区的空间布局与结构优化时,核心思想是以保护目标为导向,求取空间约束下生态系统提供生态系统服务价值的最优解，即由程序生成的种群在现有空间格局中搜索最佳位置，从而实现保护地空间优化配置。

表 6-2　黄河源园区不同土地覆被生态系统服务总价值

CCI-LC 代码	重分类后覆被类型	现状面积（hm²）	供给服务（亿元）			调节服务（亿元）				支持服务（亿元）		文化服务（亿元）	
			食物生产	原料生产	水资源供给	气体调节	气候调节	净化环境	水文调节	土壤保持	维持养分循环	生物多样性	美学景观
10、20	农田	36 400	0.55	0.26	0.01	0.43	0.23	0.06	0.17	0.66	0.08	0.08	0.04
30	农林牧交错	36 400	0.33	0.21	0.37	0.73	1.58	0.51	1.43	0.77	0.08	0.64	0.28
40、110、120	林地和灌丛	120 400	0.62	1.06	0.57	3.59	10.03	3.19	7.63	4.38	0.34	4.00	1.76
100、130	草原	1 536 800	4.34	6.51	3.53	22.52	59.14	19.53	43.40	27.40	2.17	24.96	11.12
150、200、201	荒漠	15 600	0.00	0.01	0.00	0.02	0.05	0.03	0.03	0.02	0.00	0.02	0.01
180、210	河湖和湿地	152 400	1.78	1.00	14.63	3.60	7.94	12.32	170.13	4.36	0.35	21.17	8.90

四、目标函数

在本案例研究中，保护目标为实现三江源国家公园黄河源园区内 10 种土地覆被类型的四大类、11 小类生态系统服务价值的最大化。为在保证科学性、准确性的基础上简化运算流程，目标函数设置为四大类生态系统服务分别实现最大化，包括供给服务最大化、调节服务最大化、支持服务最大化和文化服务最大化。

$$\max ESV_1 = VC_{1k} \times \sum_{k=1}^{6} A_k \tag{6-4}$$

$$\max ESV_2 = VC_{2k} \times \sum_{k=1}^{6} A_k \tag{6-5}$$

$$\max ESV_3 = VC_{3k} \times \sum_{k=1}^{6} A_k \tag{6-6}$$

$$\max ESV_4 = VC_{4k} \times \sum_{k=1}^{6} A_k \tag{6-7}$$

式中，ESV_1、ESV_2、ESV_3、ESV_4 分别为保护地范围内生态系统供给服务、调节服务、支持服务和文化服务的总价值（亿元），$VC_{1k} \sim VC_{4k}$ 为四类生态系统服务 k

种土地覆被类型单位面积相应生态功能服务价值系数；$\sum\limits_{k=1}^{6} A_k$ 为黄河源园区内土地覆被类型的面积之和（hm²）。将 4 个生态系统服务价值最大化目标分别导入模型目标函数模块。

五、约束条件

根据三江源国家公园黄河源园区保护目标（表 6-3）的设定和国家公园功能分区设置优化模型的限制条件，包括面积约束和转换规则约束。其中，面积约束包括总面积约束及各类型土地覆被面积变化范围和结构约束。总面积约束即 11 类土地覆被类型的总面积之和不能大于导入数据中黄河源园区的总面积（1.91×10^6 hm²）；面积变化范围和结构约束参考《三江源国家公园总体规划》中的规划目标，对相应类型的土地覆被设置面积变化区间。将约束条件设置为到 2035 年，草原植被覆盖率在 50%~65%；草甸植被覆盖率在 65%~85%；湿地和水体面积总体稳定，根据三江源区河湖近年来面积变化趋势（三江源国家公园管理局和青海省气象局，2019），设置浮动值为 10%~20%；林地保有量逐年提高，设置增加值为 5%~15%；野生动物种群逐年提高，设置栖息地林地、灌木、草甸、灌草丛的总面积比例增大 5%~15%。荒漠趋势和草原载畜量控制设置为在现状基础上不恶化，约束条件在转换规则中设置。

表 6-3　三江源国家公园保护目标指标（国家发展和改革委员会，2018）

序号	指标名称	2015 年	2017 年	2020 年	2025 年	2035 年
1	草原保护	高寒草原植被覆盖率 45%~55%；高寒草甸植被覆盖率 50%~70%	高寒草原提高 2~3 个百分点；高寒草甸提高 5 个百分点	高寒草原提高 2~3 个百分点；高寒草甸提高 5 个百分点	高寒草原提高 2~3 个百分点；高寒草甸提高 5 个百分点	保持稳定并有所提高
2	河湖和湿地保护	河湖水域岸线和湿地面积总体稳定	河湖水域岸线和湿地面积总体稳定	功能增强	功能持续增强	功能持续增强
3	森林灌丛保护	本底	林地保有量不降低	林地保有量有所提高	林地保有量逐年提高	林地保有量逐年提高
4	荒漠保护	扩大趋势初步遏制	扩大趋势有效遏制	荒漠面积得到控制	荒漠生态系统稳定	荒漠生态系统稳定
5	野生动物种群和数量变化	本底	提高 10%	提高 20%	逐年提高	种群稳定平衡
6	草原载畜	草畜基本平衡	草畜基本平衡	草畜平衡	草畜平衡	综合平衡

转换规则即建立空间转换矩阵，设定两类空间能否进行相互转换。在本研究区共 10 种土地覆被类型，参考三江源国家公园保护规划、黄河源园区实际情况以及前人研究中青藏高原土地覆被转换现实结果（张晓瑶等，2021），转换规则矩阵设置如表 6-4 所示。

表 6-4　黄河源园区土地覆被转换规则矩阵设置

土地覆被类型	农田	农林牧交错	林地和灌丛	草原	荒漠	河湖和湿地
农田	1	1	1	1	0	1
农林牧交错	0	1	1	1	0	1
林地和灌丛	0	1	1	1	0	1
草原	0	1	1	1	0	1
荒漠	0	1	1	1	1	1
河湖和湿地	0	1	1	1	0	1

六、参数设置

将种群初始大小设置为 10，迭代次数 30 次，交叉速率 0.9，突变率为 0.01。根据优化结果中各类型土地覆被占黄河源园区总面积的比例，以及各类型生态系统服务价值的变化量，得到三江源黄河源园区空间布局和结构优化结果。

七、优化结果

从空间结构优化结果看（表 6-5），林地和灌丛、草原、河湖和湿地面积分别增加了 5.98%、1.77%、17.59%，农田、农林牧交错、荒漠面积分别减少了 83.52%、48.35%、84.62%。根据土地覆被类型转换矩阵（图 6-4），荒漠转化为其他土地覆被的幅度最大，达 84.62%，其次是农田（83.52%）和农林牧交错（48.35%）。

表 6-5　黄河源园区土地覆被空间结构优化结果

编号	土地覆被类型	优化前		优化后	
		面积（万 hm²）	比例（%）	面积（万 hm²）	比例（%）
1	农田	3.64	1.92	0.6	0.32
2	农林牧交错	3.64	1.92	1.88	0.99
3	林地和灌丛	12.04	6.34	12.76	6.72
4	草原	153.68	80.97	156.4	82.40
5	荒漠	1.56	0.82	0.24	0.13
6	河湖和湿地	15.24	8.03	17.92	9.44

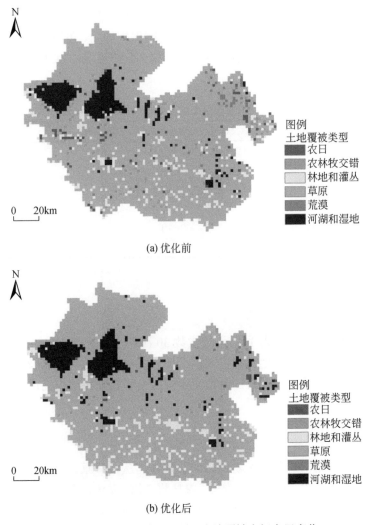

图 6-4 优化前后黄河源园区土地覆被空间布局变化

　　从空间布局优化结果看，三江源国家公园黄河源园区优化后的生态系统服务价值空间格局没有大幅变化，还是呈现南高北低、水高陆低的格局，但由于土地覆被类型的转换，总体单位面积生态系统服务价值得到提升，局部地区单位面积生态系统服务价值呈集聚型升高（图 6-5）。其中，花石峡镇东南部生态系统服务价值等级集聚提升，主要是由于农田和农牧交错土地转换为草地、林地和灌丛、河湖和湿地等生态系统服务价值较高的覆被类型；扎陵湖、鄂陵湖等河湖湿地面积扩大，周边生态系统服务价值进一步提高；玛查理镇和黄河乡中南部大部分地区农田、农林牧交错土地转换为草地或林地和灌丛，单位面积生态系统服务价值由低级向中级提升。

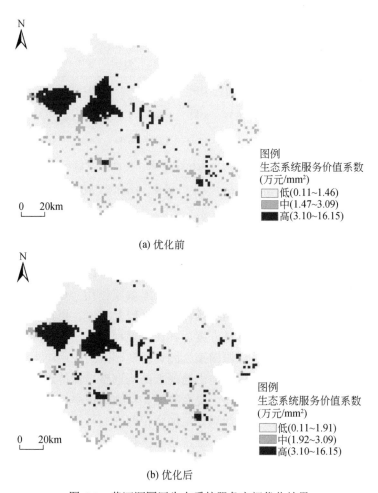

(a) 优化前

(b) 优化后

图 6-5　黄河源园区生态系统服务空间优化结果

　　通过生态系统服务价值当量换算，得到优化后的三江源国家公园黄河源园区生态系统服务总价值为 561.48 亿元，共增加 43.85 亿元，增加幅度为 8.47%，增加幅度由高到低依次为调节服务（9.57%）、文化服务（7.73%）、供给服务（6.48%）以及支持服务（4.98%）。在各类型生态系统服务中，供给服务价值提高 2.32 亿元，增加最多的子类型是水资源供给（13.03%）。调节服务价值提高 35.23 亿元，增加最多的子类型是水文调节（13.59%）。支持服务价值提高 4.56 亿元，增加最多的子类型是土壤保持（1.51%）文化服务价值提高 5.70 亿元，增加最多的子类型是生物多样性（7.84%）。对生态系统服务价值贡献率最多的覆被类型是河湖和湿地以及草原，分别占 51.55% 和 40.71%（表 6-6）。

表 6-6   优化后黄河源园区生态系统服务价值   （单位：亿元）

土地覆被类型	供给服务			调节服务				支持服务		文化服务	
	食物生产	原料生产	水资源供给	气体调节	气候调节	净化环境	水文调节	土壤保持	维持养分循环	生物多样性	美学景观
农田	0.09	0.04	0.00	0.07	0.04	0.01	0.03	0.11	0.01	0.01	0.01
农林牧交错	0.17	0.11	0.19	0.38	0.82	0.26	0.74	0.40	0.04	0.33	0.15
林地和灌丛	0.65	1.13	0.61	3.81	10.63	3.38	8.09	4.64	0.36	4.23	1.87
草原	4.42	6.63	3.59	22.91	60.18	19.88	44.17	27.88	2.21	25.40	11.32
荒漠	0.00	0.00	0.00	0.00	0.00	0.01	0.01	0.00	0.00	0.00	0.00
河湖和湿地	2.09	1.17	17.21	4.24	9.33	14.49	200.04	5.12	0.41	24.89	10.47

　　基于生态系统服务的多目标优化模型能够实现生态保护地各项生态系统服务价值最大化、整体生态效益最优化的目标，优化结果可以在保护地生态建设、国家公园空间整合优化和可持续发展管理中发挥重要作用。CoMOLA 模型基于 NSGA-Ⅱ算法通过在非支配排序约束条件下控制修复突变、模拟自然选择过程来为多目标优化问题生成非主导解决方案，其计算过程简洁，可以同时进行保护地空间结构和布局的优化。在三江源国家公园黄河源园区的应用结果表明：从空间结构优化的角度，应重点关注保护地土地覆被结构调整，保持退耕还林、还草的力度，逐步减少农田与牧草地规模，提高林地、草地覆盖率，增强河湖与湿地的生态系统服务功能；结合国土空间规划，加强空间布局与生态系统服务的耦合，提高保护地整体生态系统服务功能。维持核心区自然生态过程，限制并减少各种形式的人类活动，加强生态系统的原真完整保护；针对不同类型的保护地功能分区，采取面向生态系统服务功能的管理策略，明确主导生态系统服务功能，兼顾各种功能的保护需求，最大限度发挥保护地的生态服务功能。从产业结构和经济规模优化的角度，三江源国家公园黄河源园区包含扎陵湖、鄂陵湖等自然保护区核心区，经济结构较为单一，主体产业仍为传统畜牧业等第一产业，经济建设与生态保护存在一定冲突；同时，由于保护地生态红线范围内禁止工业化和城镇化开发，因此在保障农牧民基本供给的前提下，应合理调整产业结构，促进人与自然和谐共生，逐步减少保护地原始农牧业生产活动，提高保护地单位面积生态系统服务价值，在保护生态系统的原真性和完整性的基础上，推动生态产业化和产业生态化，促进生态系统服务市场价值转化提升，实现生态效益最大化。

第七章 保护地空间格局优化调控

第一节 基于 MaxEnt 模型的关键物种分布
模拟及物种栖息地识别

MaxEnt 模型的基本原理和工作过程在第三章已经进行了介绍。进行物种分布模拟主要需要物种分布点位数据和环境因子数据。环境因素包括 19 个生物气候变量、地形因子（高程、坡向和坡度）和资源因子。对于生物气候变量，需要通过 Pearson 相关分析计算各因素的相关性。当任意两个变量之间的 Pearson 相关系数大于 0.8 时，仅保留这两个变量中的一个。采用 SWD 模型输入物种分布坐标数据和环境影响因子。利用 MaxEnt 软件的投影功能，将局部物种分布范围投影到整个研究区域。使用曲线下面积（AUC）方法测试模拟结果，标准如下：高度准确（0.9≤AUC<1.0）；中等准确（0.8≤AUC<0.9）和有用（0.7≤AUC<0.8）（Swets，1988）。MaxEnt 模型的默认输出结果范围为 0～1。0 表示不适宜，1 表示最适宜。

第二节 生态系统服务与景观多样性计算过程

生态系统服务可通过生态系统服务功能与权衡综合评价模型（InVEST）软件进行计算。

一、水资源供给服务的计算过程

提供淡水是生态系统服务的重要功能之一。InVEST 软件通过产水量（Water Yield）模块计算（吴丹等，2017）。该模块是基于 Budyko 理论，将实际蒸发与降水量间的比值与潜在蒸发和降水量间的比值建立联系（Sharp et al.，2020；李素晓，2019）。具体公式如下：

$$Y(x) = \left(1 - \frac{\mathrm{AET}(x)}{P(x)}\right) \cdot P(x) \tag{7-1}$$

式中，AET（x）为栅格单元 x 的年实际蒸发；P（x）为栅格单元 x 的年降水量。AET（x）/P（x）的计算采用 Budyko 水热耦合平衡假设公式：

$$\frac{\mathrm{AET}(x)}{P(x)} = 1 + \frac{\mathrm{PET}(x)}{P(x)} - \left[1 + \left(\frac{\mathrm{PET}(x)}{P(x)}\right)^{\omega(x)}\right]^{1/\omega(x)} \tag{7-2}$$

式中，PET（x）为栅格单元 x 的潜在蒸散量；ω（x）为自然气候-土壤性质的非物理参数。

$$PET(x) = K_c(l_x) \cdot ET_0(x) \qquad (7\text{-}3)$$

式中，ET_0（x）为栅格单元 x 的参考作物蒸散量；K_c（l_x）为栅格单元 x 中特定土地利用/覆盖类型的植被的蒸散系数，根据 InVEST 模型的操作手册（Sharp et al.，2020）中提供的参考值进行取值。耕地的 $K_c=0.65$，林地的 $K_c=1$，草地的 $K_c=0.65$，水域的 $K_c=1.2$，城乡工矿居民用地的 $K_c=0.3$，未利用地的 $K_c=0.5$。

ω（x）通过以下公式确定：

$$\omega(x) = Z\frac{AWC(x)}{P(x)} + 1.25 \qquad (7\text{-}4)$$

式中，Z 值取 3.33（高敏等，2020）；AWC（x）为土壤有效含水量（mm）。

AWC（x）由植物可利用水分含量（PAWC），以及土壤的最大根系埋藏深度和植物根系深度的最小值决定：

$$AWC(x)=min(Re\ st.layer.depth,root.depth) \cdot PAWC \qquad (7\text{-}5)$$

式中，土壤的最大根系埋藏深度（Re st.layer.depth）为植物根系在土壤中能够延伸的最大深度；植物根系深度（root.depth）通常指特定植物类型的根系生物量为95%的土层深度。由于世界土壤数据库（HWSD）中没有中国区域的土壤的最大根系埋藏深度数据，因此根据 InVEST 模型的操作手册，以土壤参考深度（REF_DEPTH）数据进行代替计算，数据单位是 cm，需要转为 mm 代入 InVEST 计算。植物根系深度（root_depth）则参考联合国粮食及农业组织灌溉排水丛书第 56 分册（Allen et al.，1998）中表 22 中的一般作物最大根系有效深度范围确定，原表中单位为 m，需转为 mm 并取整填入生物物理参数表中。在生物物理参数表中，第一列为土地利用类型代码（lucode），代码与输入土地利用/覆盖数据的代码一致；第二列为lulc_veg，其中为植被的赋值 1，其他赋值 0；最后一列为 K_c 值（表 7-1）。

表 7-1　生物物理参数表

lucode*	lulc_veg	root_depth	K_c
1	1	1250	0.65
2	1	1500	1
3	1	1000	0.65
4	0	0	1.2
5	0	0	0.3
6	0	0	0.5

*耕地的 lucode 为 1，林地的 lucode 为 2，草地的 lucode 为 3，水域的 lucode 为 4，城乡工矿居民点用地的 lucode 为 5，未利用地的 lucode 为 6

PAWC 为植物可利用水分含量，可以通过以下两个经验公式（Zhou et al., 2005）进行计算：

$$PAWC(\%) = 54.509 - 0.132 \times m_{sa} - 0.003 \times m_{sa}^2 - 0.055 \times m_{si} \\ - 0.006 \times m_{si}^2 - 0.738 \times m_{c} + 0.007 \times m_{c}^2 - 2.668 \times m_{o} + 0.501 \times m_{o}^2 \tag{7-6}$$

$$PAWC(\%) = 0.301 \times m_{c} + 0.369 \times m_{si} + 0.045 \times m_{o} \tag{7-7}$$

式中，m_{sa} 为土壤沙粒含量；m_{c} 为土壤黏粒含量；m_{si} 为土壤粉粒含量；m_{o} 为土壤有机质含量。计算的结果也为百分数，需要再除以 100 代入 InVEST。

使用 Hargreaves 和 Samani（1985）的经验公式计算 ET_0，这一经验公式只需要使用最高温度、最低温度和平均温度三个与温度相关的变量，计算的经验公式如下：

$$ET_0 = 0.0023 \cdot R_a \cdot (T_{max} - T_{min})^{0.5} (T + 17.8) \tag{7-8}$$

式中，R_a 为大气顶层辐射 [MJ/（$m^2 \cdot d^1$）]；T_{max} 和 T_{min} 为最高和最低气温；T 为平均气温。已有的一些研究会再除以一个系数 2.45（或乘以 0.408）。

二、土壤保持度服务的计算过程

土壤保持度服务是指生态系统防止土壤流失的侵蚀调控能力以及对泥沙的储积与保持能力。它对防止局地水土流失、保持土壤肥力、保证作物产量具有重要作用，也可以减少对下游河流的输沙量，减少对全球碳循环的影响（刘月等，2019）。土壤保持量为潜在和实际土壤侵蚀量的差值。基于通用水土流失方程（RULSE）（Wischmeier and Smith，1978），实际水土侵蚀量可以表示为

$$A_p = R \times K \times L \times S \times C \times P \tag{7-9}$$

潜在水土侵蚀量可以表示为

$$A = R \times K \times L \times S \tag{7-10}$$

式中，A_p 为现实年平均单位面积土壤侵蚀量 [t/（$hm^2 \cdot a$）]；A 为潜在年平均单位面积土壤侵蚀量 [t/（$hm^2 \cdot a$）]；R 为降水侵蚀力因子 [（MJ $\cdot$ mm）/（$hm^2 \cdot h \cdot a$）]；K 为土壤侵蚀因子 [（t $\cdot$ h）/（MJ $\cdot$ mm）]；L 为坡长因子（无量纲）；S 为坡度因子（无量纲）；C 为植被覆盖因子（无量纲）；P 为水土保持措施因子（无量纲）。土壤保持量为潜在年平均单位土壤侵蚀量与实际年平均单位土壤侵蚀量的差值：

$$A_c = A - A_p \tag{7-11}$$

式中，A_c 为土壤保持量。

以上公式中所涉及的各因子计算方法如下。

1. 降水侵蚀力因子(*R*)

利用各月平均降水量和年降水量来计算 *R* 值。经验公式如下（Wischmeier and Smith，1978）：

$$R = \sum_{i=1}^{12} 1.735 \times 10^{\left[1.5\lg\left(\frac{p_i^2}{p}\right)-0.8188\right]} \qquad (7\text{-}12)$$

式中，*R* 为降水侵蚀力因子，单位是美制单位，需要乘以系数 17.02 将美制单位转为（MJ·mm）/（hm^2·h·a）（高敏等，2020）；p_i 为月降水量；p 为年降水量。

2. 土壤侵蚀因子(*K*)

按照下面公式计算土壤侵蚀因子 K_{epic}（Sharpley and Williams，1990）。

$$K_{\text{epic}} = \left\{0.2 + 0.3 \times \exp\left[-0.0256 m_{\text{sa}}\left(1 - \frac{m_{\text{si}}}{100}\right)\right]\right\}$$

$$\times \left[\frac{m_{\text{si}}}{(m_{\text{si}} + m_{\text{c}})}\right]^{0.3} \times \left\{1 - 0.25 m_{\text{o}} / \left[m_{\text{o}} + \exp\left(3.72 - 2.95 m_{\text{o}}\right)\right]\right\} \qquad (7\text{-}13)$$

$$\times \left(1 - 0.7\left(1 - \frac{m_{\text{sa}}}{100}\right) / \left\{\left(1 - \frac{m_{\text{sa}}}{100}\right) + \exp\left[-5.51 + 22.9\left(1 - \frac{m_{\text{sa}}}{100}\right)\right]\right\}\right)$$

式中，m_{si} 为土壤粉粒含量（%）；m_{sa} 为土壤沙粒含量（%）；m_{c} 为土壤黏粒含量（%）；m_{o} 为土壤有机质含量（%）。其中，土壤粉粒含量、土壤沙粒含量和土壤黏粒含量数据来自世界土壤数据库（HWSD）。

中国土壤情况与国外不同，需要将 K_{epic} 进行修正，最终土壤侵蚀因子 *K* 按下式计算（张科利等，2007）。

$$K = (-0.013\,83 + 0.515\,75 K_{\text{epic}}) \times 0.1317 \qquad (7\text{-}14)$$

3. 坡长因子(*L*)

$$L = (\lambda / 22.13)^{\alpha} \qquad (7\text{-}15)$$

$$\alpha = \beta / (\beta + 1) \qquad (7\text{-}16)$$

$$\beta = (\sin\theta / 0.0896) / [3.0(\sin\theta^{0.8} + 0.56)] \qquad (7\text{-}17)$$

式中，λ 为坡长，在 ArcGIS 中可通过对河网求算欧氏距离近似求取。而研究区的河网分布可以通过 DEM 数据利用 ArcGIS 的水文分析工具获取。θ 为坡角，在 ArcGIS 中通过 DEM 数据利用 ArcGIS 的 slope 工具获取。α、β 为中间变量。

4. 坡度因子(S)

$$S = 10.8\sin\theta + 0.03 \quad \theta < 5° \tag{7-18}$$

$$S = 16.8\sin\theta - 0.5 \quad 5° \leqslant \sin\theta < 10° \tag{7-19}$$

$$S = 21.9\sin\theta - 0.96 \quad \sin\theta \geqslant 10° \tag{7-20}$$

式中，θ为坡角。

5. 植被覆盖因子(C)

$$C = \exp\left(-\alpha \frac{\text{NDVI}}{\beta - \text{NDVI}}\right) \tag{7-21}$$

式中，$\alpha=2$；$\beta=1$。式（7-21）中的 C 因子需要通过栅格计算器计算（刘文龙等，2014）。这是因为 C 因子在 InVEST 中为根据土地利用/覆盖的类型进行的经验赋值。因此，本研究根据式（7-21）改进通过 InVEST 计算的结果，即在 InVEST 中统一给 C 因子赋值为 1 进行计算。将 InVEST 的计算结果导入 ArcGIS，再乘以 ArcGIS 计算的 C 因子。

6. 水土保持措施因子(P)

P 值范围在 0～1，0 表示实施水土保持措施后不发生土壤侵蚀，1 表示未进行相应水土保持措施。根据不同的土地覆盖/利用类型，赋值不同。根据相关参考文献（刘文龙等，2018；高敏等，2020；曹巍等，2018），耕地的 P 值取 0.6，林地、草地、未利用地的 P 值取 1，水域的 P 值取 0，城乡工矿居民用地的 P 值取 0.2。

三、景观多样性计算过程

除了物种和生态系统，景观作为生物多样性的第四个层次，也可以作为分区过程中可选的一个方面。景观多样性采用景观格局指数中的"香农多样性指数"（SHDI）来表征。如果土地利用/覆盖类型的数量增加或者不同土地利用/覆盖类型的面积比例变得越来越均衡，SHDI 值也会随着变得越来越大（Amaral，2019）。SHDI 已经被证明可以用来衡量景观异质性（Concepcion et al.，2008）。公式如下：

$$\text{SHDI} = -\sum_{i=1}^{m}(P_i \ln P_i) \tag{7-22}$$

式中，P_i 为斑块类型 i 所占比例。SHDI $\geqslant 0$（Zhao et al.，2019），只有一种类型的单元的 SHDI 值为 0。

景观格局指数的计算需要基于规划单元,因此需要运用 ArcGIS 软件中 Spatial Analyst 模块的 ArcHrydro 工具箱中的一系列工具对研究区划分汇水单元,作为计算 SHDI 的规划单元。汇水单元的划分步骤包括填洼、流向分析、累计流量、河流网格提取、河网矢量化、Stream Link 生成以及最后汇水单元的生成。具体步骤如下:

1. 填洼,使用 Fill 工具

在 ArcMap 中加载 DEM 数据,在【ArcToolbox】中,选择〔Spatial Analyst 工具〕——〔水文分析〕——〔填洼〕,其中 Z 限制为填充阈值,当设置一个值后,在洼地填充过程中,那些洼地深度大于阈值的地方将作为真实地形保留,不予填充;系统默认情况是不设阈值,也就是所有的洼地区域都将被填平。点击确定即可。

2. 流向分析

选择〔Spatial Analyst 工具〕——〔水文分析〕——〔流向〕,输入上一步骤获得的填洼结果,获得流向栅格。

3. 流水累计流量

选择〔Spatial Analyst 工具〕——〔水文分析〕——〔流量〕,输入数据为上一步骤获得的流向栅格,获得流水累计流量栅格。

4. 河流网络提取

选择〔Spatial Analyst 工具〕——〔地图代数〕——〔栅格计算器〕,在〔地图代数表达式〕中输入公式:Con(Flow Accumulation>500,1)(其中 Flow Accumulation 为上一步骤获得的流水累计流量栅格的文件名,500 为累计流量,此数可以根据具体需求拟定。表达式的含义为将流水累计流量大于 500 的栅格赋值为 1,其他赋值为 0。)。

5. 河网矢量化

选择工具〔Spatial Analyst 工具〕——〔水文分析〕——〔栅格河网矢量化〕,输入上一步骤的结果,输出河网矢量化结果,可进一步对河网进行平滑处理。

6. Stream Link 生成

Stream Link 记录了河网的一些节点和连接信息。选择工具〔Spatial Analyst 工具〕——〔水文分析〕——〔Stream Link〕,按照工具的需求输入数据和选择相

应参数。

7. 汇水单元的生成

［Spatial Analyst 工具］──→［水文分析］──→［Watershed］，进行汇水单元的划分。输入数据为水流方向数据和 Pour Point 数据，其中 Pour Point 数据即选择 Stream Link 数据输入。

由于涉及的工具众多且各工具之间具有衔接性，本研究进一步使用 ArcGIS 提供的 modelbuilder 串联各个工具，获得汇水单元的划分结果。最初得到的汇水单元划分结果会不可避免地产生一些极为细小的碎屑多边形，需要将这些多边形进行合并。

第三节　基于系统保护规划的不可替代性计算与格局优化

不可替代性是系统保护规划中的核心概念，它指在区域生物多样性保护研究中，根据保护对象的空间分布，计算每个规划单元在实现这些保护对象之保护目标过程中的重要性，即体现特定规划单元实现保护目标的可能性，或者说如果这些规划单元没有被选中，会在多大程度上影响保护目标的实现。

不可替代性值的计算可以使用 C-plan 或者 Marxan 软件完成。C-Plan 软件数需要制作规划单元位点表（Sites Table）、规划单元×保护对象矩阵表（Site×Features Matrix）和保护对象属性表（Feature Table）。规划单元位点表：利用 ArcGIS 计算规划单元面积，并且按照物种对规划单元的可利用性将规划单元分为三种基本属性：①已建保护区的单元（Reserved）；②可以用于保护选址规划的单元（Available）；③不能够被选择利用的单元（Excluded）。规划单元×保护对象矩阵表：需要确定研究所涉及的保护对象，在 ArcGIS 软件支持下，将保护对象分布图与规划单元图叠加，计算每个规划单元中包含每种属性特征的面积，编制规划单元×保护对象矩阵表。保护对象属性表：将每一个物种的属性特征的名称及通过保护目标量化获得的保护面积输入该表中。最后将计算结果与 GIS 软件相连接，将数字化的计算结果转化成图形，显示不可替代性值分布图。

Marxan 相比 C-plan 考虑的因素更多，应用最为广泛。Marxan 模型的运行需要制作并输入 input 文件，其中包含输入参数数据 input.dat、规划单元设置数据 pu.dat、保护对象与目标数据 spec.dat、各规划单元中保护对象信息数据 puvspr.dat、边界长度数据 bound.dat、块定义数据 block.dat。以上数据中，前四项是必要数据，后两项是可选数据，本研究选取使用前五项数据制作 Marxan 的 input 文件。本书利用 ArcGIS 软件制作前期的基础数据，生成 shp 格式的数据导入 Quantum GIS 3.4.14（QGIS）软件中，并安装 Qmarxan 插件，通过此插件生成.dat 格式的文件，最后设置好参数后运行 Marxan 模型，得到的方案结果利用 Excel 表格导回至 ArcGIS 软件中进行可视化分析。QGIS 和 Marxan 都可以生成 input.dat 文件，但是由于 input 的参数在后续的研究中需要不断尝试和调整，因此 input.dat 文件通过 Marxan 生成，而且生成步骤并也不困难，只要修改完 inedit.exe 中的参数，单击保存即可获得（或更新）input.dat 文件。

一、保护目标识别与分类分级

根据目标一词的含义，保护目标可以包含两层含义：一层是指所要保护的对象，另一层是指根据被选择的保护对象的重要程度的不同，选择不同的指标权重比例确定其对应的保护标准或保护水平。对保护目标进行量化是系统保护规划中重要的一环。量化保护目标能够为保护决策提供依据，进而为科学利用有限的保护资金和资源、识别生物多样性保护的优先区域奠定基础。

1. 保护对象的识别与筛选

保护对象结合物种和生态系统通过查询《国家重点保护野生植物名录》（第一批和第二批）、《中国珍稀濒危植物名录》《中国物种红色名录》《国家重点保护野生动物名录》《中国濒危动物红皮书》和中国植物物种信息数据库，参考如国家、省、地方志书，专著，学术论文，以及标本记录、野外调查、保护地野外考察报告等数据资料，系统地收集和整理生态保护地珍稀濒危动植物种类，构建生态保护地珍稀濒危动植物数据库，并整理每个物种的拉丁名、中文名、保护级别、濒危等级、生活型、特有性、分布省（直辖市）、分布县（市）、具体位置、海拔上限、海拔下限、生境等（根据所能获得的数据情况具体确定）。根据所获取的数据，重要生态系统类型主要通过植被类型来确定。

2. 保护对象分布情况的确定

如果能够获取到保护对象（物种、生态系统）的具体分布点位，则结合降雨、温度、海拔等环境因子指标，利用 MaxEnt 软件对保护对象的分布进行模拟，获得保护对象的分布图。如果无法获得保护对象的分布点位数据，则可以根据物种分布的相关描述，确定海拔上限、海拔下限、适宜生存的植被类型等，利用叠置分析的方法确定保护物种的分布情况。重要生态系统则根据植被图和土地利用图确定其具体的分布情况。获得的保护对象分布的矢量图作为下一步计算不可替代性的准备数据。

3. 保护目标的确定

保护目标就是指根据被选择的保护对象的重要程度的不同，选择不同的指标权重比例确定其对应的保护标准或保护水平（郭柳琳，2015；栾晓峰等，2009；冯夏清等，2010）。对保护目标进行量化是系统保护规划中重要的一环。量化保护目标的确定能够为保护决策提供依据，进而为科学利用有限的保护资金和资源、识别生物多样性保护优先区域奠定基础。

指示物种保护目标计算：

$$T_{\text{Species}}=(I_{\text{Level}}+I_{\text{Endangered}}+I_{\text{Endemic}})/3 \tag{7-23}$$

考虑物种 3 个方面的特征，即物种的保护等级 I_{Level}、濒危程度 $I_{\text{Endangered}}$、特有性 I_{Endemic}。其中，物种的保护等级按一级、二级、三级分别赋分 1、0.7、0.3，濒危程度按极危、濒危、易危、近危、无危分别赋分 1、0.75、0.5、0.25、0，未列入赋分 0；特有性按中国特有赋分 1，非特有赋分 0。

二、保护成本和状态设定

成本值可以是土地成本，也可以是基于任何数量的度量，在模型动态计算中会被作为解的成本值添加到目标函数中。在土地私有制的国家与地区，土地成本较高也较好测算，可以直接将土地的购置成本作为保护成本因子。但直接计算规划单元的经济成本在中国的社会制度和土地制度背景下是很难准确实现的。根据保护区域实际情况，选用某种相对成本计算方法，如社会、经济或环境生态措施，模拟当地的社会经济发展状况和建设管理成本，虽并非真实值，但也是行之有效的一个办法（彭涛，2019）。本书考虑的是将一个区域转化为保护区的成本大小，即如果该规划单元人类活动越多，转化为保护区所需的成本越高，人类活动越少，转化为保护区所需的成本越少。

在 Marxan 软件中，可以设置规划单元的初始状态（status），即定义每个规划单元在模型运算过程中的状态。状态使用 0、1、2、3 这几个数字表示。0 表示单元不被保证出现在初始的输入单元中，其取决于输入参数文件中制定的起始比例"prop"；1 表示规划单元将包含在初始的输入单元中，但可能不会出现在最终结果中；2 表示该规划单元被锁定，一定出现在最终结果中；3 表示该规划单元被踢出，一定不会出现在运行过程和结果中。

三、物种惩罚因子 SPF 值的设定

物种惩罚因子（Species Penalty Factor，SPF）是当优先保护区未达到所有保

护目标时添加进目标函数的惩罚因子，可以知道未满足剩余目标时所需的成本，目的是使目标函数的保护特征提升至所有目标水平的成本近似值，可在 spec.dat 文件中设置。在计算目标函数的值时，Marxan 首先会计算任何未达到目标的保护对象的罚分，将这些罚分乘以每个保护对象的 SPF 值。

四、边界长度调节 BLM 值的设定

BLM（Boundary Length Modifier）即边界长度调节器，用于确定边界长度在目标函数中的比例，以平衡边界长度与成本支出，从而得出建设成本低且边界长度短的解决方案（王敏，2015）。研究表明，边界越短则保护区域形状越紧凑和完整，越有利于管理和物种保护；形状零散的保护区域不仅管理效率低，且不利于应对外来入侵物种。因此，当考虑不同的成本目标时，设置 BLM 值很重要，通过识别 BLM 因子可以保持所需的空间紧凑水平（王敏，2015）。BLM 值越大，目标函数越专注于边界长度的最小化。一个合理的 BLM 值可以为某一规划方案进行边界修正，从而使得保护区域更加密集紧凑，但同时也可能会增大保护成本（Mcdonnell et al.，2002）。在加载了 bound.dat 文件后可在 Marxan 模型自带的 inedit.exe 程序中进行 BLM 值的设置。为了保证一定空间连接性和适度的成本，需要选择适当 BLM 值。当 BLM=0 时，即消除边界长度，说明完全不考虑保护区域的聚合度。通常 BLM 值的选取会预设一个初始值 BLM_0（所以 BLM_0 不是 BLM=0），然后按一个固定乘数进行递增，迭代探索出相对适宜的 BLM 值。BLM_0 的选取也是较为主观的，但通常选用规划单元中最大成本（$Cost_{max}$）值与最大边界长度（$BoundaryLength_{max}$）值的比值进行试验，直到找到最适合的 BLM_0 值。

$$BLM_0 = \frac{Cost_{max}}{BoundaryLength_{max}} \tag{7-24}$$

$$BLM_n = BLM_n \times 2^n \quad n=1, 2, 3, \cdots, N \tag{7-25}$$

五、保护空缺分析与格局优化建议

将已有保护地空间分布图和通过本研究模型计算的结果进行叠置分析，确定重叠和不重叠的部分，得到保护空缺分析结果。根据保护空缺在空间上的分布情况，提出优化建议。

第四节　物种迁移廊道构建

一、最小累积阻力模型介绍

从空间上来看，生态过程可以分为两个方向：垂直方向的生态过程和水平方向的生态过程。垂直方向的生态过程一般发生于某一景观单元或生态系统内部，对于这类状态的描述与研究最为经典的模型就是麦克哈格提出的"千层饼"模式（即叠图）。然而，"千层饼"模式只能反映类似"地质-水文-土壤-植被-动物-人类活动"这样某一个单一地域单元之内的生态过程与景观元素分布之间的关系，而很难反映像风、水、土的流动，灾害过程，以及动物运动等水平方向的生态过程（俞孔坚等，1998）。水平方向的生态过程则跳出了单一地域单元的范围，反映的是不同景观单元间的相互作用。最小累积阻力（Minimum Cumulative Resistance，MCR）模型是描述水平方向的生态过程的重要模型之一，它的贡献在于其认识到生物空间运动的潜在趋势与景观格局改变之间的关系（陆成杰，2018）。

最小累积阻力模型是指物种从生态源地到目的地迁移运动的过程中所需要耗费的代价的模型，被广泛应用于景观生态学的相关研究中。最小累积阻力模型的经典表达式如式（7-26）所示（邢龙飞，2019）。

$$MCR = f\min\sum_{\substack{i=1\\j=1}}^{\substack{i=m\\j=n}} D_{ij} \times R_i \qquad (7\text{-}26)$$

式中：MCR 为物种从生态源地移动到目的地所受到的最小累积阻力值；f 为一个正函数，反映空间中任意一点的最小阻力与其到所有源的距离及景观基面特征的正相关关系；D_{ij} 为从源(生态源地)单元 j 到汇（目的地）单元 i 的空间距离；R 为汇单元 i 对某物种运动的阻力系数；$\sum$ 为源单元 j 与汇单元 i 之间所穿越所有单元的距离和阻力的累积；min 为汇单元 i 对于不同的源取累积阻力最小值；n 为生态源地单元的总数；m 为从生态源地单元到目的地单元所经过的景观单元的个数。

二、生态廊道构建过程

生态廊道是相邻的生态源地之间最易联系的低阻力通道，可以为生物在不同栖息地间迁徙扩散提供通道（图7-1）。生态廊道能够保护生物的多样性、过滤污染物，促进自然界生态系统的物质和能量流动。在最小累积阻力模型中，生态廊道是两个相邻生态源地之间阻力最小的地方，是生物最容易穿过的区域。每个生态源地至少应建立一条通向其他生态源地的廊道，通常认为在可能的范围内廊道的数量越多越好，因为多一条廊道就等于为生物的扩散多增加了一条可以选择的路径，以减少生物遇到被截留和分割风险的可能性（刘媛，2017）。

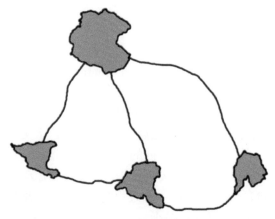

图 7-1　生态廊道示意图

生态廊道的构建过程如下。

1. 生态源地的选择

生态源地是指物种向外迁移的源头，是物种生存繁育的基础，代表了一系列生态环境长期稳定和生态服务价值高的区域，如动物栖息地、湿地保护区、水源保护地、原始森林等（陆成杰，2018）。优先保护区是物种保护的核心区域，保证这些区域的连通也就保护了各物种核心区域的连通。因此在本书中将优先保护区作为生态源地。

2. 阻力因子的选择

阻力因子是指影响动物迁移这类水平方向的生态过程的各类因素，包括土地利用/覆盖、地形等因素，各因子阻力的大小一般根据其对物种扩散过程的影响程度而定。本书的阻力因子选择高度、坡度、土地利用类型、公路和铁路等。

3. 阻力面构建

阻力面由阻力因子的阻力大小累计叠加构成，阻力因子在空间上的分布并不均匀，根据其阻力大小赋以不同的值（表 7-2）。一般地，每一类"源"的累积阻力表面可通过公式求得：

$$R = \sum_{i=1}^{n} (W_i Y_i) \qquad (7\text{-}27)$$

式中，R 为累积阻力；W_i 为 i 指标的权重；Y_i 为第 i 类指标的相对阻力。

考虑生态学中普遍存在的最小限制性定律，本书认为，一个景观单元的阻力由阻力值最大的那个阻力因子决定，因此在参考式（7-27）的基础上，使用最大值叠置分析的方法构建物种迁移的阻力面。

表 7-2　最小累积阻力赋值结果

阻力因素（等级 1）	阻力因素（等级 2）	相对阻力值
土地利用类型	植被	1
	未利用地	3
	水域	100
	耕地	50
	建设用地	100
坡度	<2°	1
	2°～6°	5
	6°～15°	10
	15°～25°	30
	>25°	100
交通	高速路（Expressway，0～0.5km）	80
	一级公路（Primary，0～0.5km）	80
	二级公路（Secondary，0～0.5km）	60
	三级公路（Tertiary，0～0.5km）	40
	铁路（Railway，0～0.5km）	70
	高速路（Expressway，0.5～1.5km）	40
	一级道路（Primary，0.5～1.5km）	30
	二级道路（Secondary，0.5～1.5km）	20
	三级道路（Tertiary，0.5～1.5km）	10
	铁路（Railway，0.5～1.5km）	40

4. 生态廊道的构建

首先，通过 ArcGIS 的耗费距离（Cost Distance）工具计算成本距离表面和回溯链接（Backlink），可认为是最小累积阻力模型的计算结果。生态廊道是相邻的生态源地之间最易联系的低阻力通道，通过前文计算的累积耗费距离表面和"汇"单元，运用 ArcGIS 的费用路径（Cost Path）工具，得到从"源"地向"汇"地迁移的廊道。

第五节　实　证　研　究

一、三江源国家公园空间布局优化

（一）物种分布适宜性模拟结果

本研究选择了 11 个物种，对分布适宜性进行模拟。其中，食草动物包括藏野驴、藏羚羊、藏原羚、岩羊；食肉动物包括雪豹、狼、藏狐、棕熊，鸟类包括大鵟、黑颈鹤、猎隼。模拟选择的指标包括 19 个生物气候变量、地形（高度、坡度、坡向）、NDVI。模拟结果如图 7-2 所示。

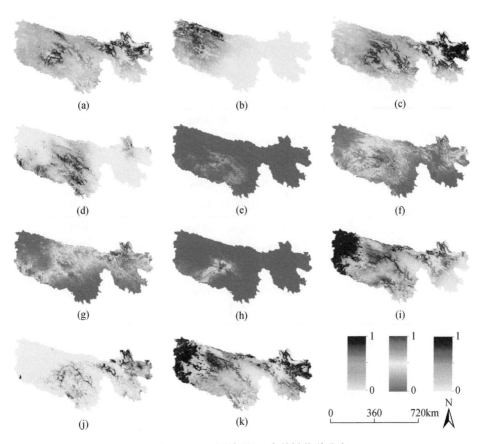

图 7-2　三江源地区 11 个关键物种分布

（a）藏野驴；（b）藏羚羊；（c）藏原羚；（d）岩羊；（e）雪豹；（f）狼；（g）藏狐；（h）棕熊；（i）大鵟；
（j）黑颈鹤；（k）猎隼

（二）水资源供给服务的计算结果

水资源供给服务计算基于 InVEST 模型。从图 7-3 可以看出，研究区产水量以东南部为高值区，西北部为低值区。这种分布主要受到降水和土地利用/覆盖的影响。研究区降水主要集中在东南部。东南部地区的地势也比较低，环境相较于环境相对恶劣的西北部要好，且有林地分布。林地类型对水的涵养作用是较大的。研究区全部像元平均年产水量为 212.02mm。

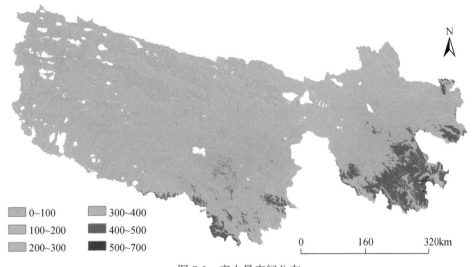

图 7-3　产水量空间分布

（三）三江源地区土壤保持服务变化计算结果

土壤保持服务的计算基于 InVEST 模型。由于在计算土壤保持时所使用的降水量是各个时期的多年平均降水量值，因此，计算的降水侵蚀力结果也为对应时期的多年平均值。从总体分布上来看（图 7-4），水土保持的高值区分布在三江源地区的东南部，西北部为低值区。虽然研究区东南部的降水侵蚀力较大，会形成相对较高的势能冲刷土壤，导致潜在水土流失量增加。但是研究区的南部和东部也是 NDVI 值较高的区域，这对土壤保持能够起到较为重要的作用。而对于西北部地区来说，虽然降水量小，降水侵蚀力小，但是西北部地区地形高耸、坡度较大、且植被覆盖度较低，因此综合来说研究区以东部和南部的土壤保持量最高。从土壤保持量在时间上的变化来看，研究区全部像元平均土壤保持量为 201.32t/（hm^2·a）。

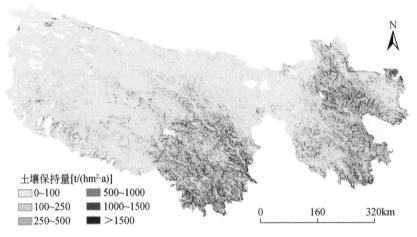

图 7-4   水土保持空间分布

（四）景观多样性计算结果

景观多样性计算基于 Fragstats 软件。从图 7-5 可以看出，空间格局上，SHDI 较高的区域主要分布在研究区的外围，而中部较低。对于东部和南部地区，规划单元内存在林地、草地、水域、城乡工矿居民用地、未利用地等多种类型混合，而对于西部和西北部地区，规划单元内主要是草地、水域和未利用地等类型的混合，因此研究区边缘的 SHDI 值较高。而中部则为草地，类型较为单一，SHDI 较低。具有最大 SHDI 的规划单元位于研究区的东部，最大值为 1.12。

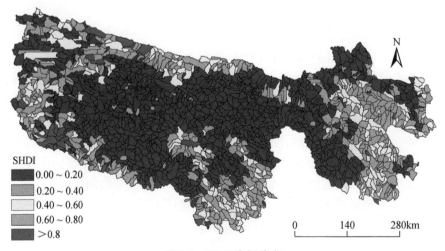

图 7-5   SHDI 空间分布

（五）不可替代性值、优先保护区识别结果及动态选址

在确定 SPF 和 BLM 的值后，通过规划单元统计物种分布面积、生态系统服务的面积以及景观多样性，进而代入 Marxan 中计算出不同情景下优先保护区的分布。优先保护区为可以达到本研究所设定保护目标的规划单元的集合；不可替代性是在试验中一个规划单元被选做优先保护区的次数。从图 7-6 可以看出，这二者所覆盖的区域并不一定完全重合，但是相关性很高，如果一个区域的不可替代性值高，其越可能被选为优先保护区。当前时期，共有 485 个规划单元被选为优先保护区，面积为 95 267.12km^2。从不可替代性来看，研究区规划单元中共有 473 个单元从未被选为优先保护区，占比为 24.82%；1～200 次被选为优先保护区的单元有 727 个，占比为 38.14%；201～400 次被选为优先保护区的单元有 126 个，占比为 6.61%；401～600 次被选为优先保护区的单元有 176 个，占比为 9.23%；601～800 次被选为优先保护区的单元有 124 个，占比为 6.51%；801～999 次被选为优先保护区的单元有 178 个，占比为 9.34%。1000 次试验全部被选为优先保护区的单元为 102 个，占比为 5.35%（表 7-3）。从图 7-7 可以看出，位于研究区西部的不可替代性值高的区域与研究区的长江源园区的分布较为吻合，这主要是由于本研究在成本赋值时将保护地赋值为 0。而本书中所选出的优先保护区却没有较高不可替代性值区域与黄河源园区重合，而是出现在研究区的东部，这主要是由于本书考虑了生物多样性的三个方面，结合 5.1 节、6.1 节和 6.2 节的内容可以看出东部地区存在中适宜和高适宜的关键物种的栖息地，同时也是生态系统服务价值高和景观多样性高的区域。

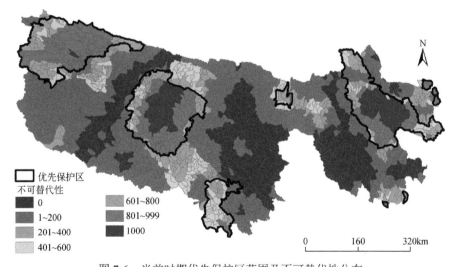

图 7-6　当前时期优先保护区范围及不可替代性分布

表7-3 当前时期不可替代性结果统计

不可替代性	不可替代性分级	规划单元数（个）	单元数占比（%）	面积（km²）	面积占比（%）
0	低	473	24.82	83 440.23	23.38
1～200	低	727	38.14	135 402.27	37.95
201～400	中低	126	6.61	25 995.46	7.29
401～600	中	176	9.23	28 643.17	8.03
601～800	中高	124	6.51	23 839.44	6.68
801～999	高	178	9.34	41 428.19	11.61
1000	高	102	5.35	18 067.19	5.06

（六）选址结果与现有三江源国家公园范围对比及调整建议

对比本书在"当前时期"对三江源国家公园的选址结果以及《三江源国家公园总体规划》中对三江源国家公园的选址情况，可以较为明显地看出本书在三江源地区的东部划出了一块区域，而划入《三江源国家公园总体规划》中的三江源国家公园的黄河源园区的面积较少。针对这一情况，本研究进行了如下讨论，并提出调整建议：

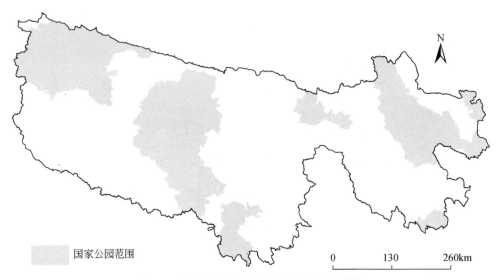

图7-7 变化环境下三江源国家公园划定范围

从环境上看，对于本书研究在三江源地区东部划出的这一块区域，首先，东部地区 NDVI 值（0.36）比黄河源园区的 NDVI 值（0.21）高。NDVI 可以指示资源的情况，相比黄河源园区，这里资源更为丰富。东部地区的温度相对更高一些（东部-1.95℃、黄河源-3.84℃）、降水也更充沛一些（东部 550.01mm、黄河源 432.57mm）。因此总体来说，东部地区环境也要更好一些的。其次，从本书研究对物种栖息地适宜性模拟结果、生态系统服务以及景观多样性计算结果来看，东部地区是物种栖息地的适宜性较高的区域，同时其生态系统服务价值以及景观多样性也都相对黄河源园区要高一些。所以从生物多样性分布情况来看，东部地区总体上是比较重要的。最后，从不可替代性值的计算结果看，东部地区也是较高的。

《三江源国家公园总体规划》中并没有明确指出三江源国家公园的范围如何划定，从各园区的总体布局情况来看，各个园区的范围依托了已有自然保护地的范围，如长江源园区包含了可可西里国家级自然保护区、可可西里自然遗产地和三江源国家级自然保护区的索加-曲麻河保护分区；黄河源园区包含三江源国家级自然保护区的扎陵湖-鄂陵湖保护分区和星星海保护分区；澜沧江源园区包括了三江源国家级自然保护区的果宗木查保护分区和昂赛保护分区。总体来说范围划定比较定性；本研究则从物种、生态系统和景观多个角度出发，通过模型模拟获得结果，范围的划定相对来说更加定量。

再对比本书的选址结果和三江源自然保护区来看，三江源自然保护区在研究区的东部是有划定的区域的，这说东部地区的重要性是得到认可的。考虑《关于建立以国家公园为主体的自然保护地体系的指导意见》（以下简称《意见》）中所提出的对交叉重叠自然保护地整合归并的要求，结合本书研究以及当前三江源国家公园和三江源自然保护区分布，如果是将国家公园和自然保护区二者有机结合，可以将图 7-8 中研究区东部具有较高不可替代性区域划入已有三江源国家公园中，即至少将不可替代性值>800 的区域纳入国家公园中，纳入面积 18 569km² （图 7-8）。这一结果作为本研究在保护地归并整合方面所提出的政策建议。由于本书研究是模型研究，对于三江源地区东部区域的实际范围的划定，仍需要进一步加强实地考察，更为深入地明确该区域的生物多样性以及环境情况。在本书研究的选址过程中，已有国家公园的黄河源园区内的单元未选中的较多，但是这并不是说适宜将这些部分从已有三江源国家公园退出。这是因为黄河源园区保护的是黄河源头，这里也包含着重要的湿地保护区，其中的鄂陵湖与扎陵湖也很重要，退出还涉及居民安置、生态补偿等一系列问题。

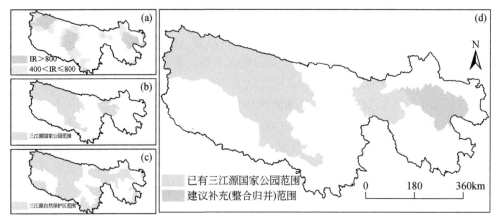

图 7-8　三江源国家公园范围调整建议

（a）研究划定的三江源国家公园范围；（b）已有国家公园范围；（c）已有三江源自然保护区范围；（d）研究建议
的三江源国家公园范围调整方案

二、三江源地区土地利用/覆盖布局优化与生态廊道构建

未来气候情景选择 RCP4.5 情景。模拟结果显示，对于不同的物种来说，不同的环境条件下，它们的栖息地适宜性变化也不尽相同（图 7-9）。

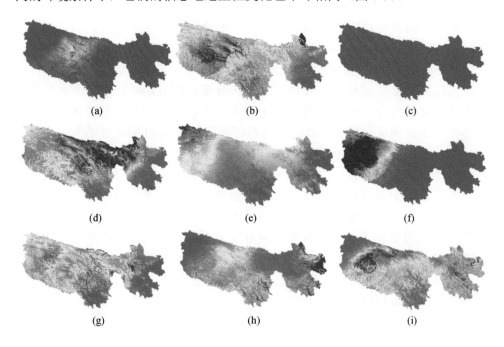

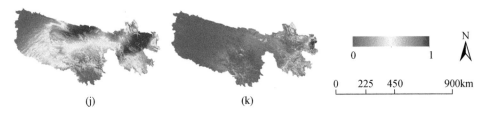

图 7-9 研究区 2050 年 RCP4.5 情景下物种栖息地的适宜性模拟结果

（a）雪豹；（b）狼；（c）棕熊；（d）藏狐；（e）藏野驴；（f）藏羚羊；（g）藏原羚；（h）岩羊；（i）猎隼；（j）大鵟；（k）黑颈鹤

通过叠加野生动物生存空间和人类活动空间，确定建设用地/耕地与野生动物生存空间之间发生冲突的区域和位置。进而通过元胞自动机模型将冲突区域进行调整，即将冲突的部分根据规则重新分配到非冲突的区域。在 RCP4.5 情景下，为了从空间调整的角度缓解人类与野生动物之间的冲突，建设用地的调整面积为 125km^2，耕地调整面积为 340km^2。调整后，建设用地和耕地面积将更加集中（图 7-10）。

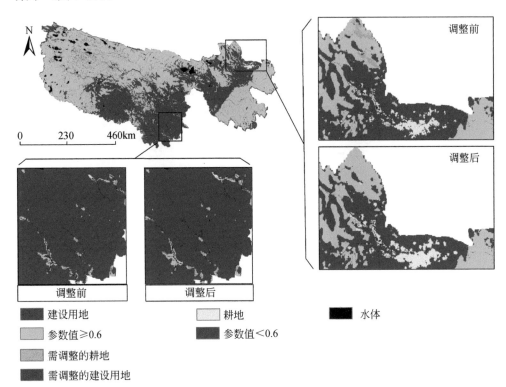

图 7-10 三江源地区未来气候情景下（2050 年，RCP4.5 情景）的建设用地、耕地调整

　　由于鸟类具有飞行能力，对生态廊道的需求较低，因此本研究主要为雪豹，棕熊、藏野驴、藏原羚、岩羊进行生态廊道的构建。各物种的迁徙路径计算结果如图 7-11 所示。迁徙路径与道路的交点共 297 个点，即需要建设生态廊道的区域。由于有的交点距离较近，可进行删除合并，最终确定生态廊道建设 165 处。

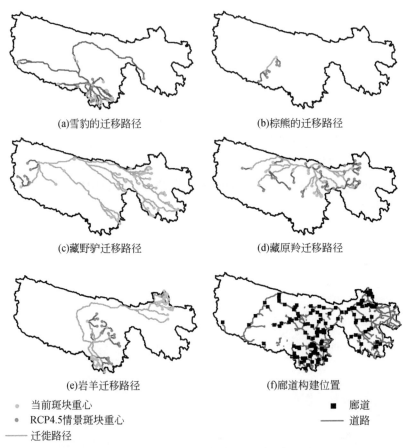

(a)雪豹的迁移路径　　　　　　　　(b)棕熊的迁移路径

(c)藏野驴迁移路径　　　　　　　　(d)藏原羚迁移路径

(e)岩羊迁移路径　　　　　　　　(f)廊道构建位置

- 当前斑块重心
- RCP4.5情景斑块重心
—— 迁徙路径

■　廊道
—— 道路

图 7-11　连接当前和未来物种栖息地的生态廊道构建情况

第四篇　保护地区域农户生计与保护行为及其政策调控

第八章 保护地区域农户生计
与保护行为识别

中国近几十年保护地建设发展较快，形成了类型较齐全、区划较合理的自然保护网络。与此同时，中国众多保护地内部及周边仍分布有一定数量的原住民家庭和社区，他们的生产生活行为与保护地的生态保护目标之间往往存在一定的矛盾冲突。要想调节原住民生产生活行为，必须要先对其生计与行为进行合理识别和界定。

第一节 农牧民生计资本识别

生计（livelihood）是指人们谋生手段所需的能力、资产（包括物质和社会资源）和活动。在社会学中，"生计"这一概念早已被普遍使用，尤其在针对农村和贫困地区的论述中更是常见，它既包括工作、收入和职业等，也存在更加广阔的外延。可持续生计（sustainable livelihood）是生计的理想情况，这意味着在不破坏自然资源基础的前提下，生计可以应对一定压力、在冲击中得以恢复，人的能力和资产在当前和未来都能得到维持或增强。英国国际发展部（UK Department for International Development，DFID）于 1999 年提出了可持续生计框架（Sustainable Livelihoods Framework），描述了在脆弱性和贫困背景下，生计资本、生计策略选择和生计结果之间的相互作用关系（图 8-1）。目前较为成熟的生计分析框架还包括联合国开发计划署（UNDP）、国际救助贫困组织（CARE）等提出的可持续分析生计框架。

现有自然保护地或生态敏感地区周边农牧民的生计资本研究，主要有以下几个方面。首先是农牧民生计现状分析，如通过因子分析、熵值法、聚类分析法等建立指标体系，研究农牧民不同类型生计资本大小、脆弱性、空间格局特征等（Bhandari，2013；何仁伟等，2014；杨云彦等，2009；郭圣乾等，2013）。其次是农户生计资本识别和核算，若干学者利用英国国际发展部提出的可持续生计分析框架开展了案例研究（赵海兰，2015；邓天仙和任晓冬，2017；冯茹和宋刚，2010）。近年来，原住民生计现状和生计资本核算研究的调查样本量逐渐增大，涉及地域更多，比较研究开展更为广泛（孙博，2016；杨彬如，2017；王昌海，

137

2017）。最后是农牧民生计的影响因素研究，如林业管理政策（Wiggins et al.,
2004）、可持续管理政策（Hiwasaki，2005）、生态旅游（Shoo et al.，2013）等
政策制度，家庭结构（黎洁等，2009）等社会经济因素，自然条件和居民社区
空间布局（Edirisinghe，2015）等地理因素对农户生计资本、生计策略选择均有
可能产生影响。

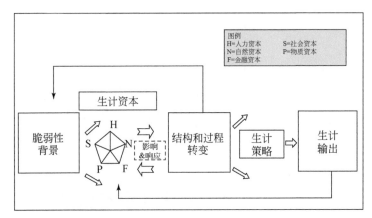

图 8-1　英国国家发展部可持续性生计分析框架

注：翻译整理自 DFID（1999）

在本书中，利用 DFID 可持续生计框架体系确定的 5 种核心资本来核算保护
地原住民的生计资产。

1）人力资本（human capital）：指能满足人们追求不同生计战略、实现生计
目标的个人技能、知识、劳动能力和健康状况；在家庭层面，人力资本代表可用
劳动力数量和质量，取决于家庭规模、技能水平、健康状况等。人力资本是构建
生计资本和实现生计结果的基础。

2）社会资本（social capital）：指人们在追求生计目标时所使用的社会资源，
包括社交网络和联系、某团体的成员资格、信任互惠合作的关系等，这些社会资
源相互关联，如团体和协会的成员资格可以提高人们对其他机构、团体、人群的
访问权限和影响力；亲属关系或其他方式联系可能会产生信任。社会资本在家庭
应对冲击、变故时起到缓冲的作用，或弥补其他类型资本的欠缺。

3）自然资本（natural capital）：指人们从自然资源存量中得到的对生计有用
的资源流动和服务。从大气和生物多样性等无形公共物品，到树木、土地等可直
接用于生产的资源，自然资本的范围广、差异大，其价值或生产力会发生季节性
变化。对于全部或部分生计来自以资源为基础的活动（农业、渔业、森林采集等）
的人群而言，自然资本十分重要，生计冲击很多时候来自于破坏自然资本的过程，
如森林大火、洪水和地震。

4）物质资本（physical capital）：指维持生计所需的基本基础设施和生产资料。基础设施是帮助人们满足基本生活需求、提高生产力的对物理环境的更改，如道路、水资源供应和卫生设施、通信设施等公共物品，或住房、能源供应等私人拥有物品；生产资料则是人们用来提高生产效率的工具和设备。

5）金融资本（financial capital）：主要指人们用来实现生计目标的金融资源，既包括各种形式的储蓄，如现金、银行存款、珠宝等流动资产以及信贷，也包括定期的资金流入，如养老金或国家其他转移支付以及汇款。金融资本是人们在消费和生产过程中化解风险和危机的重要资源。

根据我国保护地原住民生计实际情况，本书提出了生计资本测度指标（表8-1）。

表 8-1　生计资本类型及对应属性变量

生计类型	变量定义
人力资本	家庭人数
	户均受教育年限（16岁及以上家庭成员受教育年限的平均值）
	家庭劳动力人数（16岁及以上无残疾或疾病的有劳动能力的成员）
	家庭参保人数（医保、社保或其他商业保险）
社会资本	参与某些社会组织、机构情况
	拥有除农林牧渔业以外的固定工作或收入（如政府工作人员、教师、医生等）情况
自然资本	家庭耕地面积，hm^2
	家庭林地面积，hm^2
	家庭草地面积，hm^2
物质资本	房屋面积，m^2
	家庭房屋/帐篷拥有情况
	拥有机动车数量（摩托车、轿车、卡车、拖拉机等）
	拥有大型家电数量（电视、冰箱、洗衣机、电脑等）
	家庭牲畜饲养量
金融资本	家庭年收入（不包括生态补偿收入），元
	家庭年生态补偿收入，元

第二节　农牧民生态行为识别

行为（behavior）指个体在满足自身需要、达到某一特定目标的动机驱动下表现出来的一系列活动过程（Kaiser，1998）。生态行为的研究起源于 20 世纪 60 年代，来自环境科学、社会学、心理学等多学科交叉领域的概念，形成了环境保护行为（environmental protection behavior）、环境友好行为（environmental friendly behavior）等多种名称及定义（Hines et al.，1987；Kaiser and Wilson，2004；Kaiser et al.，2003）。对于生态行为的研究，大多关注于行为本身（Maloney and Ward，1973；Pickett et al.，1993；Scott and Willits，1994；Weigel，1977）。无论研究目标是行为改变、行为后果亦或是行为决定因素，准确进行行为识别和测量是研究的前提条件（Hines et al.，1987；Leeming et al.，1993）。

一、生态行为基本概念

识别影响原住民的具体行为，有利于保护管理者制定有针对性的保护政策，减少保护与发展的矛盾，确保资源可持续利用。广义的生态行为既包括保护行为又包括破坏行为，如 Krajhanzl（2010）指出环境行为本身并不意味着人类行为可能对环境产生任何正面或负面影响，可以是任何与环境有关的人类活动，特别是那些对环境产生重大影响的行为，如能源、原材料利用，废物产生和污染。Stern（1997）将生态行为定义为对环境的影响，即行为在多大程度上改变了环境中物质或能量的可利用性，或改变了生态系统或生物圈本身的结构和动力学。狭义的生态行为则特指保护行为，强调个体为解决和预防生态环境问题而积极参与和采取的行动（Axelrod and Lehman，1987；孙岩，2006；Wu et al.，2020）。Hines 等（1987）将环境行为定义为基于个人责任感和利己价值观而实施的一种有意识行为，旨在避免或者解决环境问题。Steg 和 Vlek（2009）将其定义为对环境的危害最小或对其有益的行为，是促进可持续环境的理想行为。Kollmuss（2002）将环境行为定义为一种有意识地寻求对外部世界负面影响最小化的活动过程。

随着自然保护工作的推进，保护地的农民、牧民不再是单纯的生产者和消耗者，而是逐渐成为区域生态环境保护的主体，其生产行为与生态环境保护息息相关。本书中使用广义生态行为概念，既包括生态破坏行为，也包括生态保护行为，力求从两方面分析原住民与生态系统间的相互作用和反馈。前者的后果诸如生境破坏、生态多样性减少等；后者的效益主要体现在造林育林、退耕休渔等带来的生物多样性增加、水源涵养等。

二、保护地农牧民生态行为识别框架构建

本书对于保护地农牧民具体的生态破坏和保护行为识别如表 8-2 所示。

表 8-2　农牧民破坏和保护行为识别

生态行为		细化描述
生态破坏行为	资源过度利用行为	薪柴采集　乔木、灌木、草本植物如竹子、稻草等
		采挖活动　中草药、野菜、菌类
		偷猎盗猎　鸟类、哺乳类、爬行类等
	生产及污染排放行为	种植业　粮食蔬菜、其他经济作物
		养殖业　圈养猪牛羊，鸡、鸭等，水产养殖等
		畜牧业　牛、马、羊等
		药剂使用　农药、消毒剂、抗生素等
		农膜使用　地膜、大棚等
		化肥使用　复合肥、单元肥等
生态保护行为	减少资源利用量	减少薪柴采集
		减少采挖活动
		减少偷猎盗猎
		减少过度捕捞
	减少种植养殖	减少种植量、养殖量
		减少药剂使用
		减少农膜使用，使用可回收利用的
		减少化肥使用，施用有机肥、农家肥
	清洁能源利用	使用太阳能、天然气
	参与保护活动	保护、救助野生动植物
		宣传生态保护知识

1. 生态破坏行为

在中国，重要保护地往往与贫困地区重叠，这些社区地理位置偏僻，生产条件差。保护地内部及周边农牧民遵循自给自足的自然经济方式，长期依赖于区内的各种自然资源，农耕、狩猎、林木采伐、采药、放牧是他们传统的生产方式与生活来源，资源依赖型的初级产业占有绝对比重。为维持生计，保护地农牧民可能会存在以下破坏行为。①资源过度利用行为：如为盖房自用材、薪柴采集而乱砍滥伐，过度采挖中草药、山野菜，偷猎盗猎，竭泽而渔等，造成生境破碎，生物多样性锐减。②生产及污染排放行为：利用农田、林地、草地、水域资源发展

种植、养殖业，如种植粮食、蔬菜及其他经济作物，养殖（鸡鸭、猪牛羊），放牧（牛羊马），养鱼等，造成地表、地下水污染，土壤污染等；或者在种植、养殖过程中过度使用农药、化肥，造成生态环境破坏，如土壤板结、草地退化、水域污染等。

2. 生态保护行为

在传统生产生活过程中，一些与自然协调发展的理念也逐渐衍生出来，农牧民会自发的或者在政策指导下，开展如下自然生态保护。①减少资源利用量：如减少薪柴采集量，退耕还林、还草，退牧还草等；②减少种植养殖量：如合理采伐、耕种、放牧、养鱼；③清洁能源利用：使用太阳能、天然气等清洁能源；④参与保护活动：如担任管护员、护林员等生态公益岗，参与保护宣讲等。

第三节 案 例 研 究

一、赤水市多种类型保护地基本情况

（一）赤水市保护地类别及其介绍

赤水为贵州省县级市，由遵义市代管，位于贵州省西北部，赤水河中下游，土地面积为 1801.2km²。赤水自然地理环境特殊，自然条件得天独厚，被学者赞誉为"千瀑之市、竹子之乡、桫椤王国、丹霞之冠"。赤水市内有若干类型保护地，全市受保护地区面积为 7 万余公顷，占土地面积的 39.13%（表 8-3）。

表 8-3　赤水市主要保护地介绍

保护地名称	简介
中国丹霞·赤水世界自然遗产地	2010 年，经过联合国世界遗产委员会第 34 届世界遗产大会审议，贵州赤水与福建泰宁、湖南崀山、广东丹霞山、江西龙虎山和浙江江郎山捆绑作为中国丹霞列入《世界遗产名录》。赤水丹霞核心区面积为 273.64km²，缓冲区 448.14km²，总面积为 721.7km²，是中国丹霞项目中面积最大的丹霞景观
赤水国家级风景名胜区	1994 年，贵州省赤水风景名胜区被国务院批准列入第三批国家级风景名胜区名单。赤水风景名胜区位于贵州省西北部，面积为 1801km²，是国务院唯一以行政名称命名的国家级风景名胜区，以瀑布、竹海、桫椤、丹霞地貌、原始森林等自然景观为主要特色，兼有古代人文景观和红军长征遗迹
赤水桫椤国家级自然保护区	赤水桫椤国家级自然保护成立于 1984 年，是人民政府批准建立县级自然保护区。1992 年 10 月升格为国家级自然保护区，是世界上以桫椤及其生存环境为保护对象的唯一自然保护区，拥有世界上数量最多、面积最广的桫椤林区。自然保护区面积为 133km²。其中，核心区为 55km²，缓冲区为 40km²，实验区为 38km²。自然生态原始古朴，野生动植物种属丰富，珍稀保护动植物生存良好

保护地名称	简介
长江上游珍稀特有鱼类国家级自然保护区（赤水河段）	长江上游珍稀特有鱼类国家级自然保护区是在原"长江合江—雷波段珍稀鱼类国家级自然保护区"的基础上经过调整，2005 年由国务院批准成立的。保护区江段总长度为 1162.61km，总面积为 33 174.213hm²，涉及云南、贵州、重庆、四川三省一市。其中，核心区为 10 803.5hm²，缓冲区为 15 804.6hm²，实验区为 6566.1hm²。主要保护对象为白鲟、达氏鲟、胭脂鱼等长江上游珍稀特有鱼类及其产卵场
燕子岩国家森林公园	燕子岩国家森林公园总体规划经营面积为 1.04 万 hm²，森林覆盖率为 95.3%。公园里原始、原生植被丰富密集，生物物种为 1200 余种，其中国家及省重点保护的近百种
竹海国家森林公园	赤水竹海国家森林公园是赤水丹霞世界自然遗产核心区内著名景区，距离赤水城区 40km，公园占地面积为 1.07 万 hm²，其中楠竹面积为 3200hm²，拥有竹类 12 属 40 多种及 2 个竹变种，中亚热带常绿阔叶林植被带——贵州高原（偏湿性）常绿阔叶林地带保存完好，覆盖率高达 96%，林内物种繁多，有国家一类保护植物 3 种，国家二类保护植物 20 余种；国家二类保护动物 22 种
赤水丹霞国家地质公园	2012 年，国土资源部*批准赤水丹霞获得国家地质公园建设资格。公园内地质遗迹类型丰富多彩，发育并保存了国内连片面积最大、类型众多和最为典型的丹霞地貌景观与最为壮观的阶梯式瀑布群

*现为自然资源部

（二）赤水多类型保护地生态保护相关研究进展

从 20 世纪开始，中国众多学者开展过关于赤水市及赤水河流域生态保护的研究，主要包括以下 3 个方面。

一是保护地发展现状研究，如王献溥等（1987）、任晓冬等（2009）、杨龙和容丽（2006）、武鸿麟（2015）梳理了当地不同类型保护地如桫椤自然保护区、赤水风景名胜区的基本特点、保护现状、生物多样性等，并提出了有效管理该保护区的意见。周茜茜（2017）总结了赤水市在实施"旅游兴市"战略中，积极推进生态资源保护开发建设的做法，并提出促进旅游产业发展带动生态资源保护的建议措施。

二是保护地生态价值和生态补偿评估，如邱兴春等（2005）采用定量的方法对桫椤保护区生物多样性的直接实物价值、直接服务价值、间接经济价值、存在价值进行评估，以及对桫椤保护区生物多样性的保护效益进行分析。陈东晖（2014）等探究构建赤水河流域最佳生态补偿模式，指出应当在赤水河流域内同时推行上下游政府间共同出资和财政转移支付的流域生态补偿模式。

三是保护地周边居民相关研究，如刘青柄（1992）、赵心益（1994）通过调研了保护地内社区分布和农户生活及国有林场森林权属等，并提出了相应的开发利用措施。于霞等（2014）通过调查问卷的形式探索了赤水河两岸的村民在生态保护中的态度与行为。结果表明：沿赤水河两岸居住的部分村民的环保意识相对较低，居民的环保意识与所受教育程度有关，且居民了解环保知识的渠道单一，需要加强多渠道宣传；居民的日常生活和农耕对赤水河的污染较小，周围酒厂及小工厂的污染"贡献"较大。

二、实地调研及数据获取

2018年7月7日～7月30日，调查团队前往赤水市大同镇、官渡镇、葫市镇、元厚镇等8个乡镇，走访乡镇政府，并根据当地保护地级别、类型、成立时间和发展程度，选择了赤水国家级风景名胜区、赤水丹霞国家地质公园、竹海、燕子岩森林公园、桫椤国家级自然保护区等5个自然保护地，选取与保护地交叉分布的1～2个乡镇，每个乡镇随机抽取2～3个行政村，每个行政村内再随机抽取2～3个村民小组，就农户参与生态保护意愿、生态行为和生计资本等问题开展入户调查。预调查和正式调查共计完成367份问卷，获取了农民生计和保护行为、意识的一手资料。此次问卷调查对象分别来自8个乡镇17个村/社区，问卷访问对象具体分布见表8-4。

表8-4　赤水市保护地实地调研及问卷发放情况

调研阶段	调研时间 （月.日）	走访乡镇	走访地	发放问卷 （份）
预调查	7.7	元厚镇	五柱峰村、桫管局元厚站	8
	7.8	两河口镇	两河口镇政府、黎明村、马鹿村	7
	7.9	葫市镇、元厚镇	葫市镇政府、金沙村、五柱峰村	13
	7.10	丙安乡	丙安乡政府、艾华村、三佛村	9
	7.12	复兴镇	复兴镇政府、仁友村、凯旋村	9
	7.13	大同镇	大同镇政府、天桥村、四洞村	10
	7.16	宝源乡	宝源乡政府、回龙村、联华村	9
	小计			65
正式调查	7.18	元厚镇	高新村、五柱峰村	25
	7.19	葫市镇	尖山村、金沙村	32
	7.20	两河口乡	大坝村、黎明村	30
	7.23	官渡镇	仙鹤村	30
	7.24	官渡镇	金宝村	35
	7.25	复兴镇	凉江村、凯旋村、新兴社区	38
	7.26	大同镇	四洞沟村、民族村	38
	7.27	宝源乡	联奉村、回龙村	37
	7.30	丙安乡	三佛村、艾华村	37
	小计			302

正式调查中，有效问卷为 302 份，其中 71%是户主，样本男女比例为 2.3∶1，受访者多为中青年，年龄分布在集中在 40～60 岁，占到样本总数的 62%。

三、农民生态保护意识和保护态度现状分析

对于农户保护意识、行为方式与认知水平测度，结果见表 8-5。在生态保护态度、感知行为难易程度方面，绝大多数受访者乐于保护生态环境，超过一半的人认为自己的努力可以帮助改善当地的生态环境。40%的人认为保护生态环境比较简单或很简单，45%的受访者则认为较为困难。超过一半的受访者认为，想要改善生态环境，仅靠农民自己几乎是不可能的，主要应该靠政府。69%的受访者认为保护生态环境对自己的收入和生活水平没有影响。绝大多数受访者愿意积极配合政府开展保护生态的工作，即便没有补贴，仍有 87%的受访者愿意继续保护当地的生态环境。

表 8-5　赤水农民受访者生计资本统计表

生计类型	测量变量	变量定义	平均值（标准差）
人力资本	Member	家庭人数	3.57（1.46）
	Education	户均受教育年限	5.68（2.76）
	Labor	家庭劳动力人数	2.56（1.19）
	Insurance	家庭参保人数	3.16（1.47）
物质资本	House	房屋面积，m²	140.15（67.13）
	Vehicle	拥有机动车数量	0.74（1.89）
	Appliance	拥有大型家电数量	2.42（1.19）
	Livestock	家庭饲养牲畜，猪单位	1.18（4.24）
社会资本	Co-op	是否加入某些社会组织、机构	0.29（0.46）
	Career	是否有成员拥有除农林牧渔业以外的固定工作或收入	0.43（0.50）
自然资本	Farm	家庭耕地面积，亩	2.55（2.81）
	Forest	家庭林地面积，亩	10.62（15.68）
金融资本	Income	家庭年收入，元	27 955.66（31 604.01）
	Compen	家庭年生态补偿收入，元	939.64（1 460.86）

在保护行为意愿方面，一半以上的受访者不愿意放弃传统种植业或竹产业，而转向服务业经营活动；超过一半的受访者表示愿意劝阻或举报乱砍滥伐、捕猎等破坏行为；愿意向赤水河中投放鱼苗，以维持鱼类数量；愿意丰富自家林

地种植品种，改善林地结构。由于近两年生态好转，当地某些区域常会受到猴子、松鼠、猛禽等野生动物干扰，如偷吃粮食，掰挖竹笋破坏竹子生长等，问卷中也追加了受访者关于野生动物干扰的倾向问题，超过 70%的受访者不愿意伤害野生动物。

在生态保护宣传、社会规范方面，绝大部分受访者都会收到来自亲人、朋友以及乡镇政府部门对于生态环境保护的宣传或鼓励，并认为这些环保宣传知识是有用的，可以指导日常行为，比如更加愿意配合保护工作，自觉遵守保护制度。

在生态保护知识了解方面，对于生态保护名词，如生态红线、生态补偿等，超过一半的受访农户表示不了解或一般了解；而对于赤水市的主要生态保护政策，以及居住地周边保护地的情况，近一半的受访者表示较为了解。在生态保护关注情况方面，64%（32%+32%）的受访者比较关注或非常关注赤水市的生态环境状况，79%的受访者认为本市生态环境比较好或非常好，85%的受访者认为本市生态环境比 5 年前改善了，近 80%的受访者认为还需进一步改善当地生态环境。对于当地旅游的迅速发展，80%的受访者认为无需担心会对生态环境造成破坏。

四、原住民生计和保护行为现状分析

（一）保护地农户生计调查

根据本书提出的生计资本识别框架，从以下 6 个方面了解了农户的生计情况，问卷总体的生计统计数据见表 8-5。

自然资本：当地农民拥有的自然资本，主要使用其拥有的林地和耕地面积来表征。根据问卷调查结果，户均林地面积达 10.77 亩，人均耕地面积为 2.55 亩。对于土地流转情况，仅有 28 户（约占 9%）受访农户流转了自己的耕地，其中有21 户流转给村集体或企业开展集体种养殖（文字描述中有一部分只是增加额外解释信息，不作为指标）；对于林地，仅有 14 户（约占 5%）的受访农户流转了林地，其中 12 户为村里统一流转，为当地造纸企业提供竹原料。

物质资本：户均房屋面积为140.15m^2，户均大型牲畜如猪、牛、羊等，存栏量为 1.18 只，交通工具占有比例为 58.6%，由于赤水位于山区，地势起伏很大，农民出行大多依靠摩托车。

人力资本：主要用家庭人数、有劳动能力的人占家庭总人口比例以及户均受教育年限来表征。家庭人数平均为 3.57 人，劳动力比例为 72%，即可以从事农业或其他生产活动的约占总家庭人数的 3/4。户均受教育年限为 5.68 年，基本上达到小学毕业水平。

金融资本：主要用家庭收入和贷款来表征，受访者平均家庭年收入为 27 955.66 元，人均年获得生态补偿款为 936.64 元，主要包括退耕还林补贴、公益林补贴、低保等。通过收入来源分解，30%的家庭仍以种植/林业/养殖等为主要收入来源，第二和第三大收入来源为在本地打零工（24%）和外出打工（17%）。

社会资本：家庭参保人数比例为 90%，即大部分人至少有医保、新农保或者养老保险保障。户均外出务工人数比例，仅有 7.4%。

（二）保护地农户自然保护与破坏行为调查

根据前文提出的保护与破坏行为识别框架，对受访农民行为归纳如下。

1. 生态破坏行为

资源过度利用行为：通过统计，在土地划分之初，几乎每家都划分有"柴山"，薪柴仍是当地大多数农民的炊事燃料来源（65%），户均年薪柴使用量为 6.4t，剩下还有部分农民将薪柴作为日常燃料，但由于无法估计具体使用量故未填写具体数值。

过度采挖中草药、山野菜：根据统计，受访者均无采挖行为，如挖野菜、中草药、蘑菇、木耳等。

偷猎盗猎，竭泽而渔等：100%的受访者近三年内均未打过猎。

生产及污染排放行为，如发展种植、养殖业：养殖方面，户均养殖大型牲畜为 1.18 头（猪单位）；种植方面，只有 2%的家庭种植水稻等作物并出售，剩下的家庭种植行为均为自给自足之用，故无明显土地过度利用问题。

过度使用农药、化肥：52%的家庭仍会使用农药，如除草剂等，平均每年开支约为 164 元；37%的家庭有施肥行为，其中 12.5%的家庭使用的是粪肥，剩下的家庭使用的多为氮肥、钾肥或复合肥等,平均施用量约为 200 斤/年(1 斤=500g)。

2. 生态保护行为

主要生态保护行为主要通过受访农民对于问卷相应问题的自我报告结果来表征。如退耕还林比例和竹林的生态价值评估：在调查中，所有受访者家庭均参与了退耕还林工程，平均退耕面积为 5.5 亩，平均退耕面积占原有耕地比例为 64%。同时，对于各个家庭种植竹林的生态功能，如涵养水源、净化空气等，94%的农户家庭自我评估的结果是退耕的竹林具有一定的生态保护功能。竹林的养护：将近 90%的受访者不会对竹林打药施肥，剩下的受访者表示大多由村里统一施洒竹肥。综上可见，当地农户虽无突出的生态保护行为，但仍有很大的保护潜力可以挖掘，虽然没有直接的动力或动机，但如果通过适当的政策引导和激励，可以激发其更大程度地参与到生态保护当中来。

五、案例小结

本案例基于赤水市各主要保护地的农户调查数据分析了农户参与保护地生物多样性保护的态度、生态行为与生计资本等现状，主要得出以下研究结论。

受访农户大多接受过教育，平均受教育水平在小学程度，目前收入主要来源仍是务农伐竹和本地打零工，平均年收入水平为 32 922 元，户均林地面积达 10.77 亩，人均耕地面积为 2.55 亩。关于农户的生态保护和破坏行为，调查可得基本无种植和养殖大户，水稻、蔬菜种植，生猪养殖多为自给自足。户均年薪柴采集量为近 6t，对山野菜、中草药无采挖行为，农户平均年农药购买金额为 164 元，化肥购买量约每年 200 斤。大部分农户未对竹林统一施肥。

从农户生态保护认知水平来看，对于生态保护的一些专有名词虽然普遍了解程度不高，但是大多数农户都对居住地周边的保护地和相关的保护政策较为了解，说明保护地的成立对提高当地居民的保护意识有所帮助。多数农户对保护都持较为积极态度，且具有良好的生态保护舆论环境，即政府大力宣传，家人、朋友积极鼓励等。生计资本的提高和保护意识的提高，也会对农户行为产生正面影响。

在调研中，我们也发现，当地农户虽无太多主动的生态保护行为，但对于保护行为都表现出了很高的意愿，如参与野生动物救助、愿意进一步改善种植结构、劝阻打猎和乱砍滥伐行为等，但可能苦于无资金支持或技术支撑。可见，在当地生态保护工作基础较好的背景下，除了持续提升农户生活水平，未来的生态保护工作很大程度上要从对其保护意愿的激发入手，进一步挖掘潜力，通过适当的政策引导和激励，可以激发农户更大程度地参与到生态保护当中来。

第九章　保护地原住民行为影响模型
构建及其政策调控技术

要缓解原住民对保护地的干扰，就要了解其保护意愿、行为及其影响因素，探究其生态保护行为调控机制，以优化相应的政策措施，从而实现生态保护和经济社会的双赢。在农牧户行为识别、生计资本识别以及行为影响因素识别、文献综述的基础上，本章构建了原住民行为影响模型及其政策调控技术，并在案例地开展实证研究。

第一节　行为影响模型构建理论基础

关于人类行为影响机制的研究，最早可以追溯到 Fishbein（1963）的多属性态度理论，他提出行为态度决定行为意向，预期的行为结果和结果评估又决定行为态度。Fishbein 和 Ajzen（1975）据此发展出了理性行为理论，认为行为意向是决定行为的直接因素，受行为态度和主观规范的影响；Ajzen 于 1991 年提出计划行为理论（Theory of Planned Behavior，TPB），是目前应用最为广泛的行为理论框架之一（Spash et al.，2009），该理论认为非个人意志可完全控制的行为不仅受到行为意向的影响，还受到行为人实际控制条件的制约；行为态度、主观规范和感知行为控制是决定行为意向的 3 个主要变量（Ajzen，1991），如图 9-1 所示。

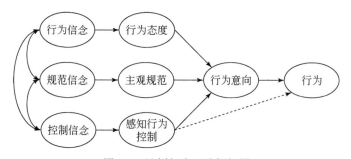

图 9-1　计划行为理论框架图

行为意向（intention，IN）表示一个人准备好执行某一特定行为，它被认为是行为的直接前因。行为意向受到行为态度和主观规范的影响，分别由其对于行为和研究对象的重要性进行加权，同时还受到感知行为控制的调节。行为态度（attitude towards behavior，AB）是指个体对某种行为表现的喜恶程度的评价。主观规范（subjective norm，SN）是指是否执行某一行为时所感受到的社会压力。行为的成功表现不仅取决于有利的意图，还取决于足够的行为控制水平。感知行为控制（perceived behavioral control，PBC）是指个体感知到的对其执行特定行为的能力。

行为（behavior）是对于给定目标在特定情况下的明显、可观察的响应，会受到内部和外部不确定因素的影响。行为意向考察的是主观因素，而感知行为控制则作为实际行为控制的代理变量，涉及对行为客观制约因素的评估，会增强或减弱意向对行为的影响，使得有利意向仅在感知到的行为控制强烈时产生行为。

中国的社会心理学理论研究者从 20 世纪 90 年代也开始关注有关理性行为理论和计划行为理论的研究，并进行了实证研究，计划行为理论也逐渐引入生态保护领域，如运用计划行为理论的模型来分析自然保护意愿（Zhang and Li，2017）、雾霾治理行为和意愿（汤艳，2018）、耕地保护行为（李阳，2012）等。

本书在计划行为理论模型的基础上，提出了一个扩展模型（图 9-2），以此构建潜变量及其测量变量，并建立模型结构。模型中共包含 4 个因素（潜变量）：农牧民的生态保护行为意向、生计资本、当地生态保护政策效应和农牧民的具体生态保护行为。生态保护行为指个人或家庭对周边生态环境直接和间接施加影响的活动；生计资本指个人或家庭所拥有和获得的、能用于谋生和改善长远生活状况的资产、能力和有收入活动的集合；行为意向指农牧民参与生态保护的意愿；生态保护政策即影响农牧民生计和行为的生态保护政策的落实及其作用。

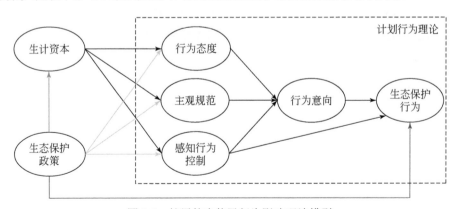

图 9-2　扩展的农牧民行为影响理论模型

根据计划行为理论中原始变量内涵及路径关系，本书定义生态保护行为（ecological conservation behavior，ECB）为原住民所执行的生态友好行为/活动，是生态保护的预期效果，是一种狭义的生态环境行为；生态保护行为意向

（behavioral intention，IN）指原住民的保护动机和意图，直接决定着保护行为，并受个体对生态保护的看法和评价，即行为态度（attitude toward behavior，AB），从家人、邻居或政府等处所感知到的参与保护的社会激励或压力，即主观规范（subjective norm，SN）和感知到的执行生态保护的能力或难易程度，即感知行为控制（perceived behavioral control，PBC）的共同影响。本书将保护行为态度、主观规范和感知行为控制统称为生态保护认知（conservation awareness），个体的保护态度越积极，周边投入保护工作的正面参照和激励越多，对实施保护行为的能力越自信，保护行为意向就越强，保护行为落实越容易。此外，感知行为控制作为客观存在的行为障碍或困难，即实际行为控制（actual behavior control）的表征，也会直接影响着原住民生态保护行为。据此，可以提出以下基本假设：

1）H1.原住民的生态保护行为态度、主观规范和感知行为控制等保护认知对其保护行为意向有积极影响（AB/SN/PBC→IN）。

2）H2.原住民的保护行为意向对其生态保护行为有积极影响（IN→ECB）。

3）H3.原住民的感知行为控制对其生态保护行为有积极影响（PBC→ECB）。

同时，通过对计划行为理论的扩展研究，引入外在客观因素，探索家庭人口统计特征、社会经济特征以及保护地政策、措施等对原住民保护意愿、行为的影响。基于英国国际发展部（1999）提出的可持续生计分析框架，将上述研究中涉及的客观社会经济特征归纳为"生计资本（livelihood assets，LAs）"变量，由人力、物质、自然、金融和社会等五种子资本共同表征并纳入计划行为理论，提出保护地原住民生态保护行为理论框架，在计划行为理论基础上增加如下路径假设：

4）H4.原住民的生计资本对其保护行为态度、主观规范和感知行为控制有积极影响（LAs→AB/SN/PBC）。

结合案例地的实际情况，本书还将保护地各类保护政策（conservation policy，CP）的调控细化为三种功能。①宣传教育功能（propaganda and education，CPPE）：通过提高行为态度（AB）、主观规范（SN）和感知行为控制（PBC），从而间接调控原住民保护意向（IN）与行为；②命令控制功能（command and control，CPCC）：直接作用于激励原住民的生态保护行为（ECB）；③生态补偿功能（ecological compensation，CPEC）：通过增强原住民的生计水平（LAs），从而间接调控其保护意向与行为。上述保护政策变量的调控直接作用路径假设为：

5）H5.保护地保护政策对原住民行为态度、主观规范和感知行为控制有正向影响（CPPE→AB/SN/PBC）。

6）H6.保护地保护政策对原住民的生态保护行为有正向影响（CPCC→ECB）。

7）H7.保护地保护政策对原住民的生计有正向影响（CPEC→LAs）。

第二节　基于结构方程模型的原住民保护行为影响建模

结构方程模型（structural equation modeling，SEM）起源于 Selltiz 提出的路径分析概念，融合了传统多变量统计分析中的因子分析与回归分析，是通过变量的协方差来分析其内部结构以及因果关系的多变量测量解释模型（Bentler，1994；MacCallum and Austin，2000）。由于 SEM 没有严格的假定限制条件，可以同时考虑交互作用、非线性关系、自变量相关、测量误差、多指标外生及内生潜在变量等（Narayanan，2012），其假设验证和分析能力超越了传统的方差分析和多元回归分析等统计技术（Kline，2016）。SEM 的一项重要用途是对理论假设提出的某些潜在变量之间的关系进行解释和预测（Hayduk et al.，2007）。近几十年来，SEM 已经成为社会和行为科学中越来越流行的一种统计工具，对实验数据和非实验数据均可进行处理（Fan et al.，1999；Hayduk et al.，2007）。在行为理论模型的实证分析上，结构方程模型是一种重要的建模方法，也是检验计划行为理论模型推荐方法之一（Dillon and Kumar，1985；Ajzen，1991），估计所得的标准化回归系数或路径系数可以预测变量的相对重要性/权重。

一、结构方程原理

结构方程模型（structural equation modeling，SEM）是对理论假设提出的某些潜在变量之间的关系进行建模和解释的统计工具，一般包括结构模型和测量模型两部分。一个简化的结构方程模型如图 9-3 所示。

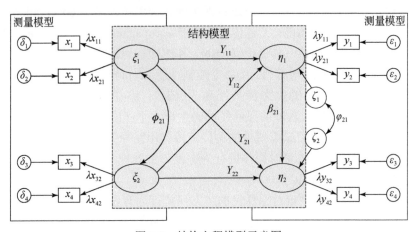

图 9-3　结构方程模型示意图

结构模型（structural model）或潜变量模型（latent variable model），主要用于反映潜变量之间的因果关系，也是理论假设中想要验证或探究的重点。如图 9-3 中虚线框中的部分。其中，潜变量（latent variable）是指无法直接观测的变量，需要通过相应指标设计进行间接测量，根据潜变量之间的相互作用关系又可分为外生潜变量（exogenous latent variable），ξ 仅指向/影响其他变量的潜变量如图 11 中的 ξ_1、ξ_2 和内生潜变量（endogenous latent variable），η 受其他变量包括外生或内生潜变量影响的潜变量如图 9-3 中的 η_1、η_2。结构模型即为内生潜变量对应的方程。

$$\eta = B\eta + \varGamma\xi + \zeta \tag{9-1}$$

式中，ζ 是结构方程的残差项反映，η 中未被解释的部分相当于回归方程残差项 B 是内生潜变量系数矩阵，描述内生潜变量 η 的相互作用关系，$\varGamma$ 是外生潜变量系数矩阵描述外生潜变量 ξ 对内生潜变量 η 的影响。潜变量 ξ 的协方差阵记为 Cov $(\xi)=E(\xi\xi')=\varPhi$，残差项 ζ 的协方差阵记为 Cov $(\zeta)=E(\zeta\zeta')=\varPsi$。结构模型的前提假设条件为 η、ξ、ζ 均值为零；ξ 与 ζ 不相关；$(I-B)$ 为非奇异矩阵。

测量模型（measurement model）或验证性因子模型（confirmatory factor model）用于反映、验证潜变量及其指标之间的假设关系，如图 9-3 中实线框中的部分。测量变量 observed variable 或指标指可以直接观测的变量可分为外生潜变量 ξ 的测量变量外生测量变量 x 如图 11 中的 x_1、x_2、x_3、x_4 以及内生潜变量 η 的测量变量（内生测量变量 y）如图 9-3 中的 y_1、y_2、y_3、y_4。测量模型对应方程为

$$x = \varLambda_x\xi + \delta \tag{9-2}$$

$$y = \varLambda_y\eta + \varepsilon \tag{9-3}$$

式中，δ 是 x 的测量误差 ε 是 y 的测量误差 $\varLambda_x$ 是 x 在 ξ 上的因子载荷构成的系数矩阵 $\varLambda_y$ 是由 y 在 η 上的因子载荷构成的系数矩阵。y 的测量误差 ε 的协方差矩阵记为 Cov $(\varepsilon)=E(\varepsilon\varepsilon')=\varTheta_\varepsilon$；$x$ 的测量误差 δ 的协方差矩阵记为 Cov $(\varepsilon)=E(\delta\delta')=\varTheta_\delta$。测量模型的前提假设条件为：$\eta$、$\varepsilon$、$\xi$、$\delta$ 均值为零；η 与 ε，ξ 与 δ 不相关。

一个完整的结构方程模型即反映潜变量之间关系的因果模型（结构模型）以及反映潜变量和对应测量变量之间关系的因子模型（测量模型）的结合。假设模型总体协方差矩阵为 $\varSigma$，表示为一组待估参数 θ 的函数 $\varSigma(\theta)$，当模型正确且参数已知，总体的协方差矩阵就能够被准确地重复出来，即

$$\varSigma = \varSigma(\theta) \tag{9-4}$$

以图 9-3 所示的结构方程模型为例可得，总体协方差矩阵为

$$\varSigma = \begin{pmatrix} Y' \\ X' \end{pmatrix} = \begin{pmatrix} \mathrm{Cov}(Y,Y) & \mathrm{Cov}(Y,X) \\ \mathrm{Cov}(X,Y) & \mathrm{Cov}(X,X) \end{pmatrix} \tag{9-5}$$

故含有待估参数的总体协方差矩阵为

$$\Sigma(\theta) = \begin{pmatrix} \Lambda_y A(\Gamma \Phi \Gamma' + \Psi)A'\Lambda_y' + \Theta_\varepsilon & \Lambda_y A\Gamma \Phi \Lambda_x' \\ \Lambda_x \Phi \Gamma' A'\Lambda_y' & \Lambda_x \Phi \Lambda_x' + \Theta_\delta \end{pmatrix} \tag{9-6}$$

其中，$A=(I-B^{-1})$。B 为内生潜变量系数矩阵，Λ_y 为 y 到 η 的因子载荷，Λ_x 为 x 到 ξ 的因子载荷，Ψ 为方程误差项 ζ 的协方差矩阵，Φ 为潜变量 ξ 的协方差矩阵，Θ_ε 为 x 的残差 ε 的协方差矩阵，Θ_δ 为 y 的残差 δ 的协方差矩阵。

利用样本协方差矩阵 S 代替 Σ 则可以建立 S 与 $\Sigma(\theta)$ 就是 8-4 和 8-6 中的函数，下同之间的联系。S 数据已知但内部关系不明确而 $\Sigma(\theta)$ 建立的矩阵关系明确但参数需要估计。令两个矩阵相等即其相应位置元素分别相等便可将待估参数 θ 表示出来。故结构方程模型估计的基本假设是

H_0: $\Sigma(\theta) = S$, $\Sigma(\theta)$ 与 S 的差距为 0; H_1: $\Sigma(\theta) \neq S$, $\Sigma(\theta)$ 与 S 之间存在差距。

二、路径假设及变量选择

对于潜变量及其测量变量/指标的设定，首先将计划行为理论框架中的原始变量均作为结构方程模型中的潜变量，即行为态度（AB）、主观规范（SN）和感知行为控制（PBC）等生态保护认知，分别使用问卷调查中的相关问题进行表征和测量如表 9-1 所示。相关问题选项使用李克特五级量表（Likert 5-point scale）来引导受访者表达肯定或否定意见（非常同意→非常不同意：5→1）。对于生态保护行为意向（IN）同样使用李克特五级量表进行调查，根据案例地具体情况设计问题，询问农牧民对于野生动物、野生植物的保护意愿，以及自身参与生态保护行为的意愿。生态保护行为（ECB）的测量则将根据案例地农牧民对生态环境可能造成较大影响且与其生产生活息息相关的指标，由受访者自我报告相关数值。政策作用使用李克特五级量表进行调查，包括三方面内容：一是农民对政策的满意度，二是政策对牧户家庭生活提高的作用评价，三是政策对当地生态环境改善的作用评价。

表 9-1　生态保护认知潜变量及其测量变量的定义

潜变量	测量变量	调查问卷中对应问题描述
行为态度（AB）	AB1	即便没有生态补偿，我也愿意保护当地的生态环境
	AB2	我平时关注身边生态环境变化，比如草长得好不好，水清不清
	AB3	生态保护是重要的国家政策，我支持其执行
主观规范（SN）	SN1	我平时保护生态环境的意愿会受别人（如家人、朋友、邻居等）的影响
	SN2	我周围的人，如朋友、亲人等，认为我应该保护生态环境
	SN3	我所在的乡镇或村政府认为我应该保护生态环境

续表

潜变量	测量变量	调查问卷中对应问题描述
感知行为控制（PBC）	PBC1	在保护生态环境的同时，我的家庭能维持一定的收入和生活水平
	PBC2	对我来说，参与生态保护并作出贡献比较容易
	PBC3	我的努力确实能对当地生态保护产生一定的作用

生计资本的测量变量选取如表 9-2 所示，数据获取也来自问卷调查中受访农户的自我汇报并对数据进行标准化处理以消除量纲的影响。与行为理论模型中其他变量 AB、SN、PBC、IN 和 ECB 不同的是，生计资本测量变量使用五种生计资本子类型的算术平均值来表达，作为直接测量变量参与生态保护行为结构方程建模。

表 9-2　生态保护行为结构方程模型生计资本测量变量定义

生计类型	测量变量	变量定义
人力资本	Member	家庭人数
	Education	户均受教育年限（16 岁及以上家庭成员受教育年限的平均值）
	Labor	家庭劳动力人数（16 岁及以上无残疾或疾病的有劳动能力的成员）
	Insurance	家庭参保人数（医保、社保或其他商业保险）
物质资本	House	房屋面积，m²
	Tent	是否拥有帐篷（牧区案例，是=1，否=0）
	Vehicle	拥有机动车数量（摩托车、轿车、卡车、拖拉机等）
	Appliance	拥有大型家电数量（电视、冰箱、洗衣机、电脑等）
	Livestock	家庭饲养牲畜，猪单位/牦牛单位*
社会资本	Co-op	是否加入某些社会组织、机构（如村合作社等），是=1，否=0）
	Career	是否有成员拥有除农林牧渔业以外的固定工作或收入（如政府工作人员、教师、医生等）
自然资本	Farm	家庭耕地面积，公顷
	Forest	家庭林地面积，公顷
	Pasture	家庭草地面积，公顷
金融资本	Income	家庭年收入（不包括生态补偿收入），元
	Compen	家庭年生态补偿收入，元

* 根据农业行业标准《天然草地合理载畜量的计算》（NY/T 635—2015）及当地习俗赤水市案例地农户饲养牲畜都转化为猪单位，1.5 只羊相当于 1 只猪，30 只鸡相当于 1 只猪；三江源国家公园牧户饲养牲畜都转化为牦牛单位 5 只羊相当于 1 只牦牛，1 匹马相当于 1 只牦牛，下同

三、模型检验

结构方程模型的建立，需要进行信度效度检验以及适配度检验。信度（reliability）指测量结果（数据）一致性或稳定性的程度。一致性主要反映的是测验内部题目之间的关系，考察测验的各个题目是否测量了相同的内容或特质。稳定性是指用一种测量工具（譬如同一份问卷）对同一群受试者进行不同时间上的重复测量结果间的可靠系数。本书拟使用 Cronbach's Alpha 系数进行信度检验。效度指测量工具能够正确测量出所要测量的特质的程度。本书将使用平均提取方差值（AVE）、收敛效度（CR）等指标进行效度检验。

模型拟合指数是考察理论结构模型对数据拟合程度的统计指标（表 9-3）。不同类别的模型拟合指数可以从模型复杂性、样本大小、相对性与绝对性等方面对理论模型进行度量。结构方程模型的拟合指标主要包括绝对适配度指数、增值（相对）适配度指数和简约适配度指数。本书将选取绝对拟合指数中的 χ^2、RMSEA、GFI，相对拟合指数中的 NFI、TLI 和 CFI，在简约拟合指数中的 PGFI 和 χ^2/df，进行检验。这些指标在相关文献中的使用较为普遍，多数指标判断值的公认度也比较高。实际研究中，拟合指数的作用是考察理论模型与数据的适配程度，并不能作为判断模型是否成立的唯一依据，还需要根据所研究问题的背景知识进行模型合理性讨论。

表 9-3　SEM 部分拟合指数及其评价标准

指数名称		评价标准
绝对拟合指数	χ^2（卡方）	越小越好
	GFI	大于 0.9
	RMSEA	小于 0.05，越小越好
相对拟合指数	NFI	大于 0.9，越接近 1 越好
	TLI	大于 0.9，越接近 1 越好
	CFI	大于 0.9，越接近 1 越好
简约拟合指数	PGFI	大于 0.05
	χ^2/df	1～3

第三节　案例研究

本节案例研究同样使用赤水多种类型保护地的问卷调查结果，展开进一步分析和结构方程建模。

一、生态保护政策落实效果调查

1. 退耕还林

赤水是最早实施退耕还林的地区之一，于 2001 年被列入国家试点，目前累计实施退耕还林 58.7 万亩，涉及全市 16 个乡镇街道办事处和四家国有企业、农户 5 万余户。全市现有竹林面积达 132.8 万亩，农民人均拥有竹林面积达 6 亩，森林覆盖率从 2000 年的 63%增加至 2018 年的 83%。

赤水首批退耕还林的生态林补助年限为 8 年，给予农户一次性补助种苗费每亩 50 元，每亩退耕地每年补助粮食 150kg、现金 20 元、粮食调运费 9 元（赤水市林业局，2019a）。2004 年起，退耕还林粮食补助以粮食折现金形式（每斤 0.7 元）进行兑现（贵州省人民政府，2004）；2007 年退耕还林补助期满后，延长 8 年继续对退耕农户给予适当的现金补助，补助标准为每亩退耕地每年补助现金 105 元、粮食调运费 9 元、生活补助费 20 元（贵州省人民政府，2007）。

根据实地调查结果，94%的受访者参与过退耕还林，大部分家庭退耕时间较早，已经进入退耕还林开始后的第二个 8 年阶段；对于其中少部分已经不再领取退耕还林补贴的家庭，引导受访者回忆此前领取补贴时的情况进行作答（表 9-4）。对于补贴下发的及时程度和补贴金额，绝大多数的受访者较为满意（90%、84%）；对于退耕所种毛竹、杂竹等的产量和销售渠道，大多数农民（74%）也较为满意。对于政策实施对林地保护的影响，90%以上的受访者表示目前已经观察不到乱砍滥伐、毁林开荒行为。77%的受访者认为退耕还林实施后，生活水平有所提高。

表 9-4 赤水市多类型保护地退耕还林政策调查结果

■ 非常不同意，■ 比较不同意，■ 一般，■ 比较同意，■ 非常同意

2. 生态护林员岗位设置

2016 年起，赤水市开展了就地引导建档立卡贫困人口转换为生态护林员的工作，在每个村民小组面向贫困家庭聘任 1~2 名生态护林员，引导他们参与到生态保护工作中来，同时帮助其脱贫致富。截至 2019 年，全市累计选聘建档立卡贫困人口生态护林员 1945 人次，每人每年平均增加工资性收入 10 000 元（赤水市林业局，2019b）。护林员主要负责对所辖片区竹林进行定期巡护、除草，火灾隐患排查以及消防安全宣传等工作，定期参加林业部门组织的培训，掌握常见病虫害防治、野生动植物识别、消防安全、森林火灾防控等方面的知识，以及组装喷粉喷雾机、现场喷除、一般性虫害药调配等技术，以更好地保护当地生态环境。

在调查中，有 11%的受访者担任了当地的生态护林员、林管员或者林业安全员。60%以上的护林员对工资和工作强度满意；绝大部分人（96%）表示成为护林员提高了家庭生活水平；护林员岗位设置及工作对保护森林有一定的作用（97%）；而 33%的受访护林员表示，如果有机会还是愿意从事其他工作，如打工或做生意（表 9-5）。

表 9-5　赤水市多类型保护地生态护林员岗位调查结果

■非常不同意，■比较不同意，■一般，■比较同意，■非常同意

3. 易地扶贫/生态移民搬迁

为减少保护地禁止开发、限制开发区域的环境压力，改善原住民生活条件，2013 年，贵州省批复了《贵州省扶贫生态移民工程规划（2012—2020 年）》，要求将生态区位重要、生态环境脆弱以及生存条件极差地区的 200 万农村人口搬迁到城镇或产业园区安置。自 2014 年以来，赤水市开展易地扶贫/生态移民搬迁累计1.8 万余人，在省级补助的基础上（建档立卡贫困人口人均住房补助 2 万元、非贫困人口人均住房补助 1.2 万元），对城区安置贫困家庭和非贫困家庭分别再给予每户 6.5 万元和 4 万元的购房和装修补助资金。对于保护地外围或非核心区的部分不愿搬离原有居所的农户，协助其进行房屋、基础设施修缮和生计转型，如桫椤

国家级自然保护区实验区中分布有常住居民百余人，主要开展养蜂、杨梅种植等绿色农业项目。

此次问卷调查的有效样本中，有 16%的受访者（47 户）为易地扶贫/生态移民搬迁户，80%以上的受访者反映移民搬迁前政府广泛征求了农户意见，79%的人对补贴金额或安置房比较满意；66%的受访者认为搬迁之后家庭生活水平提高了；搬迁之后，原有旧房需要拆除复垦，故有 67%的受访者认为移民后原住址的生态环境能得到恢复和改善（表 9-6）。

表 9-6 赤水市多类型保护地生态搬迁政策调查结果

移民搬迁政策调查问题	题项回答
移民搬迁时，政府提前征求了我的意见	
我对补贴金额或安置房比较满意，新住处生活更方便	
我原有耕地/林地都流转了，流转费我也比较满意*	
移民搬迁之后我家庭的生活水平有所提高	
移民后原住址生态环境能得到恢复	80% 60% 40% 20% 0% 20% 40% 60% 80% 100%

*回答中比例加和为 55%，有 45%的受访者原有土地未流转。■ 非常不同意，▨ 比较不同意，▨ 一般，▨ 比较同意，■ 非常同意

4. 发展生态旅游

赤水市于 2000 年左右确立了"旅游兴市"发展战略，让保护地周边原住民享受自然资源改善和生态旅游发展带来的红利，成为当地转型发展、脱贫致富以及激励原住民参与生态保护的重要方式。目前得到开发的旅游资源涉及葫市镇、元厚镇、大同镇、复兴镇、两河口镇下辖的竹海、四洞沟、佛光岩、桫椤、大瀑布、燕子岩等六大景区，总面积约为 433km^2。

为了保持景观和生态系统的相对完整，部分未迁出的原住民村落及其土地被划入景区，由景区对农户林地统一流转、规划并管理维护，不再由个人经营。对于农户转产就业，采取就地务工方式，在景区内为村民提供"扶贫就业岗"，优先支持当地原住民开展商业经营，如免费提供景区经营摊位，供其销售土特产、简餐等；吸纳农民从事观光车司机、景区保洁等工作。同时作为补偿，由运营景区的赤水市旅游发展有限公司每年将门票收入的一部分拨付给各镇政府（不同景区比例约为 2.5%～5%不等）并分发到农户，根据淡旺季收入不同，补偿额平均约合每亩土地 400～500 元/（年·户）。依托景区的辐射效应，周边也有部分村镇进行了生态旅游开发，如两河口镇黎明村在政府扶持、旅游公司结对帮扶和村民集资下开发了漂流基地，完善了当地基础设施建设并对村民进行生态旅游转产引导

（王婉等，2019）。

在调查中，有6%的受访者居住在景区内，所拥有竹林或耕地划入景区统一管理，大多来自于大同镇和葫市镇。其中，37%的受访者每年获得了一定的景区分红作为补偿，近一半的人（48%）对于补偿金额不满意；48%的人表示景区对其转型就业给予了一定的帮助；42%的受访者认为在景区营业后，生活水平有所提高（表9-7）。

表9-7　赤水市多类型保护地发展生态旅游情况调查结果

发展生态旅游调查问题	题项回答
对于划进景区的竹林，景区或政府每年给我补偿	
我对补偿金额满意	
土地被占用对我的生活水平影响不大	
景区营业之后，我的生活水平比原来高了	
景区对于我的就业给予了一定的帮助，如我可以在景区上班，或经营小卖部	

■非常不同意，■比较不同意，■一般，■比较同意，■非常同意

5. 赤水河流域全面禁渔

为更好地修复水域生态环境，农业部①于2016年发布了赤水河流域全面禁渔的通告，要求在该流域从2017年起实施10年全面禁渔，禁止一切捕捞行为。赤水市于2016年8月30日发布了《赤水河赤水段永久禁渔通告》《赤水河流域捕捞渔民转产转业工作方案》，经过征收渔船网具、产业扶持和再就业培训等过程，赤水河流域164户渔民、213艘渔船全部转产上岸。赤水市农牧局对渔民的渔具、渔船等设施进行第三方评估并照价赔偿；在禁渔实施后的三年过渡期，参照渔业资源增值保护费进行补助（一次性补贴56 400元/户），并给予每户启动资金2万元，辅助以贷款贴息、小微企业税收优惠和补助等其他优惠政策，鼓励渔民发展其他生计。

由于全市渔民数量较少且分散于城区和各乡镇，问卷调查中未抽取到相关原住民样本，而是通过对乡镇的调研了解部分渔民转产上岸的情况：复兴镇2016~2017年上岸渔民22户，共计渔船30艘，兑现补助资金431万元；大同镇2016年上岸渔民12户，补助资金200万元，渔民经过就业培训实现稳定转产，其中8户务工就业、2户经营景区餐饮、2户在市区经营建筑材料销售；丙安镇2017年共3户渔民上岸，3户都以捕鱼为副业，从事有其他种植、经营活动，平稳转产。

——
① 现农业农村部

二、保护地农户行为影响模型及结果

（一）样本数据信度效度和拟合指数检验

表 9-8 中展示了样本数据的信度和效度检验。可见各测量变量的因子载荷系数均在 0.7 以上，对潜变量解释程度较好。参数 KMO、球形度 $p<0.001$ 的 Bartlett 检验均证明数据均适用于因子分析。Cronbach's α 值为 $0.61\sim0.77$，大于可接受的阈值 0.60，也表明潜变量可以通过其相关的测量变量很好地解释。收敛效度（CR）介于 0.79 和 0.90 之间，符合建议的 0.60 标准。每个潜变量的平均方差提取（AVE）（$0.56\sim0.75$）也符合建议的标准 0.50。因此，验证了构建体的可靠性和有效性对于本研究是可以接受的。对于赤水农户行为模型检验的拟合指数如表 9-9 所示。可见，模型拟合程度较好。

表 9-8　赤水案例样本数据信度效度检验

潜变量	观测变量	因子载荷	Cronbach's α	AVE	CR
行为态度	AB1	0.75	0.67	0.63	0.83
	AB2	0.79			
	AB3	0.83			
主观规范	SN1	0.75	0.68	0.61	0.82
	SN2	0.78			
	SN3	0.81			
感知行为控制	PBC1	0.77	0.66	0.60	0.82
	PBC2	0.77			
	PBC3	0.78			
保护意向	IN1	0.77	0.69	0.62	0.83
	IN2	0.79			
	IN3	0.79			
保护行为	B1	0.75	0.66	0.59	0.81
	B2	0.77			
	B3	0.79			
退耕还林	GTGP1	0.70	0.61	0.56	0.79
	GTGP2	0.76			
	GTGP3	0.79			

续表

潜变量	观测变量	因子载荷	Cronbach's α	AVE	CR
	ER1	0.93	0.77	0.75	0.90
生态管护员	ER2	0.83			
	ER3	0.84			
	EM1	0.900	0.79	0.74	0.90
异地扶贫/生态移民搬迁	EM2	0.774			
	EM3	0.904			
整体 Cronbach's α		0.827			
Kaiser–Meyer–Olkin（KMO 检验）		0.852			
Bartlett test of sphericity（Bartlett 检验）		<0.001			

表 9-9　赤水多类型保护地农户行为影响模型拟合指数

适配指标	建议值	生态移民	管护员	退耕还林	总模型
GFI	>0.9	0.896	0.915	0.910	0.897
RMSEA	<0.08	0.041	0.042	0.044	0.049
NFI	>0.9	0.920	0.919	0.919	0.874
TLI	>0.9	0.907	0.904	0.905	0.852
CFI	>0.9	0.918	0.917	0.917	0.871
PGFI	>0.5	0.735	0.720	0.726	0.719
χ^2/df	$1<\chi^2/df<3$	1.496	1.531	1.590	1.712

（二）单一保护政策作用下三江源牧民行为影响模型

面向赤水市不同类型保护地的调研，除生计水平和保护意识的调查之外，主要包含了扶贫/生态移民、退耕还林、护林员、全面禁渔、景区划分土地等政策的调查。由于在实地调研过程中，未采访到受到禁渔影响的农户，故未参与结构方程模型建模，只做定性描述。景区使用政策与保护地生态保护并不直接相关，未参与最后的组合政策建模。最终只将前三项政策纳入结构方程模型进行单一影响和组合影响的建模。

对于政策的影响而言，在生态移民单一政策行为影响模型中（图 9-4），政策的直接影响主要作用于三个方面：一是对保护行为，路径系数为 0.15，要小于行为意向对保护行为的直接作用（路径系数为 0.30）；二是农民保护心理认知因素，即行为意向、主观规范和感知行为控制，路径系数分别为 0.76、0.70 和 0.51，三是对生计资本的促进作用，路径系数不显著。退耕还林单一政策行为影响模型（图 9-5）显示出相似的结果，对农民保护行为的直接影响路径系数为 0.20，对行为态度、主观规范和感知行为控制的影响大小分别为 0.80、0.70 和 0.50，对生计资本的提升作用不明显。生态护林员单一政策行为影响模型中（图 9-6），这一政策措施仅通过影响行为态度（路径系数为 0.40）、主观规范（路径系数为 0.61）和感知行为控制（路径系数为 0.51）对农民行为产生间接影响，对于生计资本和保护行为并无直接显著影响。

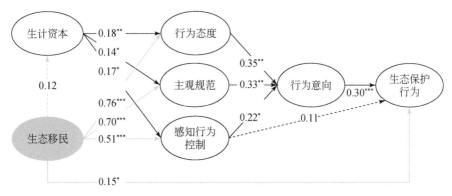

图 9-4　生态移民政策单一政策行为影响模型结构图

***表示 p<0.001，**表示 p<0.01，*表示 p<0.05。实线表示显著的路径，虚线表示不显著的路径。为了模型图的清晰简明，未绘制展示测量变量和残差项，下同

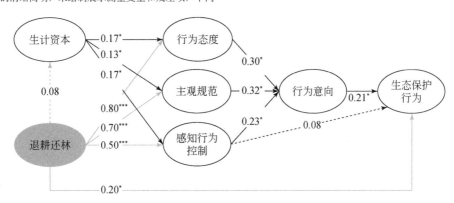

图 9-5　退耕还林政策单一政策行为影响模型结构图

（三）组合保护政策下三江源牧民行为影响模型

从图 9-7 中可看出，计划行为理论基本模块间的影响仍然显著存在，而组合政策作用路径与单一政策作用路径是类似的。三种政策均通过影响农户的行为态度、主观规范和感知行为控制，对保护行为产生间接影响。其中，生态移民对三者的路径系数分别为 0.49、0.20 和 0.21，生态护林员的路径系数分别为 0.33、0.49和 0.39，退耕还林的路径系数分别为 0.38、0.35 和 0.25。调研中我们了解到，三种政策/措施均通过村民小组或村委会对农户开展定期的生态保护宣传教育，模型中对于心理因素的显著影响路径揭示了这一工作的重要性和效果。同时，各个政策路径系数均小于单一政策作用行为影响模型中的路径系数，说明在宣传教育方面，各个政策效果有所交叉重叠，共同形成合力。

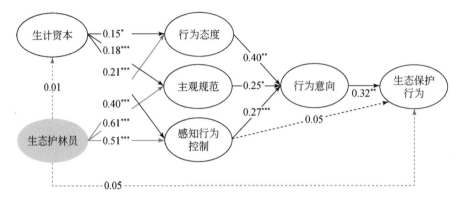

图 9-6　生态护林员单一政策行为影响模型结构图

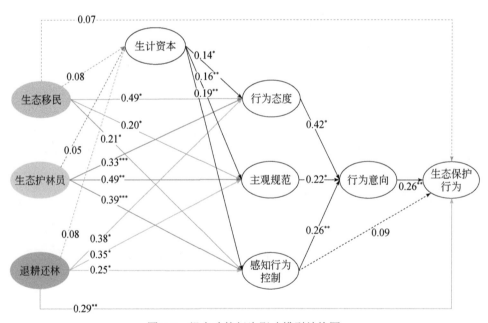

图 9-7　组合政策行为影响模型结构图

退耕还林政策对农民的保护行为有直接正向影响，但弱于其保护意愿对行为的影响。退耕还林政策促成了当地农民向林农的转型，各乡镇都有明确的退耕任务指标，故对原住民对林区的保护行为有着直接显著正向影响，其他两项或由于普及面小，故未形成对行为的直接影响。

三项政策对农民整体生计水平直接影响并不显著，即未通过生计资本而间接作用于保护行为。对生计资本进行进一步拆分后，考察各个子类型生计资本受政策作用的路径，也均未发现显著影响（表 9-10）。推测其中原因，首先退耕还林政策实施已久，补贴较少，且部分农户已经超出退耕的第二个 8 年的时间范围，不再领取补贴。护林员设置受众小、工资较低，而生态移民作为非普适性的政策，移民后农户对原始农地和林地使用受到较大限制；故时至今日，三项政策均未对生计资本产生显著提升作用，但也从另一个方面证明了保护措施给原住民带来的损失得到了一定程度的弥补，故对整体生计资本也未带来显著负面影响。

表 9-10　赤水生计资本拆分后的影响路径分析

影响路径		标准化路径系数	p 值	路径描述
生态移民		0.034	0.356	
生态护林员	→自然资本	-0.026	0.888	无显著影响
退耕还林		-0.920	0.377	
生态移民		-0.652	0.357	
生态护林员	→物质资本	0.010	0.932	无显著影响
退耕还林		0.715	0.294	
生态移民		1.110	0.349	
生态护林员	→人力资本	-0.348	0.066	无显著影响
退耕还林		-0.940	0.391	
生态移民		-0.117	0.809	
生态护林员	→金融资本	-0.086	0.376	无显著影响
退耕还林		0.1280	0.785	
生态移民		0.6020	0.477	
生态护林员	→社会资本	-0.007	0.961	无显著影响
退耕还林		-0.474	0.543	

三、案例小结

本案例在计划行为理论框架下，提出了扩展的原住民生态保护行为理论框架，并建立结构方程模型开展案例地实证研究，探索了原住民的保护意向、行为及其影响因素，以及生态保护政策对原住民保护意愿、行为的影响路径及政策效用。

研究证实了保护地原住民主观保护认知以及客观生计资本对其生态保护行为意向和行为的积极影响。提出了以"生计资本 - 行为态度/主观规范/感知行为控制 - 保护行为意向 - 保护行为"因果关系为基础的保护地原住民扩展生态保护行为理论框架，基于案例地原住民家庭调查数据开展实证分析。案例地的结构方程模型拟合和估计结果证实了原住民保护认知对行为意向，行为意向对保护行为的显著影响：更积极的保护态度、更浓厚的生态友好社会氛围、更多的保护正面参照和激励、更强的主观能动性和行为自信，都有利于形成积极的保护意向并落实保护行为。这一结果揭示了原住民主观保护认知因素的重要性及其在生态保护行为意向和保护行为最终形成过程中的决定性作用。同时，生计资本对原住民的保护认知具有显著正向影响，原住民生计水平的提高会对保护认知、行为意向与保护行为的改善产生积极作用。

研究证实了案例地典型生态保护政策的命令控制功能、宣传教育功能以及部分生态补偿功能对原住民生态保护意愿、行为的调控作用，揭示了激发原住民自主、自愿保护意识的重要性。引入保护政策变量的原住民保护支付意愿计量模型和生态保护行为结构方程模型，均证实了赤水生态移民、退耕还林、生态护林员岗位设置对原住民保护意愿和行为的积极影响。这些政策所具有的宣传教育功能均显著增强了原住民的保护认知，发挥了间接的行为调控作用；生态移民、退耕还林政策还分别通过其命令控制功能直接强化了原住民生态保护行为；保护政策的生态补偿功能则通过维持原住民生计资本水平不降低，从而对其生态保护行为的有效调节起到保障作用。从长远来看，宣传教育的政策潜力可持续挖掘，继续提高原住民生计资本则有助于强化保护政策调控效果。

第五篇　保护地区域经济与生态协调发展路线图设计和差异化精细管控

第十章 保护地功能分区及差异化精细管控

第一节 分区指标体系构建

一、基于不可替代性的一级功能分区

本书功能分区采用分级分区的方式。一级分区基于第七章的方法，在通过 Marxan 或者 C-plan 等系统保护规划软件获得不可替代性计算结果和优先保护区的基础上，通过阈值法确定一级功能分区。一级功能分区根据《关于建立以国家公园为主体的自然保护地体系的指导意见》，将研究区分为核心保护区和一般控制区。进而通过聚类分析方法进行二级分区以达到对区域的差异化精细管控。

二、基于生态脆弱性的核心保护区二级分区

从重要物种、重要生态系统角度出发，计算了不可替代性值，直接服务了最核心最重要的生物多样性的保护任务，但是保护地生态系统自身的性质以及受威胁的状况还需要进一步评价，明确生态脆弱区的分布，进而加强生态脆弱区的保护，提升生态脆弱区的环境质量。

脆弱性（vulnerability）概念涵盖了三个方面的含义：①它是物质或系统本身的一种属性，客观性存在；②它通过外界作用于物质或系统所发生的变化表现出来；③突然断裂意味着外界作用消失后，物质或系统不容易恢复到原来的状态。联合国政府间气候变化专门委员会（Intergovernmental Panel on Climate Change，IPCC）第 3 次评估报告将气候变化研究中的脆弱性定义为："一个自然或社会的系统容易遭受或没有能力对付气候变化不利影响的程度，是某一系统气候的变化特征、幅度、变化速率及其敏感性和适应能力的函数。"（IPCC，2001）。生态环境对外界干扰反应的速度和程度，衡量其强度的大小称为生态脆弱度（田亚平等，2005）。也有学者认为脆弱性是敏感性和环境退化趋势的统一。生态脆弱区是指生态系统在人为因素和自然因素的影响和压力下，抵御干扰能力较低、系统恢复能力不强、逆向演化趋势不容易得到合理而有效控制的区域。生态条件脆弱已成为制约社会经济可持续发展的限制因子，在生态脆弱区，由于其生态稳定性较差，

生物组成和生产力波动性较大，对人类干扰活动及自然灾害等干扰反应敏感，具有边界变化速度快、替代概率大、恢复原状机会小而成本高、叠加作用强等，自然环境极易向不利于人类经济活动和利用的方向演替。

目前，比较权威的人地耦合系统脆弱性的定义认为，暴露度、敏感性和适应能力是系统脆弱性的3个构成要素（Polsky et al.，2007）。脆弱性评价的指标选取需要根据保护地的特点以及数据的情况进行选择，进而制作脆弱性的空间分布图。分区则可以根据脆弱性的不同分为重要脆弱区和一般脆弱区。其中，表 10-1 是建议的脆弱性评价指标表（周梦云，2017；付刚等，2018）。此外，为了便于各指标之间进行比较以及使后续的空间聚类分析结果更加准确，需要对各指标进行归一化。对于正指标选择式（10-1）进行归一化，对于负指标选择式（10-2）进行归一化。

$$S' = \frac{S - S_{\min}}{S_{\max} - S_{\min}} \tag{10-1}$$

$$S' = \frac{S_{\max} - S}{S_{\max} - S_{\min}} \tag{10-2}$$

式中，S 为指标值；S' 为指标归一化结果；$S_{\max}$ 为指标中的最大值；$S_{\min}$ 为指标中的最小值。

表 10-1　脆弱性评价指标表

一级指标	二级指标	正/负指标
暴露度	人口密度	正
	GDP 密度	正
	建设用地比例	正
	耕地比例	正
	林草地比例	负
	降水量	负
敏感性	水资源量	负
	水质	负
	坡度	正
	高程	正
	空气质量指数（AQI）	负
	破碎度	正
	病虫害	正
	火险等级	正
适应力	植被生产力	负
	环保投资比例	负
	人均受教育程度	负

三、基于经济建设适宜性评价的一般控制区分区

对于一般控制区，可以在保护的基础上，辅助一定经济发展，因此需要评价经济发展设施建设的生态适宜性，即评价并选择利于居住、发展生态旅游和农牧业等区域，为生态保护与经济建设协调发展提供基础。土地适宜性普遍被认为是指"一定条件下一定范围内的土地对某种用途的适宜程度"。而对于生态旅游资源开发和旅游发展与生态、自然环境之间的关系是相互的，一方面表现为旅游开发与发展对生态、自然环境的影响作用，另一方面表现为生态、自然环境对旅游开发和发展的制约性。适宜性评价包括农/牧业发展适宜性、旅游业发展适宜性和居住适宜性。其中，农/牧业发展适宜性评价根据所评保护地原住民所从事的生产活动选择相应的指标体系（邬彬，2009；杨轶等，2015；姚丹丹等，2015；吴艳娟等，2016；陶慧等，2016；柳冬青等，2018）。

针对农业发展，一方面需要考虑土壤自身的性质，此外还要考虑环境条件（表10-2），牧业发展则需要考虑草场自身的性质和环境条件（表10-3）。

表 10-2　农业发展适宜性评价指标体系

一级指标	二级指标	正/负
土壤性质	已有耕地面积（比例）	正
	土壤有机质含量	正
	土壤质地	根据土壤质地打分
	土壤氮含量	正
	土壤磷含量	正
	土壤钾含量	正
	pH	根据酸碱性进行评价
	速效磷	正
	速效氮	正
	土层厚度	正
环境条件	降水量	正
	距水源地距离	负
	距居民点距离	负
	距现有耕地距离	负
	坡度	负
	高程	负
	坡向	北坡赋值低，南坡赋值高

表 10-3　畜牧业发展适宜性评价指标体系

一级指标	二级指标	正/负
草场性质	草场面积	正
	NPP	正
	土壤有机质含量	正
	土壤质地	根据土壤质地打分
	土壤氮含量	正
	土壤磷含量	正
	土壤钾含量	正
	pH	根据酸碱性进行评价
	速效磷	正
	速效氮	正
	土层厚度	正
环境条件	降水量	正
	距水源地距离	负
	距现有草场距离	负
	坡度	负
	高程	负
	坡向	北坡赋值低，南坡赋值高

游憩适宜性则主要从风景资源、旅游设施和环境状况三个方面构建指标体系（表 10-4）。

表 10-4　游憩适宜性评价指标体系

一级指标	二级指标	正/负
风景资源	景源丰富度	正
	景观多样性（SHDI）	正
旅游设施	旅游基础设施数量	正
	距景源距离	负
	距道路距离	负
	距现有旅游设施距离	负
环境状况	环境噪声	负
	不同植物群落的降噪能力	正
	空气质量指数	负
	水质指数	负

居住适宜性评价则从人类活动和环境条件两方面构建评价指标体系（表10-5）。

表 10-5　居住适宜性评价指标体系

一级指标	二级指标	正/负
人类活动	人口分布	正
	距道路距离	负
	距现有建设用地距离	负
环境条件	空气环境质量指数	负
	环境噪声	负
	高程	负
	坡度	负
	坡向	北坡赋值低，南坡赋值高
	地基承载力	正
	洪水淹没深度	负
	抗震程度	正

第二节　保护地功能分区过程及差异化精细管控措施

一、保护地功能分区过程

通过加权求和的方法得到脆弱性、游憩适宜性、居住适宜性、农业适宜性和放牧适宜性在空间上的分布。并通过 ArcGIS 的 Zonal Statistic as Table 工具按规划单元统计分别脆弱性、游憩适宜性、居住适宜性和放牧适宜性在一个单元内的平均值。统计完数据后，采用 Group Anaysis Tool 进行功能分区。当为空间约束参数选择了无空间约束（No Spatial Constraint）时，将使用 K 均值算法聚类。K 均值算法首先确定用于增长每个组的种子要素。因此，种子数始终与组数相匹配。第一个种子是随机选择的。但是，选择剩余种子时会应用一个权重。确定种子要素后，将向最近的种子要素（在数据空间中最近）分配所有要素。对于要素的每个聚类，将计算一个均值数据中心，并将每个要素重新分配给最近的中心。计算每个组的均值数据中心并随后向最近的中心重新分配要素这一过程将会一直继续，直至组成员关系稳定为止（最大迭代次数为 100）。组分析工具还可以使用 Evaluate Optimal Number of Groupe 选项，为 2～15 个组分别计算伪 F 统计量，并使用最高

伪 F 统计量值来确定用于分析的最佳组数。组分析工具的界面如图 10-1 所示。

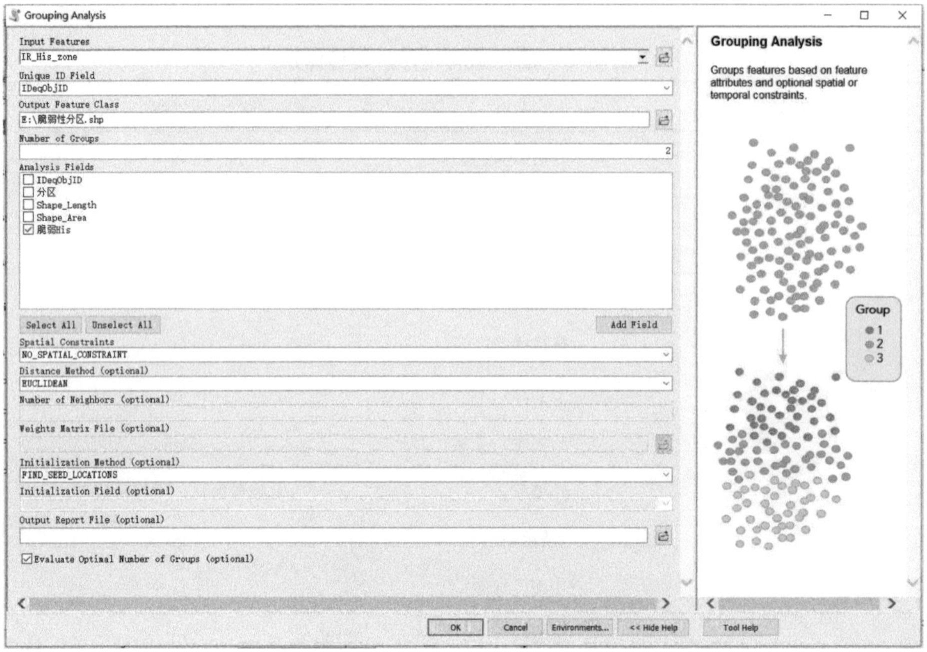

图 10-1　ArcGIS 组分析工作界面

　　对于核心保护区来说，通过 AHP 加权求和后脆弱性只有一个分量，不能够确定最佳分组数量，因此对脆弱性直接指定分区数量。过多的区域并不适合管理，因此本指南对核心保护区按照脆弱性分两个区，即重要脆弱区和一般脆弱区。而对于一般控制区来说，通过 AHP 加权求和后则有放牧适宜性、农业适宜性、游憩适宜性和居住适宜性等多个分量，可以确定最佳分组数量。需要说明的是，一般控制区不能被简单地分为放牧区、农业区、居住区和游憩区几个类别，有的区域可能同时适合几个功能，因此需要在分区时考虑不同功能区的多功能性，在保护第一的前提下，注意对一般控制区所具有的多功能性进行管理。采用排列组合的方式确定可以分几个区，再通过组分析工具的 Evaluate Optimal Number of Groupe 确定具体分为哪几个区。

二、保护地差异化精细管控措施

　　根据一级分区和二级分区结果，管控措施也实施分级制定，以实现对不同区域的精细化管控。

　　核心保护区：研究区不可替代性值最高的区域，其对保护物种-生态系统-景观三个层次的生物多样性保护具有极为重要作用。根据《意见》，核心保护区理论上不允许人类进入。

重要脆弱区：该区域正承受气候变化或人类活动的影响，且影响较大；而其又是生物多样性保护的核心区域，需要加强对生物多样性的监测与保护力度，最大限度的减少人类活动。对于受到破坏或者退化的区域需要加强修复力度。

一般脆弱区：受气候变化影响，但人类活动的影响相对较少，可以开展一般性的生物多样性监测。对于受到破坏或者退化的区域开展修复工作。

一般控制区：研究区不可替代性值为中等的区域，其对生物多样性保护也具有重要贡献，因此在保护第一的前提下，可以适当开展非破坏性的生产生活活动，保证原住民生活，而对于容易对生态环境造成极大破坏的活动必须取消并严格管理。

游憩区：游憩区内的活动以生态旅游为主，注意培养生态旅游解说员，在游憩区的部分区域（尤其是距离景点、基础设施较近的区域）可以进一步规划基础或者必需的设施。而对于如大型娱乐设施、餐饮、宾馆等设施以及针对旅游的管理服务设施，建议规划在距离较近的非保护区内，以减少较为剧烈的人类活动。

放牧区：对于牧业活动来说，这些区域所从事的牧业活动需要选择适宜当地种植的农作物驯养的牲畜，其面积需要根据原住民的人口数量和需求严格控制。

农业区：这些区域的土壤质量、气候适宜以及便利程度适合开展农作物种植活动，其面积也需要根据原住民的人口数量和需求严格控制。

居住区：居住区则是指为原住民提供居住的区域。当地居民可以根据需要在居住区开展小规模的种植或者放牧活动，也可以通过成为生态管护员以增加收入。对存在野生动物活动的区域，需要加强对野生动物的保护以及野生动物在伤害牲畜或住民时的补偿工作。

其他区域：这一区域的放牧、居住和游憩等的评价值均较低，对以上生产生活活动的适宜性较差。一般来说，这些区域本身自然环境恶劣、资源匮乏，建议保持原始状态。

此外，二级分区往往对不同的功能都有一定的适宜性，如有的区域可以同时适合放牧和游憩，因此在分区时，可以根据区域的多功能性进行分区和命名。

第三节　保护地功能分区及差异化精细管控实证研究

选择黄山风景名胜区为研究区（图10-2）。黄山是世界文化与自然遗产、世界地质公园，也是国家级风景名胜区、全国文明风景旅游区、国家AAAAA级旅游景区。黄山与长江、长城、黄河同为中华壮丽山河和灿烂文化的杰出代表，被世人誉为"人间仙境""天下第一奇山"。黄山风景名胜区境内群峰竞秀，怪石林立，有千米以上高峰 88 座，"莲花""光明顶""天都"三大主峰，海拔均逾1800m。黄山风景名胜区位于东经 118°01′～118°17′，北纬 30°01′～30°18′。东起黄狮，西至小岭脚，北始二龙桥，南达汤口镇。黄山雄踞于安徽南部黄山市境内，山境南北长约 40km，东西宽约 30km，总面积约 1200km²。其中，黄山风景区面积约 160.6km²。

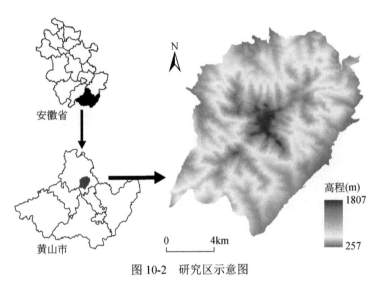

图 10-2　研究区示意图

（一）数据来源

本书研究所使用的数据包括珍稀濒危物种类别数据、生态系统类型数据、土地利用数据、景观资源分布数据（包括古树、地质景观、水景、文化景观）、景观资源重要性数据、火险等级空间分布数据、土壤类型数据等。以上数据均由黄山风景区管理委员会提供，其中图件数据通过 ArcGIS 配准并进行矢量化。基于濒危物种的类别数据，查阅"中国珍稀濒危植物信息系统""中国植物主题数据库""中国动物主题数据库""世界自然保护联盟濒危物种红色名录"等网站和数据库，进一步确定其保护等级、IUCN 濒危等级、特有性等属性。遥感影像数据和 DEM 来自地理空间数据云，人口分布、GDP 分布、降水量数据、生态系统服务价值数据、植被 NPP 数据来自资源环境数据云平台。此外，还通过安徽省环境保护厅（现生态环境厅）网站获取黄山市的空气质量指数和水质质量指数数据。

（二）分区过程

1. 分区单元的确定

为了保证景观的完整性，本书研究使用 DEM 数据，利用 ArcGIS 的水文分析功能对研究区划分汇水单元作为分区的基本单元。研究区共划分为 373 个汇水单元（图 10-3）。

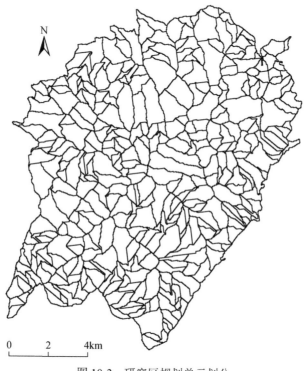

图 10-3　研究区规划单元划分

2. 分区单元的确定不可替代性值的计算

保护对象考虑物种和生态系统两个方面。目标物种栖息地的适宜性是生态系统中最为至关重要的部分。黄山风景名胜区的保护物种包括凹叶厚朴、白鹳、白颈长尾雉、白鹇、豺、赤腹鹰、穿山甲、大灵猫、大鲵、杜仲、短尾猴、鹅掌楸、黑麂、亚洲黑熊、红隼、华东黄杉、黄山花楸、黄山梅、黄山木兰、花豹、金钱松、连香树、鬣羚、领春木、毛脚鵟、梅花鹿、猕猴、南方铁杉、普通鵟、雀鹰、勺鸡、天目木姜子、天女花、天竺桂、乌雕、香果树、小灵猫、银杏、鸢、鸳鸯、云豹、獐等。黄山风景名胜区的生态系统包括针叶林、阔叶林、草丛和灌丛等。保护物种的保护目标量化选择保护等级、濒危程度、特有性进行量化（表 10-6，表 10-7），重要生态系统的保护目标量化选择生态系统服务价值、生态系统类型、生态系统面积进行量化（表 10-8）。保护物种的分布主要是根据物种分布的相关描述，确定海拔上限、海拔下限和生境，并利用叠置分析的方法确定保护物种的分布（图 10-4，图 10-5）。重要生态系统分布主要通过植被类型的分布来确定。保护目标的量化指标根据相关参考文献、案例保护区的特点以及数据的可获得性制定。

表 10-6　珍稀濒危动物保护目标量化评价指标

名称	保护等级	濒危程度	特有性	保护等级评价值	濒危程度评价值	特有性评价值	评价结果
白鹤	1	无危（LC）	非中国特有	1	0	0	0.33
豺	2	濒危（EN）	非中国特有	0.7	0.75	0	0.48
赤腹鹰	2	无危（LC）	非中国特有	0.7	0	0	0.23
穿山甲	2	极危（CR）	非中国特有	0.7	1	0	0.57
大鲵	2	极危（CR）	非中国特有	0.7	1	0	0.57
亚洲黑熊	2	易危（VU）	非中国特有	0.7	0.5	0	0.40
红隼	2	无危（LC）	非中国特有	0.7	0	0	0.23
花豹	1	濒危（EN）	非中国特有	1	0.75	0	0.58
鬣羚	2	易危（VU）	非中国特有	0.7	0.5	0	0.40
毛脚鵟	2	无危（LC）	非中国特有	0.7	0	0	0.23
梅花鹿	1	无危（LC）	非中国特有	1	0	0	0.33
猕猴	2	无危（LC）	非中国特有	0.7	0	0	0.23
雀鹰	2	无危（LC）	非中国特有	0.7	0	0	0.23
勺鸡	2	无危（LC）	非中国特有	0.7	0	0	0.23
乌雕	2	易危（VU）	非中国特有	0.7	0.5	0	0.4
小灵猫	2	未列入	非中国特有	0.7	0	0	0.23
鸢	2	未列入	非中国特有	0.7	0	0	0.23
鸳鸯	2	无危（LC）	非中国特有	0.7	0	0	0.23
獐	2	未列入	非中国特有	0.7	0	0	0.23

表 10-7　珍稀濒危植物保护目标量化评价指标

名称	保护等级	濒危程度	特有性	保护等级评价值	濒危程度评价值	特有性评价值	评价结果
凹叶厚朴	3	未列入	中国特有	0.3	0	1	0.43
杜仲	2	未列入	中国特有	0.7	0	1	0.57
鹅掌楸	2	低危（LC）	非中国特有	0.7	0	0	0.23
华东黄杉	2	未列入	中国特有	0.7	0	1	0.57
黄山花楸	3	未列入	中国特有	0.3	0	1	0.43
黄山梅	2	低危（LC）	非中国特有	0.7	0	0	0.23
黄山木兰	3	未列入	中国特有	0.3	0	1	0.43
连香树	2	低危（LC）	非中国特有	0.7	0	0	0.23
领春木	3	未列入	非中国特有	0.3	0	0	0.10
南方铁杉	3	未列入	中国特有	0.3	0	1	0.43
天目木姜子	3	未列入	中国特有	0.3	0	1	0.43
天女花	3	未列入	非中国特有	0.3	0	0	0.10
天竺桂	3	易危（VU）	非中国特有	0.3	0.5	0	0.27
香果树	2	未列入	中国特有	0.7	0	1	0.57

表 10-8　生态系统保护目标量化评价指标

名称	类型	生态系统服务价值	类型	面积	生态系统服务价值评分	评价结果
针叶林	黄山松（特有）	价值当量因子法	1	0.4	0.55	0.65
阔叶林	非特有	价值当量因子法	0.5	0.6	0.53	0.54
灌丛	非特有	价值当量因子法	0.5	0.8	0.46	0.58
草丛	非特有	价值当量因子法	0.5	1	0.55	0.68

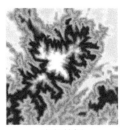
高程数据

叠置分析 →

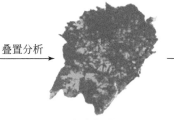
生境(植被类型)

→

物种分布

图 10-4　物种分布叠置分析示意图

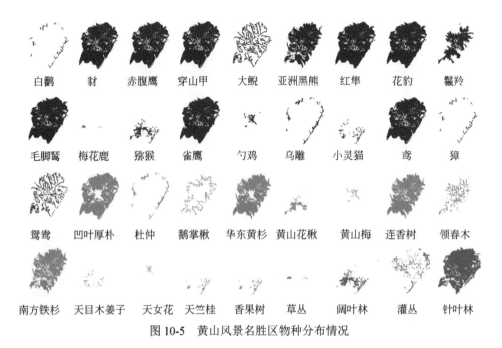

白鹳	豺	赤腹鹰	穿山甲	大鲵	亚洲黑熊	红隼	花豹	鬣羚
毛脚鵟	梅花鹿	猕猴	雀鹰	勺鸡	乌雕	小灵猫	鸢	獐
鸳鸯	凹叶厚朴	杜仲	鹅掌楸	华东黄杉	黄山花楸	黄山梅	连香树	领春木
南方铁杉	天目木姜子	天女花	天竺桂	香果树	草丛	阔叶林	灌丛	针叶林

图 10-5　黄山风景名胜区物种分布情况

通过 C-Plan 软件数据格式制作规划单元位点表、规划单元×保护对象矩阵和保护对象属性表。将结果导入 C-Plan 数据库中，并运行 C-Plan 软件的主程序获得不可替代性值的结果（图 10-6），不可替代性值在 0～1。

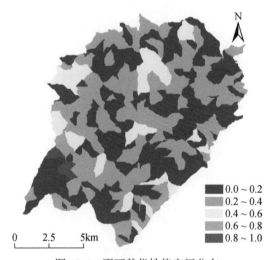

图例	
■	0.0 ~ 0.2
	0.2 ~ 0.4
	0.4 ~ 0.6
	0.6 ~ 0.8
■	0.8 ~ 1.0

图 10-6　不可替代性值空间分布

3. 生态脆弱性评价

生态脆弱性反映一个系统易受气候变化或人类活动带来的负面影响的程度。各指标情况如图 10-7 所示。

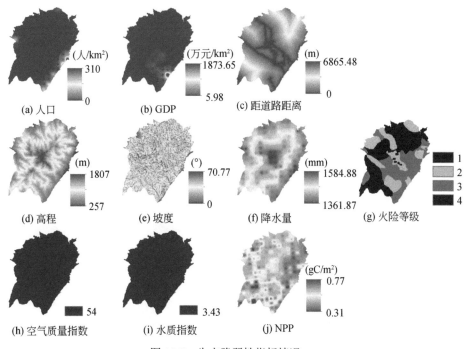

图 10-7 生态脆弱性指标情况

通过 ArcGIS 的空间聚类方法根据脆弱性的高低将研究区分成 5 个类别。其中 1 类脆弱最低，5 类脆弱性最高，其中脆弱性的高值区位于研究区的西北部和东南部，而中部地区则为中值区域（图 10-8）。

4. 景观资源评价

珍稀的景观资源也是黄山风景名胜区的重要保护对象。黄山以奇松、怪石、云海、温泉、冬雪"五绝"闻名于世，此外还具有丰富的文化资源。根据获取数据的情况，本研究从景观重要性、景观类型、分区单元内景观数量、景观历史感、受破坏所需恢复时间等方面进行评价（图 10-9）。获取的景观资源数据为点数据，需要在评价后按照分区单元进行统计。

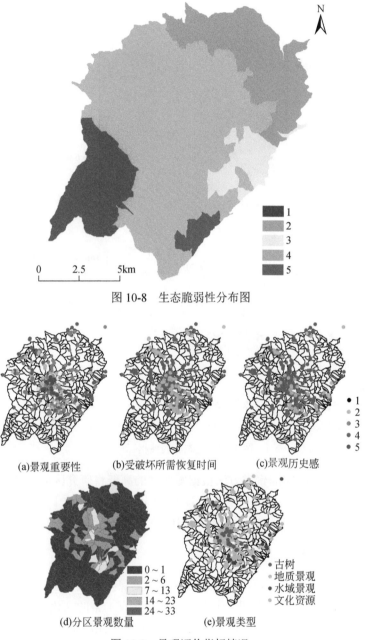

图 10-8　生态脆弱性分布图

(a)景观重要性　　(b)受破坏所需恢复时间　　(c)景观历史感

(d)分区景观数量　　(e)景观类型

图 10-9　景观评价指标情况

　　同样通过 ArcGIS 的空间聚类方法根据各个汇水单元中各评价指标的高低将研究区分成 5 个类别（图 10-10）。其中 1 类评价值最低，5 类评价值最高，其中景观资源评价的高值区位于研究区的中部，通过查询景点的分布情况，得知中部地区确实分布有黄山的著名景点，如黄山风景名胜区的主峰光明顶。

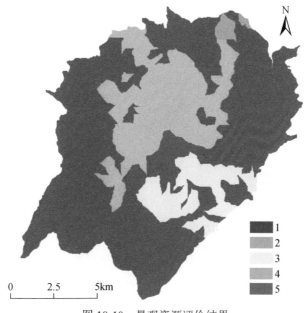

图 10-10　景观资源评价结果

5. 经济建设适宜性评价

适宜性评价包括农业适宜性、游憩适宜性和居住适宜性。用于评价的指标如图 10-11～图 10-13 所示。各个指标需要归一化后，按照分区单元进行统计，最后利用 ArcGIS 的组分析工具进行空间聚类。

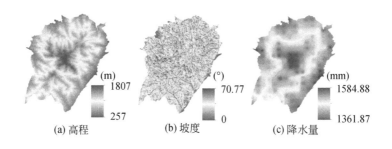

(a) 高程　　　　(b) 坡度　　　　(c) 降水量

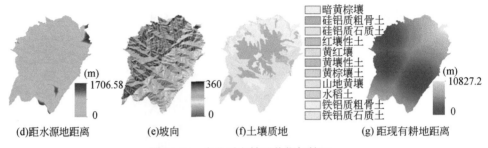

暗黄棕壤
硅铝质粗骨土
硅铝质石质土
红壤性土
黄红壤
黄壤性土
黄棕壤土
山地黄壤
水稻土
铁铝质粗骨土
铁铝质石质土

(d)距水源地距离　　(e)坡向　　(f)土壤质地　　(g)距现有耕地距离

图 10-11　农业适宜性评价指标情况

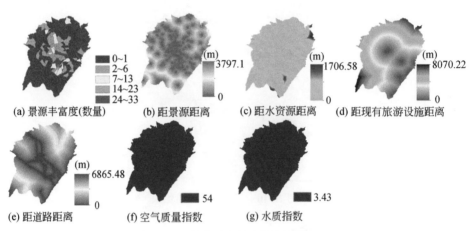

(a) 景源丰富度(数量)　(b) 距景源距离　(c) 距水资源距离　(d) 距现有旅游设施距离

0~1
2~6
7~13
14~23
24~33

(e) 距道路距离　　(f) 空气质量指数　　(g) 水质指数

图 10-12　游憩适宜性评价指标情况

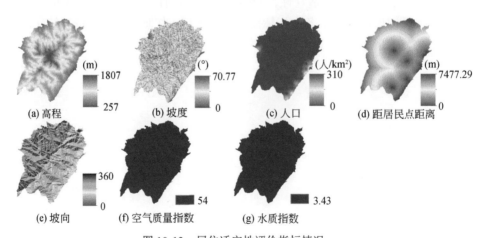

(a) 高程　　(b) 坡度　　(c) 人口　　(d) 距居民点距离

(e) 坡向　　(f) 空气质量指数　　(g) 水质指数

图 10-13　居住适宜性评价指标情况

农业适宜性的高值区主要位于黄山风景名胜区的东南部和西北部，其次是北部地区。游憩适宜性的高值区位于黄山风景名胜区的中部，次一级区域则基本覆盖了黄山风景名胜区的大部分地区，说明旅游业非常适宜在黄山风景名胜区发展，这也与黄山风景名胜区的主要发展行业相契合。最适宜居住的区域主要分布于黄山风景名胜区的东部且面积较小，次一级区位于黄山风景名胜区的东南部（图10-14）。

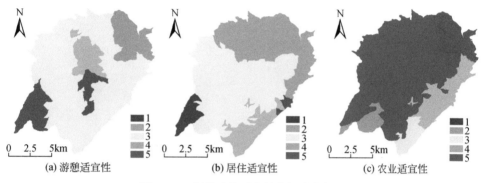

图10-14　经济建设适宜性空间分布情况

（三）分区结果

通过以上对各个分指标评价结果的分析，将前文不可替代性、生态脆弱性、景观资源评价以及经济建设适宜性评价的结果进行叠置和综合分析，按照以生态保护为主、经济发展为辅的原则，得到最终的一级功能分区和二级功能分区（图10-15）。一级区即生态保育区、景观保护区和一般控制区，面积分别占总面积的57.73%、34.42%和7.85%。二级分区包括核心生态保育区（2.46km²）、重要生态保育区（54.27km²）、一般生态保育区（39.78km²）、核心景观保护区（4.86 km²）、重要景观保护区（52.65km²）、游憩区（9.82km²）、农业区（0.89km²）和居住区（2.41km²）。其中，核心景观生态保护区内不可替代性值和生态脆弱性值也较高，这说明黄山风景名胜区重要的生态资源和景观资源集中分布，需要结合起来保护。其次，游憩最适宜的区域也位于中部地区，与核心景观保护区有重合，这说明景观最好的区域同样是最适宜旅游的地方，这就需要加强对游客行为的控制，即保护好此处的景观和自然生态，也能够保证游客对游憩的需求。农业区和居住区面积较小主要是考虑需要对这两个环境影响相对较大的区域进行面积限制。农业区则可以适当发展茶叶种植，但不能破坏周边的生态环境。此外，黄山风景名胜区面积本身并不大，农业和居住也可以安排在风景名胜区的外围。其中，一般生态保育区是所有上述评价中的较低值区，但是其对保持黄山风景区生态完整性、支撑和连通核心生态保育区和重要生态保育区具有重要意义。因此将低值区划为一般生态保育区。另外，西南部农业适宜性评价结果较高的区域仍划为一般生态保育区主要是由于其附近为核心生态保育区，为了尽可能地避免人类生产活动对核心生态保育区造成干扰。

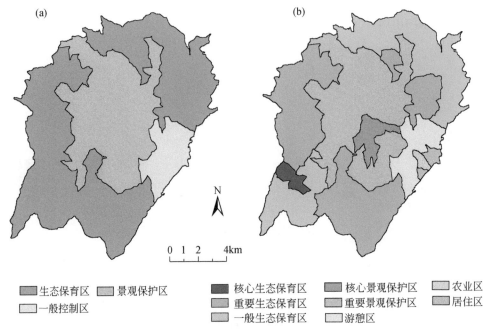

图 10-15　黄山风景名胜区功能分区结果

第十一章　保护地区域经济建设与生态保护协同发展路线图设计

第一节　保护地经济建设与生态保护协同发展路线图的概念界定

一、保护发展路线图的概念及特征

明确保护地发展路线图的内涵，可以帮助使用者明确保护地经济建设与生态保护协同方法的发展历程及未来的发展方向，并为后续研究提供准确的理论依据。立足保护地区域经济建设与生态保护实际，本书认为保护地区域经济建设与生态保护协同发展路线图是一种以满足保护地区域经济建设与生态保护协同发展整体需求为目的、以绘图形式呈现、指导协同发展措施体系有序落实的技术方法。而保护地区域经济建设与生态保护协同发展措施是针对保护地区域特定需求选取的、可按阶段性步骤实施的工程技术、政策制度或规模结构措施。

保护地经济建设与生态保护协同发展路线图的特征主要表现为前瞻性、系统性、工具性、协同性。

1. 前瞻性

前瞻是人们对未来的预测和判断，这种预测和判断建立在现有信息的基础上，需要运用一定的经验、理论和方法。为保护地将来各发展阶段选择合适的政策、技术、规模措施来推动经济建设与生态保护协同向前发展是保护地发展路线图的主要目的，人们以此来指导保护地建设，最大程度地发挥政策、技术、规模措施的效力来为人与自然和谐发展服务。保护地发展路线图的绘制过程中将云集许多领域专家的意见，听取当地居民的心声，经过反复的讨论，达成共识，因此所绘制的保护地发展路线图给出的未来一段时间内的变化趋势的预测具有超前性。

2. 系统性

保护地发展路线图的绘制涉及许多方面，如未来生态、经济、环境等多目标的预测，政策技术方法的分析，以及保护地目前的环境状况与经济基础等。在绘制保护地发展路线图时，常用的预测方法有德尔菲法、信息挖掘法、头脑风暴法等，其中德尔菲法为比较常用的预测方法。除了预测未来发展外，绘制保护地发展路线图还需进行系统的思考，详细讨论其内部的各要素及要素之间的联系，这是一种需求驱动的系统规划过程，建立在对相关要素进行互动、筛选、组合和评价的基础之上。保护地发展路线图的绘制能够在保护区内部对有限的资源进行合理的分配，提高资源利用率，围绕这一目标，使政府管理人员能够根据保护地发展路线图的指引及时地发现问题、解决问题。

3. 工具性

保护地发展路线图是管理工具。其绘制可采用多种方法相互结合，最后的结果以简捷的形式表现，但综合了大量的信息和内容。保护地发展路线图作为一种战略工具，首先需要在各种政策、技术、规模措施中筛选出推动经济建设与生态保护协同发展的最优方案；其次需要指出其时序安排。

4. 协同性

保护地发展路线图制定的一个重要准则便是实现经济建设与生态保护发展的协同。在保护区建设中，既不能一味地追求自然生态的美好而忽视了当地居民生存和发展的需要，更不能一味地追逐经济发展而无限制地挥霍自然生态资源，没有物质、精神生活的相对满足，居民就不会自觉地保护绿水青山，而没有自然生态资源的支持，经济就无法持续发展。保护地发展路线图以专家建议和居民协商的方式，寻求自然生态与社会经济的平衡点，通过采取各项政策、技术、规模措施，达到二者的协同，实现永续发展，既要绿水青山，又要金山银山。

二、保护地经济建设与生态保护协同发展路线图的作用和意义

1. 对自然保护与生态恢复的作用

保护地区域经济建设与生态保护协同发展路线图绘制的首要任务便是在遏制遭到人类活动严重干扰地区自然生态环境的进一步恶化、保护未受人类活动干扰或干扰程度较低地区不受破坏的前提下，实现区域生态环境的恢复和向前发展。保护地发展路线图所特有的前瞻性能够对未来可能危害自然生态系统的因素进行识别并及时地处理解决，尽可能地减少生态环境保护恢复的阻碍，从而起到在付出代价最小的情况下加速自然生态系统破坏趋势遏制、加速自然生态系统修复进程的作用。

2. 对经济发展的作用

保护地发展路线图所针对的地区大都是一些由于经济发展滞后没有大规模干扰自然生态系统而使原有的自然生态景观保留下来的地区，因此这些地区往往存在信息闭塞、人均收入低、教育设施简陋、基础市政设施缺乏的问题，要解决这类问题，经济发展是必不可少的。

保护地发展路线图在确保自然生态景观不受到破坏的前提下，尽可能兼顾了经济发展的需要，如通过建立各保护地之间共享的数据库，实现各地区之间相互借鉴发展模式，使其他地区的成功经验为我所用，加速了经济发展的进程；通过建设国家公园配套设施，吸引大批游客观光游览，用效益更高的第三产业逐步取代效益较低的第一、第二产业，从而在短时间内获取更多的经济利益，并在此过程中加强了与外界的沟通交流，用于观光游览所建设的运输设施同时也可引进更多的外地资源，包括基础旅游设施、教育资源，从而实现生态良好情况下的经济发展。

第二节　保护地经济建设与生态保护协同发展措施概念厘定

一、协同发展措施概述

所谓保护地经济建设与生态保护协同发展措施，是指为实现保护地经济建设与生态保护协同发展的目的，而需采取的推动、促进措施，涉及从宏观到微观、从整体到局部、从理论到实践、从当前到未来等各个层面的应对手段，是一个从政策制度、规模结构、工程技术等多方面、多角度入手，形成的系统性方案、手段、对策。

生态系统服务是生态系统所形成及所维持的人类赖以生存的自然环境条件与效用，包括人类直接或间接从生态系统中获得的所有利益，是人类社会生存和发展的基础，其中包括供给服务、调节服务、支持服务和文化服务 4 个方面。如今，由于人类对自然资源的利用已经超过了生态系统本身的提供限度，造成对某一服务功能的需求是以牺牲其他服务功能为代价的，不同生态系统服务之间相互影响，导致很难甚至不可能同时达到利益最大化，因此集成研究生态系统服务，探究最合理的生态系统管制措施，对实现保护地协同发展举足轻重。

"权衡"指某类型生态系统服务的供给由于其他类型生态系统服务使用的增加而减少的情形，"协同"指两种或多种生态系统服务同时增强或减少的情形。各类生态系统服务之间的相互作用，在不同尺度（时间与空间）的利益需求不同，几乎所有生态系统服务的决策都涉及利益权衡，因此权衡协同关系在全球范围内的生态系统服务之间普遍存在，但又表现出明显的地域差异性与动态变化性。研究生态系统服务的集成，探究最合理的生态系统管制措施，首先要依据研究区的实际情况，厘清各服务功能间的协同与权衡关系。

生态系统服务功能协同与权衡，作为一种平衡和抉择，可以理解为对生态系统服务间关系的一种综合把握。生态系统服务间的关系包含权衡（负向关系）、协同（正向关系）和兼容（无显著关系）等多个表现类型。从语义上来直观理解，"生态系统服务权衡"一词既可以指生态系统服务供给此消彼长的权衡关系，也可强调生态系统服务消费取舍的权衡行为。

因此，保护地生态系统服务功能协同与权衡的措施，即是为实现供给功能、调节功能、支持功能、文化功能四大生态系统功能及其子功能的最大化而采取的措施。一般而言，为实现生态服务功能的最大化所采取的措施，主要包括协同调节、支持、文化三大功能的措施和为权衡供给功能与这三大功能而提出的措施。但是这只是指大部分情况，并不是绝对的，如减少工农业推进旅游业发展就能同时提升供给功能和调节、支持、文化功能，这时供给功能又与其他三大功能呈现协同关系；此外，四大功能的子功能之间也往往存在着协同与权衡关系，如受制于供给功能的有限性，畜牧养殖与农业生产就存在一定的权衡关系。

党的十九大报告为我国下一步的发展提出了新的目标，即到 21 世纪中叶，把我国建成富强、民主、文明、和谐、美丽的社会主义现代化强国。为了实现国家的富强，就必须以经济建设为中心，推动经济不断向前发展；而要实现国家的美丽，则要保护生态环境，在经济发展时兼顾生态保护的重要性。然而在实际工作中，这两方面的要求往往存在矛盾之处，比如若想尽快实现经济发展最大化，牺牲环境为代价，向自然生态无节制地索取服务功能是最简单快捷的方法；而若想保持美好的生态环境，尽量减少人类活动，减少对生态系统的影响又是较关键的。因此，如何推动两者同时向前发展，就成为当前比较关键的问题。

经济建设与生态保护协同发展，就是针对该问题提出的一种解决方案。该方案旨在通过合理调整产业结构，减少第一产业、第二产业，增加第三产业，从而实现地区经济的提升，同时辅以自然生态管护措施，逐渐减少自然保护地的人类干扰，从而推动自然保护地生态环境的恢复和改善。

由于前人尚没有对哪些措施属于经济建设与生态保护协同发展措施做出明确定义，本书认为，经济建设与生态保护协同发展措施可分为狭义和广义两类。狭义的经济建设与生态保护协同发展措施仅指实施后同时影响经济建设与生态保护两方面的措施，而广义的经济建设与生态保护协同发展措施除了包含同时影响经济建设与生态保护两方面的措施外，还包括仅有助于推动保护地经济建设而不对生态环境造成影响的措施和仅能推动生态环境保护恢复而不对经济建设造成影响的措施。

由于本书研究的目的是给出推动保护地在生态和经济方面共同发展的相关措施，故无论是对经济发展有利而不影响生态环境的措施还是对生态环境保护有利却不影响经济发展的措施，都有助于目标的实现，故本书下文所指的经济建设与生态保护协同发展措施都为广义的措施。

在多类型保护地经济建设与生态保护协同发展路线图设计方法研究中，协同发展措施大致可以分为以下几类。

1. 政策制度措施

所谓政策制度措施，就是国家或地方政府为了实现保护地经济建设与生态保护协同发展，而制定的一系列法律法规、部门规章，包括强制性措施和非强制性措施两类。其中，强制性措施是通过国家强制力保障实施的，如禁止过度放牧政策，如发现过度放牧的问题，就采取行政措施加以干涉阻止；而非强制性措施往往是通过经济、政策等方面的优惠方式来激励的，如为鼓励保护区内居民减少农牧业活动并同时保证居民的生活水平，出台的一系列对旅游业发展的优惠政策。政策措施往往作用于单个牧民农户、个体农家乐经营者，通过经济手段迫使经营主体努力实现人与自然的和谐共处。

2. 规模结构布局调整措施

保护地经济建设与生态保护协同发展的规模结构布局调整措施，是指基于保护地整体布局规划，对保护地所在区域各子区域依据现有的经济发展水平、气候地理因素、自然环境条件，得出的合理的结构布局和规模调整措施手段，如通过对保护地的野生物栖息地、自然环境条件、气候地理因素的考察，所给出的生态保育区、景观保护区、经济发展区、其他分区的合理划分，从而为下一步在各不同的分区单元采取不同的政策、工程措施提供前期准备。该类措施是从宏观规划上给出的，能直接影响其他措施的执行以及最终结果。

3. 工程技术措施

工程技术措施主要包括为实现保护地经济建设与生态保护协同发展，而采取的工程项目、技术引进等措施，针对保护地协同发展需求，有步骤地、有选择地引进先进的环境保护、生态治理技术，实施环境保护、生态治理工程项目，如废水处理工程、旅游业垃圾分类处理处置技术等。此类措施作用于具体的生态环境问题或人类与自然的冲突问题，在实际应用中，是落地生效速度最快、效力最大的措施。

二、协同发展措施的特性

1. 多样性

保护地经济建设与生态保护协同发展措施名目繁多，大致可划分为规模结构、政策制度、工程技术措施三类，每类措施下针对不同的生态环境现状、气候地理条件、经济发展水平、民族风俗习惯等的不同，又存在各不相同的处理对策，各措施还有经典型和创新型等具有不同思想和技术要求的措施。这就要求在收集协同发展措施时，需尽可能全面；在筛选协同发展措施时，要尽可能涵盖具有相关知识、经验者的建议意见。

2. 相关性

各经济建设与生态保护协同发展措施并不全是相互独立作用的，在考虑相关措施的适用性时要着重关注各措施间的相互作用。具体而言，各协同发展措施的作用机制可分为独立作用、加和作用、协同作用、拮抗作用。其中，独立作用，即指这两项或多项措施间基本没有互相影响，如农田面源污染控制措施与城市工业点源污染控制措施间就没有明显关联，但是大部分措施是相互影响的；加和作用，即指两种或两种以上措施在应用时具有叠加效益，与独立作用的区别在于独立作用的两项措施若能在一定程度上解决同一问题，同时施用这两项措施实际上是取了所获效益的并集，而两项具有加和作用的措施同时应用于某一问题时，其影响程度是两项措施单独应用之和；协同作用，是指两项或多项措施同时应用于解决同一问题时，产生的效果甚至大于两项措施单独应用之和，即实现了一加一大于二的设想，因此，如两项措施存在协同作用，则在应用某一项时最好把另一项也投入应用；拮抗作用，是指两项或多项措施若同时施用，其作用效果将大打折扣、互相干扰，因此如措施间存在拮抗作用，就应该结合经济发展情况、地理气候条件、生态环境状况、地方风俗习惯等方面因素，从中择取其一，而不是同时应用。

3. 特异性

每一种或一类经济建设与生态保护协同发展措施都具有其特定的作用范围，如果不符合其应有的应用环境，应用效果就会大打折扣，由于各类措施都是要落地实施的，各地各发展阶段所需的措施相差甚远，因此不存在放之四海而皆准的措施，需依据各地的经济发展情况、地理气候条件、生态环境状况、地方风俗习惯，合理选择应对措施，依据本地区实情创造性转化，而不能直接把其他地区的成功经验生搬硬套、直接照抄。

第三节　保护地经济建设与生态保护协同
发展路线图的绘制

本书所构建的保护地区域经济建设与生态保护协同发展路线图绘制方法为：首先，对各主要生态系统服务间的协同关系和权衡关系进行识别；其次，依据维持协同关系和逆转权衡关系的原则筛选协同发展措施；再次，对协同发展措施的分阶段落实方案进行合理的时序安排，由此完成协同发展路线图的绘制（图 11-1）。

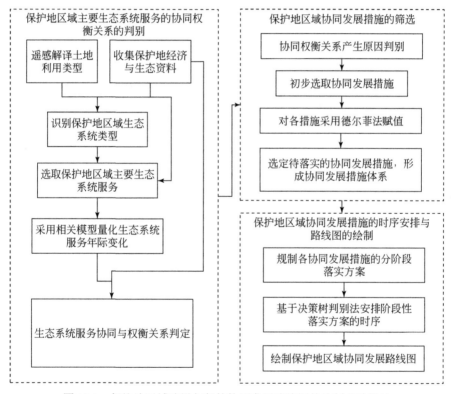

图 11-1　保护地区域建设与保护协同发展路线图的绘制方法设计

一、主要生态系统服务的协同权衡关系判别

基于遥感解译分析保护地区域各类土地利用类型面积、占比及空间分布，并结合相关资料识别对应的生态系统类型。不同的生态系统类型能提供不同的生态

系统服务，选取其中较关键的生态系统服务，采用 InVEST 模型定量分析。

为有针对性地提出促进经济与生态协同发展的措施，不但需把握研究区经济与生态间的相关关系，还需识别驱动相关关系变化发展的内在因素。采用遥感解译结合相关文献资料分析研究区占主导地位的生态系统类型，以及该生态系统所能提供的关键经济效益和生态效益，量化所对应的生态系统服务，对各生态系统服务间权衡和协同关系进行分析，即可整体把握经济与生态的关系并得出驱动其变化的主导生态系统服务。

在保护地区域，居民主要通过农业生产和生态旅游来获取经济效益。一般而言，农业生产和生态旅游所带来的经济效益可通过区域国内生产总值来描述，而受到通货膨胀的影响，同样的 GDP 总量在不同的时间所对应的货物价值并不一致，考虑到在中国合理的宏观调控下，通货膨胀导致的 GDP 增长率基本稳定（邱敏娟，2020），因此可通过判别 GDP 变化率的增减分析经济效益的变化趋势，GDP 变化率的计算如式（11-1）所示。考虑系统生态学理论，生态效益主要来源于生物量的增长、生态网络的增强和信息量的增加。碳总量能较好地反映生物量的大小，生境质量能较好地反映生态网络的强弱和信息量的大小。此外，不同的生态系统还各自有其他相对关键的生态系统服务，如具体到三江源地区，作为"中华水塔"，其生态系统水电生产的经济效益也不可忽视（三江源国家公园管理局，2019）。

$$R_i = \frac{\mathrm{GDP}_{i+1} - \mathrm{GDP}_i}{\mathrm{GDP}_i} \tag{11-1}$$

式中，R_i 为第 i 年 GDP 变化量的变化率；GDP_i 为第 i 年的 GDP 变化量，GDP_{i+1} 为第 $i+1$ 年的 GDP 变化量。

碳总量可以采用 InVEST 模型的碳储存和固持（气候调节）模块求得，该模型将环境中的碳总量划分为地上生物量、地下生物量、土壤和死亡的有机物质，其中地上生物量包括土壤以上所有存活的植物材料，如树皮、树干、树枝、树叶等；地下生物量包括植物的根系；土壤库通常被限制为矿质土壤的有机碳，但也包括有机土壤；死亡的有机物质包括凋落物、倒立或站立着的已死亡的植物，如式（11-2）所示。

$$C_{\mathrm{total}} = C_{\mathrm{above}} + C_{\mathrm{below}} + C_{\mathrm{dead}} + C_{\mathrm{soil}} \tag{11-2}$$

式中，C_{total} 为碳总量；C_{above} 为地表碳总量；C_{below} 为地下碳总量；C_{dead} 为死亡碳总量；C_{soil} 为土壤碳总量。

而生境质量可以采用 InVEST 模型的生境质量模块求得（Sharp et al., 2020），该模型将生境定义为"一个地区为给定的生命有机体提供用于生存和繁殖的栖息用地及其他资源条件"（Hall and Krausman, 1997），而生境质量则是指基于生存资源可获得性、生物繁殖与存在数量生态系统提供适合于个体和种群的生存条件的能力，计算方法如式（11-3）所示。

$$Q_{xj} = H_j \left[1 - \left(\frac{\left(\sum\limits_{r=1}^{i} R \sum\limits_{y=1}^{y_r} \left(\frac{w_r}{\sum\limits_{r=1}^{R} w_r} \right) r_y i_{rxy} \beta_x s_{jr} \right)^2}{\left(\sum\limits_{r=1}^{i} R \sum\limits_{y=1}^{y_r} \left(\frac{w_r}{\sum\limits_{r=1}^{R} w_r} \right) r_y i_{rxy} \beta_x s_{jr} \right)^2 + k^2} \right) \right]_j \qquad (11\text{-}3)$$

式中，Q_{xj} 为土地利用类型 j 中 x 栅格的生境质量；H_j 为土地利用类型 j 设定的生境适合性参数；k 为半饱和常数；R 为威胁因子总数；i 为距离参数，即威胁因子 r 的最大影响距离；β_x 为生境栅格 x 的距离可达水平；w_r 为威胁因子 r 的威胁强度；s_{jr} 为生境对威胁因子的敏感性。

年产水量可以用 InVEST 模型的水电生产模块求解，该模块不做地表水、地下水、基流的区分，估算每栅格单元降水量减去实际蒸散发后的水量，作为水源供给量，如式（11-4）所示（Sharp et al., 2020）。

$$Y(x) = \left(1 - \frac{0.408 \times 0.0013 \times \text{RA} \times (T_{\text{avg}} + 17.8) \times (\text{TD} - 0.0123P)^{0.76}}{P(x)} \right) P(x) \qquad (11\text{-}4)$$

式中，$Y(x)$ 为年产水量；$P(x)$ 为年降水量；RA 为太阳辐射；T_{avg} 为年均气温；TD 为气温年较差。

各项生态系统服务增减趋势相关性的判定可采用相关系数法或权衡协同度法，其中生态系统服务权衡协同度计算公式如式（11-5）：

$$\text{ESTD}_{ij} = \frac{\text{ESC}_{ib} - \text{ESC}_{ia}}{\text{ESC}_{jb} - \text{ESC}_{ja}} \qquad (11\text{-}5)$$

式中，ESTD_{ij} 为第 i 与第 j 种生态系统服务权衡协同度；ESC_{ib} 为 b 时刻第 i 种生态系统服务的变化量；ESC_{ia} 为 a 时刻第 i 种生态系统服务的变化量；ESC_{jb}、ESC_{ja} 与此相同。ESTD_{ij} 代表某两种生态系统服务变化量相互作用的程度和方向，ESTD_{ij} 为负值时，表示第 i 与第 j 种生态系统服务为权衡关系；ESTD_{ij} 为正值时，表示两者之间为协同关系；ESTD_{ij} 绝对值代表相较于第 j 种生态系统服务的变化，第 i 种生态系统服务变化的程度。

通过相关系数或权衡协同度得到的相关关系属于统计相关，还需结合实际分析是否为逻辑相关，将其中符合逻辑的作为主要的生态系统服务间的协同或权衡关系。

二、协同发展措施的筛选

对存在协同或权衡关系的生态系统服务，首先，判别是否存在某生态系统服务的变化能直接或间接导致其他生态系统服务变化；如存在则该服务即为影响因素，否则表明存在同时影响几类生态系统服务的外界影响因素。其次，针对这些影响因素选取协同发展措施，所选取的协同发展措施应涵盖工程技术措施、规模结构措施、政策制度措施等各个层面。所选取的协同发展措施可能存在落实难度大、费效比过高等问题，可采用德尔菲法对每个协同发展措施进行评价赋值。再次，将所有措施按评价数值由大到小排序，依据实际选取评价数值较大的那部分作为最终选定的协同发展措施，形成协同发展措施体系。

其中，德尔菲法（袁勤俭等，2011）是一种采用匿名通信的专家预测意见交流，来对技术、社会或政策发展方向进行预测的分析方法。核心调查手段是问卷调查，历经数轮的专家意见预测，最后得出所需要的政策、规模、结构、方案等措施。

德尔菲法主要包括以下步骤。

第一步：组成情景分析小组。根据所要绘制的保护地生态保护与经济建设协同发展路线图，组成以专家、政府人员、居民代表为成员的情景分析小组。人数的确定，可以根据项目目标的大小以及预测需要的时间等信息来完成，一般是15～25人。

第二步：在情景分析小组确定之后，需要给所有成员提供所要绘制的路线图的相关资料，预计绘制过程中遇到的问题，提出绘制过程中的限定标准，项目的相关背景，前期考察所得的待筛选协同发展措施清单。

第三步：根据各成员初期准备工作的完成情况，请各个成员提出绘制保护地生态保护与经济建设协同发展路线图过程中的预测意见，并需要给出相关理论或数据依据。

第四步：根据工作完成情况，在适当的时候对情景分析小组成员的意见进行资料汇总，列出预测情况数据表，对各个意见情况进行对比分析，并共享这些资料，让各个小组成员之间进行比较与交流，根据集体的意见对预测结果进行修改和判断。

第五步：重复上一阶段的工作，在各小组成员进行第一次的意见修改工作之后，再进行意见的汇总、比较、反馈与修改，这是德尔菲法的核心内容。此过程需要重复进行到没有小组成员再修改自己的意见为止，并对提出意见的成员姓名进行保密。

第六步：结果的整合和处理。对最终得出的不再修改的情景分析小组意见进行汇总，列出图表，形成保护地协同发展措施清单。得到清单后，建立一套对于保护地协同发展措施进行评估的价值体系，需要运用德尔菲调查法获取相关数据，并且做出相应分析。

　　将德尔菲法所敲定的各措施排序情况反映给专家组进行专题讨论。讨论的主要问题类型包括：①关于政策、技术、措施的新观念，如该政策、技术、措施是否成熟；②措施在该保护地的推广适宜性、推广价值；③对前景和可能的困难进行预期分析等。通过以上讨论，决定重要性排序为第几名及以后的措施是不适合采纳的协同发展措施，将其他措施作为待进行时序安排的措施，并依据实际将拟应用于保护地的措施划分为政策、规模、结构、方案几类。

三、协同发展措施的时序安排与路线图的绘制

　　筛选出的协同发展措施需要分阶段落实，可采用决策树分析方法（图11-2），依据措施的可行性（即措施实施的前提条件是否满足）、迫切性（即是否迫切需要）和可操作性（即是否需要消耗大量的人力和资金、措施是否成熟等）三方面来确定每一协同发展措施时序安排（图 11-2）。基于决策树分析方法确定各协同发展措施的时序安排，绘制保护地区域经济建设与自然生态保护协同发展路线图。

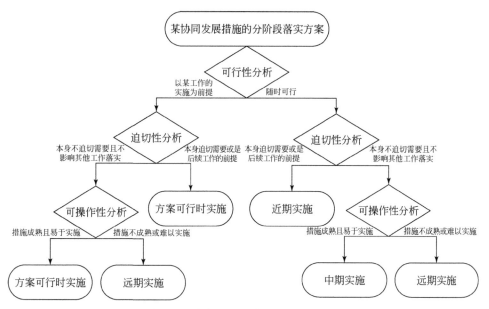

图 11-2　时序安排决策逻辑过程决策树

决策树（母亚双，2018）是一项分析技术，一般都是自上而下生成的。每个决策或事件（即自然状态）都可能引出两个或多个事件，导致不同的结果，这种决策分支画成图形很像一棵树的枝干，故称决策树。决策树的基本组成部分有决策节点、分支和叶子。决策树中最上面的节点称为根节点，是整个决策树的开始。决策树的内部节点（非树叶节点）表示在一个属性上的测试。每个分支要么是一个新的决策节点，要么是树的结尾，称为叶子。在沿着决策树从上到下遍历的过程中，在每个节点都会遇到一个问题，对每个节点上问题的不同回答导致不同的分支，最后会到达一个叶子节点。这个过程就是利用决策树进行分类的过程，利用几个变量（每个变量对应一个问题）来判断所属的类别（最后每个叶子会对应一个类别）。

第四节　保护地经济建设与生态保护协同发展的保障体系建设

一、协同发展措施的保障体制建设

1. 建立保护地生态经济协同发展的发展联盟

可由国家公园管理局牵头，各保护地管理部门具体实施，负责制定保护地管理政策、技术、规模的转移、推广与再创新的统一规划，以解决重复转移与推广的问题；同时组建一批发展联盟形成风险共担的新政策、技术、规模措施联合开发体系。通过国家统领，联合开发，既可节约资源，又会缩短时间，促进政策实施、技术引进、知识产权共享的协同与合作。进一步，建立保护地协同发展信息共享网络，解决信息不对称的问题，在国内外政策、技术、规模供给方与需求方之间建立纽带与桥梁。

2. 保护地管理信息共享体系建设

中国保护地管理信息共享意识较差，知识产权保护法规尚不完善，部门与单位之间的信息封锁和禁锢还很严重；重复建库的现象非常普遍；保护地管理信息持有单位与社会需求之间脱钩，信息交流不畅，不利于对保护地进行有效管理和可持续发展。因此，在全国范围内建立保护地管理信息共享体系已成当务之急。通过建立信息共享体系，可以为国内外方案措施及其信息的供给者与需求者提供一个交流信息的公共窗口，以此加强信息交流。

因此，建议近期可由国家公园管理局牵头建设全国政策、技术、规模措施共享平台。中远期来看，可在地区层面由地方政府相关部门牵头，构建地区级保护地管理政策、技术、规模信息共享平台，并试点建设各地的信息共享分中心；积极展开与国际技术转移机构的联系和交流；同时为各组织机构的建设提供信息支撑。保护地管理政策、技术、规模信息共享体系在中远期可完善的具体职能包括如下。

信息查询：包括保护地管理的政策技术信息、首创方信息、专利信息、中介信息等；

咨询服务：主要通过保护地管理措施、推广案例，为保护地生态保护与经济建设协同发展的推广提供方案；

管理服务：发布发展路线图，并对相关中介机构进行登记和资质认定。

二、协同发展措施的保障机制建设

1. 运营管理方面

保护地的运营管理主要包括两个方面，分别是对内的风险控制管理和对外的游客管理。国家公园内部生态系统的完整性和生态品质优越性是国家公园的核心竞争力，而保护地内部及周边居民的正常生活与保护地生态资源息息相关。因此，对生态资源的运营管理须与社区管理相结合，兼顾社区与公园的利益，对因生态系统的保护而为社区居民带来的损失应有合理的补偿计划。稳定有序的补偿计划能提升社区居民的福利水平，减轻运营管理的压力。此外，制定生态系统管理框架后需要对可能存在的问题进行风险控制。

2. 社区管理方面

多类型保护地一般具有涉及区域广、土地产权关系复杂的特点，因此其内部和周边的社区关系对于保护地的协同发展具有重要的影响。对保护地社区管理的研究主要从保护地和社区的相互作用角度展开。一方面，保护地作用于社区，保护地的经济活动普遍有当地社区居民的参与，社区居民对保护地的态度会影响到保护地发展的市场潜力。另一方面，社区反作用于保护地。社区居民对于保护地的积极态度有助于提高保护地的资源保护水平，从另一角度降低了保护地运营管理的难度，提升了运营管理的效率。

3. 资金管理方面

政府财政支出的分配是保护地资金管理的重要部分。保护地之间的资金分配应该深入考虑到公民的利益诉求，通过合理的资金分配切实提升居民的幸福感。保护地在运营过程中涉及的生态补偿计划以及土地确权及流转等都依赖于充足的资金支持，而合理的资金管理和使用机制是保护地良好运营的重要保障。此外，多元化融资渠道的拓展也占据重要地位。融资方式的丰富有助于减轻政府的财政负担，增强保护地的市场活力。资金来源的多元化也降低了保护地的运营风险。合理的社会资金参与有助于提高资金管理和使用的透明度，保障保护地运营管理各个环节的高效运行。目前世界范围内的保护地除公共财政外的其他资金来源主要分为 3 个方面，分别是门票收入、社会捐赠和特许经营收入。

三、协同发展措施的保障法治建设

1. 地方生态环境法规规章的完善

"有法可依"是生态环境保护的重要前提，为了做到有法可依，需要结合保护地的自然生态环境和经济发展水平的具体情况进行环境立法以补充和完善我国的生态环境法律法规体系。在完善地方生态环境法规规则时，要坚持以下三点准则，其一是应秉持可持续发展理念；其二是明确环境法的唯一目的就是保护与改善环境；其三是坚持"宜细不宜粗"的原则（李浩民，2015）。

2. 经济建设与生态保护综合决策法律机制的构建

所谓经济建设与生态保护的综合决策，是指为协同经济建设与生态保护的关系，实现经济效益、环境效益与生态效益的统一，在经济规律和生态规律的基础上，统筹规划社会、经济、环境等因素所做的决策。在构建该法律机制时，要坚持以下三点，其一是明晰各部门职责，构建部门协商合作机制；其二是完善公众参与机制；其三是完善法律责任机制。

3. 环境制定法与环境习惯法的互动和共治

作为一个统一的多民族国家，中国各民族有其不同的文化传统和习俗，而保护地又往往是多民族杂居区域，因此在进行生态环境法治建设时不但要依赖国家和地方的环境法制，还要注重民族习惯法的合理价值。环境制定法存在偏远少数民族聚居区不能切实履行的问题，而环境习惯法由于是日常生活中形成的所以作用空间较小，为了更好地保护自然生态，应将其结合应用，方法如下：其一，环境制定法要选择性地吸收环境习惯法所包含的合理价值（史玉成，2007）；其二，在某些生态环境保护领域，环境制定法亦应当为环境习惯法功能的有效发挥预留一定的空间，确立环境习惯法的法源地位；其三，在执法和司法上，地方行政机关和地方法院应该注重少数民族地区的特定情况，多利用调解机制。

4. 经济与生态相协同的区域法律制度的构建与完善

中国气候复杂多样，自然资源分布极度不均衡，经济发展水平差异大，因此不同的保护地必需依照本地区实际需求构建经济与生态相协同的区域法律制度，主要方法如下：其一，针对不同的区域，制定不同的环境标准；其二，对于不同的区域，制定不同的环境收费制度；其三，因地制宜地构建生态补偿制度；其四，从立法、市场、执法等方面完善排污权交易制度。

第五节　实证研究——三江源国家公园经济建设与生态保护协同发展路线图设计

一、研究区概况与数据来源

本书研究目的是为三江源国家公园提供规划方法，但三江源国家公园由长江源、黄河源、澜沧江源三块非连续自然保护区构成，故研究区界定为整个三江源地区（图11-3）。三江源地区位于青藏高原腹地，是长江、黄河、澜沧江的发源地，是我国淡水资源的重要补给地，是高原生物多样性最集中的地区，是亚洲、北美洲乃至全球气候变化的敏感区。三江源国家公园体制试点区域总面积为12.31万 km²，共计 12 个乡镇、53 个行政村。地貌以山原和高山峡谷为主，山系绵延，地势高耸，地形复杂，平均海拔在 4500m 以上。气候冷热两季、雨热同期、冬长夏短。区域内湖泊众多，雪山冰川总面积为 833.4km²；河湖和湿地总面积为 29 842.8km²。高寒草甸与高寒草原是三江源国家公园的生态主体资源，在维护三江源水源涵养和生物多样性等主导服务中具有基础性地位。

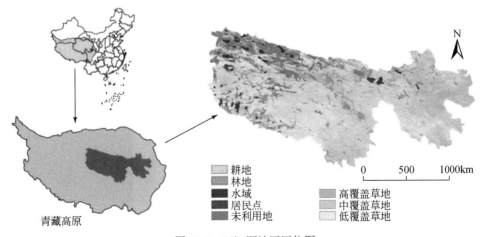

图 11-3　三江源地区区位图

气候数据来自 World Climate Data（http：//worldclim.org/version2），土地利用数据来自中国科学院资源环境科学与数据中心（http：//www.resdc.cn/），统计数据来自《青海年鉴》、《青海统计年鉴》等省市地方年鉴，规划目标数据来自国家发展和改革委员会的《三江源国家公园总体规划》文件（http：//www.gov.cn/xinwen/2018-01/17/content_5257568.htm），碳库密度数据主要参考 IPCC 碳密度数据集，InVEST 模型初值主要参考《生态系统服务评估与权衡模型使用手册》（InVEST 3.2.0 User's Guide）。

二、结果分析

1. 协同权衡关系的识别

基于 1km 分辨率的 2018 年中国土地利用遥感监测栅格数据，解译分析土地利用类型空间分布及占比（图 11-4）。结合三江源地区背景资料，可知研究区以草原生态系统为主，兼有淡水生态系统，所能提供的生态系统服务中，主要的部分有经济发展、生物多样性、水电生产、碳储存四类。依前文所述，在InVEST 模型中，经济发展若以 GDP 表征则难以参与相关分析或协同权衡度分析，故以 GDP 变化率表征；生物多样性以生境质量或生境稀缺性来反映，其中生境质量能鉴别生物多样性的完整性和所受危害，而生境稀缺性常用于识别需要优先保护的生境，具体到本研究区，由于《三江源国家公园总体规划》已经给出了哪些生境更需要优先保护，故采用生境质量来反映生物多样性比较合适；水电生产以产水量或水电生产量来表征，考虑研究区实际，三江源地区作为长江、黄河、澜沧江的源头，其水电生产效益若用水电生产量来表征，则应考虑长江、黄河、澜沧江流域沿线所有地区，这就与研究区范围存在冲突，因此采用产水量来表征水电生产比较合适；碳储存用碳总量来表征。

GDP 变化率基于统计年鉴获得，碳总量、产水量、生境质量结果由 InVEST 模型求得，结果如图 11-5 所示，数据年限包括 2000 年、2005 年、2010 年和 2015 年。用各项生态系统服务变化量多年平均构建权衡协度矩阵（表 11-1），其中每个数值均为所在行生态系统服务与所在列生态系统服务的权衡协同度。结果表明，经济建设（GDP 变化率、产水量/水电生产）与生态保护（生境质量/生物多样性、碳总量/碳储存）间存在权衡关系，而 GDP 变化率与产水量/水电生产、生境质量/生物多样性与碳总量/碳储存间存在协同关系。

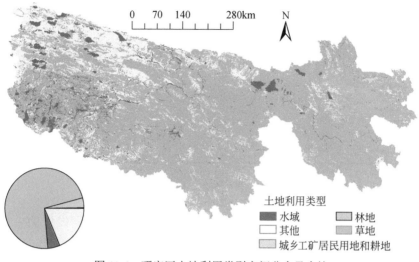

图 11-4　研究区土地利用类型空间分布及占比

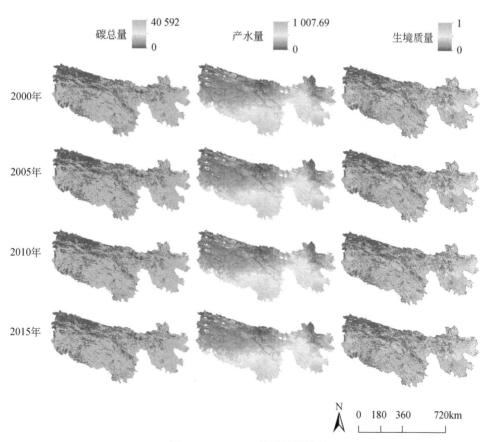

图 11-5　InVEST 模型计算结果

表 11-1　生态系统服务协同权衡度矩阵

生态系统服务	碳总量	生境质量	产水量	GDP 变化率
碳总量	+1.00	+4992.85	−28.55	−0.0012
生境质量	+0.0002	+1.00	−0.0008	−0.000 000 01
产水量	−0.035	−1 296.21	+1.00	+0.000 009 26
GDP 变化率	−808.19	−147 977 570.27	+108 042.56	+1.00

2. 协同发展措施的筛选

基于三江源地区经济建设与生态保护相权衡的现状，协同发展的关键在于调和经济建设与生态保护的权衡关系。在前人措施基础上，依据《三江源国家公园总体规划》采用德尔菲法从调和权衡关系和维持协同关系的角度，从规模结构、工程技术和政策制度三方面选定拟采用的协同发展措施形成协同发展措施体系。

为因地制宜调和经济建设与生态保护的权衡关系，首先需对研究区进行合理布局，因此规模结构措施应包括土地利用结构规模优化调整和国家公园范围与分区动态优化。在土地利用结构规模方面，虽然农田的供给服务价值较高，但调节、支持和文化价值较低，同时，过牧也会造成草地的生态系统服务价值降低。因此，在保障基本供给的前提下，应逐步减少农田和牧草地的比例；因保护地生态红线范围内禁止工业化和城镇化地开发，因此保护地经济建设的重心应放在现有生态系统服务价值总体提升上，促进生态产品价值转化，强化生态系统服务市场价值转化提升，将生态环境优势转化为经济优势。（刘孟浩等，2020）。在国家公园范围与分区方面，现有的国家公园范围界定存在一定问题，如黄河园区的范围划定还有待商榷；同时，在国家公园范围和分区约束下，城乡工矿用地、耕地的布局，以及生态廊道的构建均需要进一步的合理规制（Ma et al.，2020）。

为调和经济建设与生态保护间的权衡关系，工程技术措施应着眼于草地恢复前提下的草畜平衡，可从提高草地承载力（提高植被覆盖度、增加人工草场面积等）与降低草地系统利用强度（限制过度放牧、适度养殖结构等）的"双向调控"角度入手。在草地承载力提高方面，通过黑土滩治理、限制放牧等手段，降低天然草地的放牧压力，促进草地休养；依据三江源立地条件、水热条件、牧草生长过程和特征，采用分段式人工草地持续利用规范，即建植后第 1 年禁牧，第 2 年生长期（5～10 月）禁牧而枯草期放牧，第 3 年以后，牧草返青期（5～6 月）禁牧而生长期、枯草期放牧（赵新全等，2017）；对生存环境非常恶劣、草场严重退化、不宜放牧的草原实行禁牧封育，改善植物生存环境，促进草地植被的恢复和生长（宗鑫，2018）；三江源地区的鼠害严重，原因有超载和过度放牧、天敌数量减少、破坏草地等（周立志等，2009），可通过控制载畜面积、控制草地退化面积、引入适量天敌、适当使用化学药剂和人工捕捉等方法，减少鼠害的面积。在降低草地压力方面，应改变传统的畜牧业经营方式，推行畜群优化管理，由自然放牧向舍饲半舍饲的饲养方式转变，推行标准化的集约舍饲畜牧业；加强良种培育和良种改良，以更少的资源消耗获取更多的经济效益；构建天地一体化监测体系，通过遥感监测与地面监测相结合的方法，积累观测数据，及时了解与分析地区草场的变化特征，并基于以草定畜原则，有针对性地采取政策措施来规范和控制畜牧业发展，严控草场超载；改善农业生产技术和完善农业生产工具，降低农业生产中化肥、农药、柴油的使用量。

　　完善政策制度措施以调控农户生计与保护行为，是实现经济建设与生态保护相协同的关键，可从综合生态补偿机制、可持续替代生计、完善基础设施建设和提升公共服务水平几个方面实现。对严格保护和限制的保护地周边社区，通过生态移民搬迁的形式将其迁出，提供直接的经济利益补偿；借鉴涉农资金整合经验，将"碎片化"的众多门类的生态补偿政策统筹整合，统一资金拨付渠道，按照一般性转移支付的方式发放至地方政府，上级政府只负责绩效考核，赋予地方政府资金使用和项目安排的自主权，提高补偿资金的使用效率，建立综合性生态补偿机制；同时，在保护好生态环境的前提下，综合考虑精准扶贫、精准脱贫的需求，允许将生态补偿资金向改善民生倾斜、向贫困地区倾斜，更好发挥生态补偿资金的综合效益。在可持续替代生计方面，鼓励引导并长期扶持保护地及其周边有劳动能力的部分贫困人口转为生态保护从业人员，从事生态体验、生态保护工程、生态监测等工作，协助其真正完成生计转型；加快制定各类型保护地特许经营管理办法，明确特许经营内容和项目，组织和引导农牧民在特定范围内发展乡村旅游服务业，如家庭宾馆、农（牧）家乐等经营项目，以及民族传统手工业等特色产业，开发具有当地特色的绿色农牧产品，实现居民收入持续增长。在完善基础设施建设和提升公共服务水平方面，社区交流与互动、互联网和有线电视系统的电信基础设施建设，有助于建立家庭之间更紧密的联系和合作以改善居民的社会资源和人际关系；对低教育水平地区的原住民进行技能和财务能力培训等，提升保护地及周边地区医疗、教育等公共服务供给水平，这也有助于生计资本和保护意识的提高，激励保护行为；对于有利于增强生态保护和促进农牧民生计发展的基础设施和公共服务设施，要加快补短板、强弱项，完善电网、自来水管网，完善污水、固废、生活垃圾等的集中或分散处理设备，在适宜地区推广分布式太阳能（Wang et al.，2020；王正旱等，2019）。

3. 协同发展路线图的绘制

结合实际将各协同发展措施的实施过程分为准备阶段、落实阶段和完善阶段三阶段，其中准备阶段的主要任务是为使该协同发展措施符合实际需要而进行前期探索，落实阶段的主要任务是实现该协同发展措施的大规模推广应用，完善阶段的主要任务是在应用过程中发现问题并解决。有的措施在过去已进行过深入实践，所以不需要准备阶段；有的措施早已广泛应用，只不过需要长期的发展完善，所以甚至不需要落实阶段。结合三江源地区相关规划文件和专家建议将各协同发展措施落实方案的时序安排为 2020 年内完成（近期）、2020 年开始实施（中期）、2022 年开始实施（远期）三期，通过决策树判别法规制每个协同发展措施的各个分阶段落实方案应归为哪个时期。一般来说，准备阶段的落实方案应及早实施，落实阶段的落实方案应在其后实施，完善阶段的方案最后实施，不同的协同发展措施、不同的阶段性落实方案从开始实施到完成所需的时间各有不同。由此可绘制协同发展路线图（图 11-6）。

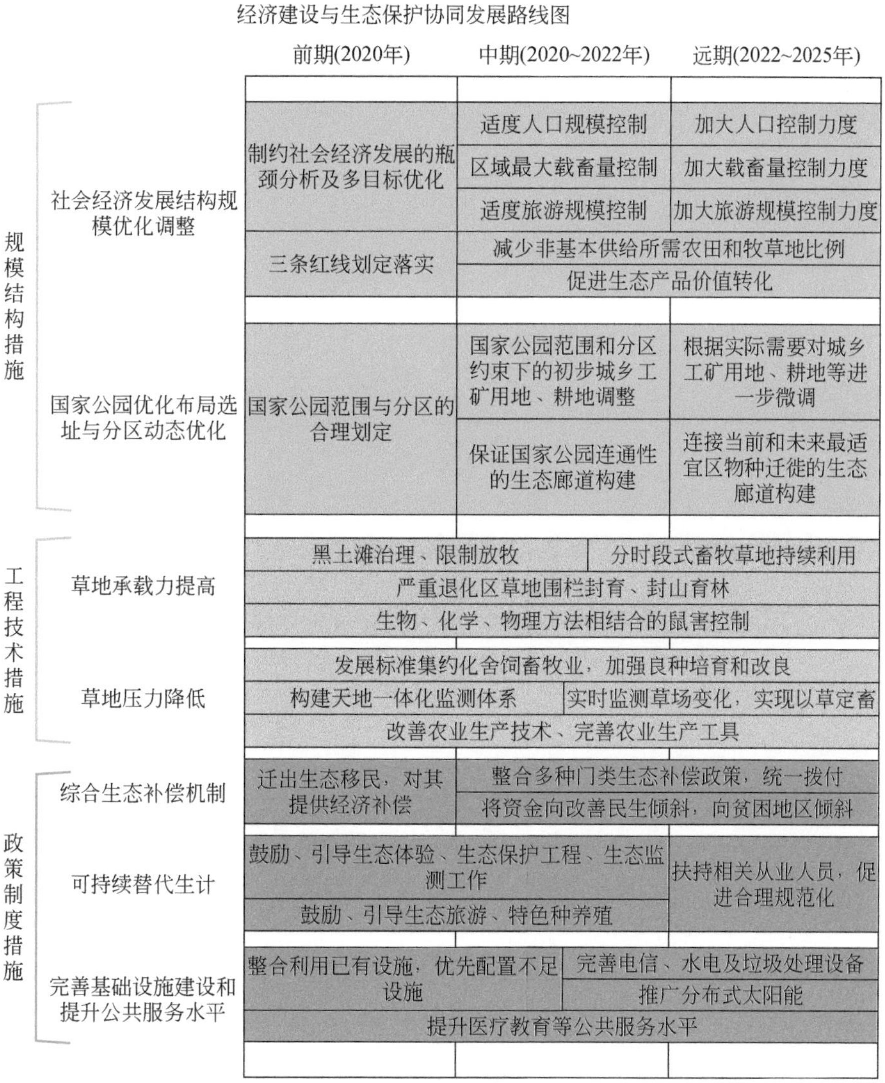

经济建设与生态保护协同发展路线图

		前期(2020年)	中期(2020~2022年)	远期(2022~2025年)
规模结构措施	社会经济发展结构规模优化调整	制约社会经济发展的瓶颈分析及多目标优化	适度人口规模控制	加大人口控制力度
			区域最大载畜量控制	加大载畜量控制力度
			适度旅游规模控制	加大旅游规模控制力度
		三条红线划定落实	减少非基本供给所需农田和牧草地比例	
			促进生态产品价值转化	
	国家公园优化布局选址与分区动态优化	国家公园范围与分区的合理划定	国家公园范围和分区约束下的初步城乡工矿用地、耕地调整	根据实际需要对城乡工矿用地、耕地等进一步微调
			保证国家公园连通性的生态廊道构建	连接当前和未来最适宜区物种的迁徙的生态廊道构建
工程技术措施	草地承载力提高	黑土滩治理、限制放牧		分时段式畜牧草地持续利用
		严重退化区草地围栏封育、封山育林		
		生物、化学、物理方法相结合的鼠害控制		
	草地压力降低	发展标准集约化舍饲畜牧业，加强良种培育和改良		
		构建天地一体化监测体系		实时监测草场变化、实现以草定畜
		改善农业生产技术、完善农业生产工具		
政策制度措施	综合生态补偿机制	迁出生态移民，对其提供经济补偿	整合多种门类生态补偿政策，统一拨付	
			将资金向改善民生倾斜，向贫困地区倾斜	
	可持续替代生计	鼓励、引导生态体验、生态保护工程、生态监测工作		扶持相关从业人员，促进合理规范化
		鼓励、引导生态旅游、特色种养殖		
	完善基础设施建设和提升公共服务水平	整合利用已有设施，优先配置不足设施	完善电信、水电及垃圾处理设备	
			推广分布式太阳能	
		提升医疗教育等公共服务水平		

图 11-6 三江源地区经济建设与生态保护协同发展路线图

第六篇　三江源国家公园示范案例研究

第十二章　三江源国家公园经济建设与生态保护发展协调性分析

第一节　三江源国家公园基本情况

三江源国家公园是中国首个国家公园体制试点区，包括黄河源园区、长江源园区、澜沧江源园区 3 个子园区。三江源国家公园体制试点区域总面积为 12.31 万 km²，涉及治多、曲麻莱、玛多、杂多四县和可可西里自然保护区管辖区域，共计 12 个乡镇、53 个行政村。三江源国家公园占三江源地区面积的约 30%。分区上三江源国家公园包括两个等级的分区。一级功能分区明确空间管控目标，包括核心保育区、传统利用区和生态保育修复区（图 12-1）；二级功能分区落实管控措施。

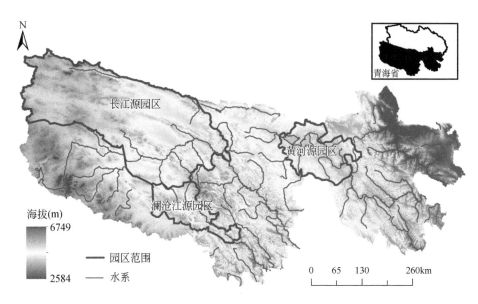

图 12-1　三江源国家公园分布情况

地形地貌：三江源国家公园位于青海南部，青藏高原腹地，以山原和高山峡谷地貌为主，主要山脉有昆仑山主脉及其支脉可可西里山、巴颜喀拉山、唐古拉山等，山系绵延，地势高耸，地形复杂，平均海拔可达 4500m 以上。中西部和北部为河谷山地，多宽阔而平坦的滩地，因冻土广泛发育、排水不畅，形成了大面积以冻胀丘为基底的高寒草甸和沼泽湿地。

气候：属于典型的高原大陆性气候，表现为冷热两季交替，干湿两季分明，年温差小，日温差大，日照时间长，辐射强烈，无四季区分的气候特征。冷季热量低，降水少，风沙大；暖季水气丰富，降水量多。多年平均气温为-5.6～7.8℃，冷季长达 7 个月。多年平均降水量自西北向东南由 262.2mm 增至 772.8mm。年日照时数为 2300～2900h，空气含氧量仅相当于海平面的 60%～70%。

水文水资源：长江、黄河、澜沧江三条江河的发源地，多年平均径流量为 499 亿 m³，其中长江 184 亿 m³，黄河为 208 亿 m³，澜沧江 107 亿 m³，水质均为优良。国家公园内湖泊众多，面积大于 1km² 的有 167 个，其中长江源园区为 120 个、黄河源园区为 36 个、澜沧江源园区为 11 个，以淡水湖和微咸水湖居多。雪山冰川总面积为 833.4km²；河湖和湿地总面积为 29 842.8km²。

土壤：地质成土过程年轻，冻融侵蚀作用强烈，土壤发育过程缓慢，土壤质地粗，沙砾性强，其组成以细沙、岩屑、碎石和砾石为主。土壤类型可分为 15 个土类，29 个亚类。土壤类型由高到低主要有高山寒漠土、高山草甸土、高山草原土、山地草甸土、灰褐土、栗钙土和山地森林土，以高山草甸土为主，冻土面积较大。

野生动植物：国家公园地处青藏高原高寒草甸区向高寒荒漠区的过渡区，主要植被类型有高寒草原、高寒草甸和高山流石坡植被；高寒荒漠草原分布于园区西部，高寒垫状植被和温性植被有少量镶嵌分布。公园内共有维管束植物 760 种，分属 50 科 241 属。野生植物形态以矮小的草本和垫状灌丛为主，高大乔木有大果圆柏等；公园内共有野生动物 125 种，多为青藏高原特有种，且种群数量大。其中兽类 47 种，雪豹、藏羚羊、野牦牛、藏野驴、白唇鹿、马麝、金钱豹 7 种为国家一级保护动物，藏狐、石貂、兔狲、猞猁、藏原羚、岩羊、豹猫、马鹿、盘羊、棕熊 10 种为国家二级保护动物；鸟类 59 种，以古北界成分居优势，黑颈鹤、白尾海雕、金雕 3 种为国家一级保护动物，大鵟、雕鸮、鸢、兀鹫、纵纹腹小鸮 5 种为国家二级保护动物；鱼类 15 种。

生态系统：高寒草甸与高寒草原是三江源国家公园的生态主体资源，在维护三江源水源涵养和生物多样性等主导服务功能中具有基础性地位。国家公园共有各类草地 868 万 hm²，其中可利用草地有 743 万 hm²。按草地类型分，未退化和轻度退化为 339 万 hm²，中度退化为 161 万 hm²，重度退化为 243 万 hm²；森林和灌丛在公园内分布较少，仅占总面积的 0.4%，主要分布在三江源自然保护区的昂赛保护分区；国家公园共有河湖和湿地及雪山冰川 307 万 hm^2，类型丰富，景观独特并稀有，是水源涵养、净化、调蓄、供水的重要单元；荒漠主要分布于可可西里自然保护区，未受到人类活动干扰，仍保留着原始风貌，是极其珍贵的自然遗产。山水林田湖草共同组成三江源的生命共同体，孕育了无数的高原精灵，培育了独一无二的生态文化，必须坚定不移地加以保护。

第二节　三江源地区土地利用/覆盖变化分析

三江源地区土地利用/覆盖类型面积比例相差悬殊（表 12-1，图 12-2，图 12-3）。根据来自中国科学院资源环境科学与数据中心的土地利用/覆盖数据，其中，草地是三江源地区的主要类型，其面积在 241 227.97～242 020.26km^2，占比达到三江源地区的 67.52%～67.73%，其分布基本遍布整个三江源，为三江源地区的基质类型。未利用地的面积为 83 295.81～83 870.04km^2。占比达到 23.31%～23.47%。这两种类型的土地利用就超过三江源地区面积的 90%。水域、林地面积占比分别为 4.73%～4.86% 和 3.96%，林地占比在 2000～2015 年基本没有变化。人工用地面积较小，其中建设用地面积为 80.70～121.51km^2（0.02%～0.03%）。耕地面积为 832.79～874.2km^2（0.23%～0.24%）。

表 12-1　三江源地区 2000～2015 年各类型土地利用面积　（单位：km^2）

土地利用	2000 年	2005 年	2010 年	2015 年
耕地	832.79	862.43	874.2	868.11
林地	14 150.58	14 151.7	14 148.8	14 150.85
草地	242 020.26	241 298.18	241 330.4	241 227.97
水域	16 910.8	17 026.3	17 055.57	17 369.42
建设用地	80.70	82.29	85.85	121.51
未利用地	83 295.81	83 870.04	83 796.12	83 553.08

三江源地区土地利用/覆盖的结构总体稳定，各类型之间的变化并不剧烈。林地面积基本保持恒定，草地面积呈下降趋势，水域面积则呈现逐年上升趋势。对于三江源整个区域来说，建设用地的面积占比是最小的，但是从面积变化来看，是增加最快的，尤其是 2010～2015 年这段时期内。对于耕地类型，2000～2010 年，耕地面积呈现增加趋势，2010～2015 年耕地减少，主要是建设用地；未利用地在 2000～2005 年呈现增加趋势，2005～2015 年则呈现下降趋势。

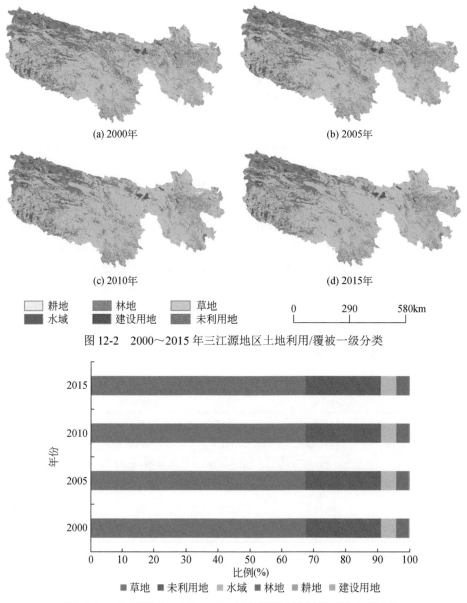

(a) 2000年 (b) 2005年

(c) 2010年 (d) 2015年

	耕地		林地		草地
	水域		建设用地		未利用地

0   290   580km

图 12-2   2000~2015 年三江源地区土地利用/覆被一级分类

■草地 ■未利用地 ■水域 ■林地 ■耕地 ■建设用地

图 12-3   三江源地区 2000~2015 年各类型土地利用/覆盖面积占比

进一步进行了转移矩阵分析来研究不同土地利用/覆盖类型的相互转化情况（表 12-2），2000~2005 年，36.52km^2 的草地向耕地转化，转化面积较大；仅有 6.85km^2 的耕地转化为草地。1.56km^2 的草地转化为建设用地。2000~2005 年，未利用地向草地和水域转化的面积较多，分别为 53.25km^2 和 103.06km^2，但是有 730.54km^2 的草地转化为未利用地，说明这一时期草地还有所退化。

表 12-2　2000～2005 年三江源地区土地利用/覆盖转移矩阵　　（单位：km²）

2000 年	2005 年					
	耕地	林地	草地	水域	建设用地	未利用地
耕地	825.91	0.00	6.85	0.00	0.03	0.00
林地	0.00	14 150.58	0.00	0.00	0.00	0.00
草地	36.52	1.12	241 237.64	12.88	1.56	730.54
水域	0.00	0.00	0.44	16 910.36	0.00	0.00
建设用地	0.00	0.00	0.00	0.00	80.70	0.00
未利用地	0.00	0.00	53.25	103.06	0.00	83 139.5

2005～2010 年，随着三江源地区开始构建自然保护区，三江源地区土地利用/覆盖变化得到了一定的控制（表 12-3），11.77km² 的草地向耕地转化。3.56km² 的草地转化为建设用地，较上一时期转化数量较多。未利用地向草地和水域的转化继续增加，分别为 74.00km² 和 13.75km²。没有草地向未利用地转化。

表 12-3　2005～2010 年三江源地区土地利用/覆盖转移矩阵　　（单位：km²）

2005 年	2010 年					
	耕地	林地	草地	水域	建设用地	未利用地
耕地	862.43	0.00	0.00	0.00	0.00	0.00
林地	0.00	14 147.14	2.80	0.00	0.00	0.00
草地	11.77	1.66	241 253.60	15.52	3.56	0.00
水域	0.00	0.00	0.00	17 026.30	0.00	0.00
建设用地	0.00	0.00	0.00	0.00	82.29	0.00
未利用地	0.00	0.00	74.00	13.75	0.00	83 782.29

2010～2015 年，耕地主要向建设用地转化（表 12-4），转化面积为 4.37km²，少量转化为水域（1.72km²）。少量的草地转化为林地，27.48km² 的草地转为建设用地，转化面积较大。虽然有少量的水域转为其他类型，但总体来说这一时期水域扩展的速度较快，与温度增加导致的冰川进一步融化关系较大。68.48km² 的草地转为水域，318.51km² 的未利用地转为水域。

表 12-4　2010～2015 年三江源地区土地利用/覆盖转移矩阵　　（单位：km²）

2010 年	2015 年					
	耕地	林地	草地	水域	建设用地	未利用地
耕地	868.11	0.00	0.00	1.72	4.37	0.00
林地	0.00	14 146.80	0.00	1.38	0.59	0.00

2010 年	2015 年					
	耕地	林地	草地	水域	建设用地	未利用地
草地	0.00	0.11	241 223.83	68.48	27.48	10.50
水域	0.00	3.91	0.89	16 979.33	0.00	71.44
建设用地	0.00	0.00	0.00	0.00	85.85	0.00
未利用地	0.00	0.00	3.25	318.51	3.22	83 471.84

第三节　基于灯光指数的三江源国家公园人类活动变化

夜间灯光信息是通过 DMSP/OLS 获得的。美国国防气象卫星计划（Defense Meteorological Satellite Program，DMSP）是美国国防部极轨卫星项目，其轨道特点类似 NOAA 卫星，运行在高度约 830km 的太阳同步轨道，扫描条带宽度 3000km，周期约 101min。卫星以一天 14 轨的速度飞行，每一个 OLS 传感器每天都能获取覆盖全球的黑夜和白天的图像。DMSP/OLS 传感器在夜间工作，能探测到城市灯光甚至小规模居民地、车流等发出的低强度灯光，并使之区别于黑暗的乡村背景，DMSP/OLS 夜间灯光影像可作为人类活动的表征。DMSP/OLS 数据来源于 NOAA 夜间灯光数据官网（https://www.ngdc.noaa.gov/eog/dmsp/ downloadV4composites.html）。

灯光指数是指区域内灯光斑块的平均相对灯光强度和灯光斑块面积与区域总面积之比的乘积（卓莉等，2003）。计算公式如下：

$$CNLI = I \times S \tag{12-1}$$

$$I = \frac{1}{N_L \times DN_M} \times \sum_{i=p}^{DN_M} (DN_i \times n_i) \tag{12-2}$$

$$S = \frac{Area_N}{Area} \tag{12-3}$$

式中，I 为区域内斑块的平均灯光强度；S 为斑块面积与区面积之比；DN_i 为区域第 i 级像元灰度；n_i 为区域内像元总数；p 为去除误差阈值；DN_M 为最大可能灰度。

采用 2000～2013 年的灯光数据（图 12-4）分析了三江源地区夜间灯光像素值的变化，2000～2013 年，三江源地区夜间灯光 DN 值的年平均值为 0.0033（2000年）、0.0049（2003 年）、0.0049（2005 年）、0.010（2007 年）、0.008（2009 年）、0.0178（2011 年）和 0.0245（2013 年），是逐年增加的。进一步通采用 2000 年、2007 年和 2013 年三期 DMSP/OLS 数据，将数据按照三江源国家公园试点边界进行提取，分别统计三期数据的像元灰度值，计算每期三江源国家公园试点范围的灯光指数 CNLI。

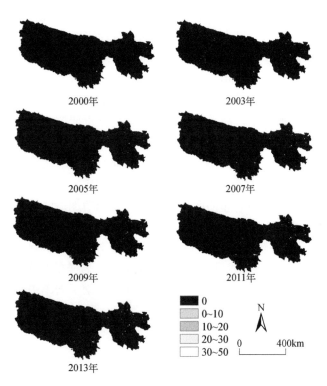

2000年　　　　　　2003年

2005年　　　　　　2007年

2009年　　　　　　2011年

2013年

	0
	0~10
	10~20
	20~30
	30~50

N

0　　　400km

图 12-4　三江源地区 2000～2013 年夜间灯光 DN 值

　　结果表明，三期灯光指数 CNLI 分别为 0、0.002、0.002，国家公园范围内的灯光指数由 2000 年的 0 上升为 2013 年的 0.002，远低于同期全国县级平均灯光指数（0.711）（表 12-5）。可以推断出三江源地区内 2000～2007 年人类活动强度增加，2007～2013 年人类活动强度增加不显著。从活动热点区域看，人类活动主要集中分布在杂多、曲麻莱县城附近。

表 12-5　三江源 2000 年、2007 年、2013 年灯光指数 CNLI 情况

指数	2000 年	2007 年	2013 年
灯光指数 CNLI	0.00	0.002	0.002

第四节　"人-兽空间冲突指数"构建

一、物种分布适宜性模拟结果

　　草食动物方面（图 12-5），藏野驴的 AUC 值为 0.774，模拟结果可接受。藏野驴在研究区内分布广泛。相比于当前时期，SSP1-2.6 和 SSP5-8.5 情景下，藏野驴分布的变化并不明显，以南部和东南部的适宜性降低为主。SSP1-2.6 情景下，2030～2050 年，藏野驴中适宜和高适宜性区域分布面积呈现先增加再略微减少趋势。而 SSP5-8.5 情景下，2030～2050 年，藏野驴中适宜和高适宜性区域面积之和呈现先减少后增加的趋势。藏羚羊的 AUC 值为 0.823，模拟结果可接受。当前时期以及各未来气候情景下，藏羚羊的分布基本均位于研究区的西部。中适宜和高适宜性区域面积之和总体上呈现出随时间而减少的趋势。而对于 SSP1-2.6 情景来说，2050 年相比 2030 年有所增加，但是相比当前时期仍然是减少的。藏原羚 AUC 值为 0.764，模拟结果可接受。对于 SSP1-2.6 和 SSP5-8.5 情景，相比于当前时期，藏原羚中适宜和高适宜性分布的面积变化趋势为先增加后降低趋势。并且相比于当前时期，到 2050 年，中适宜和高适宜性区域面积之和呈降低趋势。岩羊的 AUC 值为 0.903，模拟结果较好。当前时期，岩羊主要分布在研究区的中部和东部。而对于 SSP1-2.6 和 SSP5-8.5 情景，相比于当前时期，岩羊的分布（适宜性区域）呈现出向西南部移动的趋势。面积变化方面，两个情景下岩羊中适宜和高适宜性区域面积之和随时间呈减少趋势。

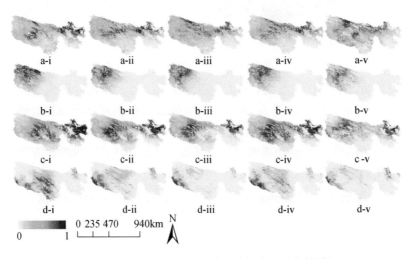

图 12-5　气候变化情景下食草动物栖息地适宜性模拟

i 为当前时期，ii 为 SSP1-2.6 情景 2030 年，iii 为 SSP1-2.6 情景 2050 年，iv 为 SSP5-8.5 情景 2030 年，v 为 SSP5-8.5 情景 2050 年；a.藏野驴；b.藏羚羊；c.藏原羚；d.岩羊

肉食动物方面（图 12-6），对于雪豹来说，其 AUC 为 0.977，对于 SSP1-2.6 和 SSP5-8.5 情景，相比于当前时期，两个情景下雪豹的中适宜和高适宜性区域面积之和均随时间呈现减小趋势，空间上有向西部移动趋势。对于棕熊来说，其 AUC 值为 0.963，模拟结果也较好。当前时期，棕熊的分布以研究区的中部为主。对于

SSP1-2.6 和 SSP5-8.5 情景，相比于当前时期，棕熊位于中部分布的区域向西部移动。相比于当前时期，2030 年和 2050 年棕熊中适宜和高适宜性区域面积之和呈现减少趋势，到 2050 年比 2030 年减少更多。对于狼来说，其 AUC 值为 0.753，模拟结果可接受。对于 SSP1-2.6 和 SSP5-8.5 情景，相比于当前时期，狼的分布向着北部和西南部移动。相比于当前时期，2030 年和 2050 年狼中适宜和高适宜性区域面积之和呈现减少趋势，到 2050 年比 2030 年减少更多。藏狐的 AUC 值为 0.774，模拟结果可接受。相比于当前时期，藏狐的分布向着北部、东北部和西南部移动。相比于当前时期，2030 年和 2050 年藏狐的中适宜和高适宜性区域面积之和呈现减少趋势，到 2050 年比 2030 年减少更多。

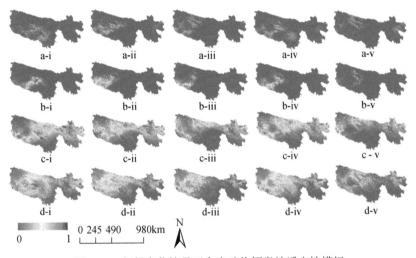

图 12-6　气候变化情景下食肉动物栖息地适宜性模拟

i 为当前时期，ii 为 SSP1-2.6 情景 2030 年，iii 为 SSP1-2.6 情景 2050 年，iv 为 SSP5-8.5 情景 2030 年，v 为 SSP5-8.5
情景 2050 年；a. 雪豹；b. 棕熊；c. 藏狐；d. 狼

　　鸟类方面（图 12-7），大鵟的 AUC 值为 0.731，模拟结果可接受。当前时期，大鵟的分布以研究区的西部和北部为主。大鵟中适宜和高适宜性区域分布面积和随时间呈现减少趋势。以 SSP1-2.6 情景减少最多。猎隼的 AUC 值为 0.735，模拟结果可接受。对于 SSP1-2.6 和 SSP5-8.5 情景，相比于当前时期，猎隼的分布向着西部移动。2030～2050 年，猎隼中适宜和高适宜性区域分布面积和呈现减少趋势，到 2050 年减少更多。黑颈鹤的 AUC 值为 0.815，模拟结果可接受。当前时期，黑颈鹤在研究区的中部和东北部都有分布。相比于当前时期，SSP1-2.6 和 SSP5-8.5 情景下，黑颈鹤的分布向着东北部移动，中部的分布逐渐消失。2030～2050 年，黑颈鹤中适宜和高适宜性区域面积和呈现先增加后减少的趋势。相比于 SSP1-2.6

情景, SSP5-8.5 情景到 2050 年中适宜和高适宜性区域面积之和减少更多但是相差不大。

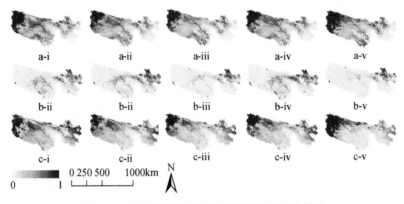

图 12-7　气候变化情景下鸟类栖息地适宜性模拟

i 为当前时期, ii 为 SSP1-2.6 情景 2030 年, iii 为 SSP1-2.6 情景 2050 年, iv 为 SSP5-8.5 情景 2030 年, v 为 SSP5-8.5 情景 2050 年; a. 大鵟; b. 黑颈鹤; c. 猎隼

二、变化环境下三江源地区人类活动强度和"人-兽空间冲突指数"

表 12-6 为通过熵权法计算的各个人类活动因子的权重。图 12-8 的结果为当前时期、SSP1-2.6 情景 2030 年、SSP1-2.6 情景 2050 年、SSP5-8.5 情景 2030 年和 SSP5-8.5 情景 2050 年人类活动强度。当前时期、SSP1-2.6 情景 2030 年、SSP1-2.6 情景 2050 年、SSP5-8.5 情景 2030 年和 SSP5-8.5 情景 2050 年研究区的 HII 分别为 0.00665、0.00695、0.00707、0.00698 和 0.00710。HII 较高的区域主要位于居民点、铁路和道路所在的位置。西部是 HII 高的地区, 是铁路的所在地。东部和中部地区的 HII 较高的区域就是道路所在的位置。HII 在道路交界处较高。这些地区的公路密度高, 并有居民点和旅游景点。总体来说, 人类活动强度呈现增加趋势。而未来 SSP1-2.6 情景和 SSP5-8.5 情景的人类活动强度相差不多。以下为 HII 分级面积及占比变化情况: 当前时期、SSP1-2.6 情景 2030 年、SSP1-2.6 情景 2050 年、SSP5-8.5 情景 2030 年和 SSP5-8.5 情景 2050 年 HII>0.35 的面积分别为 7km²、19km²、24km²、15km² 和 24km²; 分别占总面积的 0.0020%、0.006%、0.007%、0.004%和 0.007%; HII 为 0.15～0.35 的面积为 1070km²、1133km²、1251km²、1127km² 和 1215km², 占总面积的 0.299%、0.317%、0.350%、0.315%和 0.340%; HII 为 0.11～0.15 的面积分别为 1428km²、1591km²、1746km²、1581km² 和 1737km², 占总面积的 0.400%、0.445%、0.489%、0.442%和 0.486%; HII<0.10 的面积为 354 827km²、354 589km²、354 311km²、354 609km² 和

354 356km², 占总面积的 99.299%、99.232%、99.154%、99.239% 和 99.167%。
HII <0.10 占研究区域的最大面积。

表 12-6　熵权法计算结果

因子名称	权重
铁路密度	0.1454
一级道路密度	0.1134
二级道路密度	0.0858
三级道路密度	0.0857
游憩基础设施密度	0.1621
景点密度	0.1313
建设用地密度	0.1414
耕地密度	0.1307
NDVI	0.0042

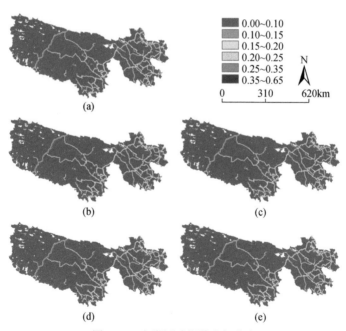

图 12-8　人类活动指数空间分布

（a）当前时期；（b）SSP1-2.6 情景 2030 年；（c）SSP1-2.6 情景 2050 年；（d）SSP5-8.5 情景 2030 年；

（e）SSP5-8.5 情景 2050 年

表 12-7 根据物种的摄食习惯和保护等级进行了评分。当前时期、SSP1-2.6 情

景 2030 年、SSP1-2.6 情景 2050 年、SSP5-8.5 情景 2030 年和 SSP5-8.5 情景 2050 年的 HWSCI 分别为 0.1446、0.1418、0.1321、0.1429、0.1291。HWSCI 呈现减小趋势，这是因为虽然 HII 呈现增加趋势，但是增量比较小，也是局部增加，但是物种适宜性栖息地面积总体上呈现减小趋势，进而导致 HWSCI 减小。图 12-9 为 HWSCI 的空间分布，可以明显看出，铁路线、道路网等区域 HWSCI 较高。考虑到车辆的行驶对野生动物的冲撞可能造成伤害，可以初步认为相互作用的类型为负面，食肉动物对人和牲畜的伤害、食草动物与牲畜竞争资源等也都可能是负面相互作用，未来可以通过实地考察和调查问卷的方式进一步确认。

表 12-7　物种摄食习惯和保护价值评分结果

名称	摄食习惯	保护物种等级	濒危程度	CITES 附录	特有性	价值（评分）
雪豹	1	国家一级	易危（VU）	I	非特有	0.675
狼	1	未列入	低危（LC）	II	非特有	0.275
棕熊	1	二级	低危（LC）	II	非特有	0.375
藏狐	0.1	未列入	低危（LC）	未列入	非特有	0.125
藏野驴	0.5	国家一级	易危（VU）	II	非特有	0.6
藏羚羊	0.5	国家一级	近危（NT）	I	非特有	0.625
藏原羚	0.5	国家二级	濒危（EN）	未列入	非特有	0.375
岩羊	0.5	国家二级	低危（LC）	III	非特有	0.3
猎隼	0.1	国家二级	濒危（EN）	II	非特有	0.525
大鵟	0.1	国家二级	低危（LC）	II	非特有	0.375
黑颈鹤	0.3	国家一级	易危（VU）	I	中国特有	0.9

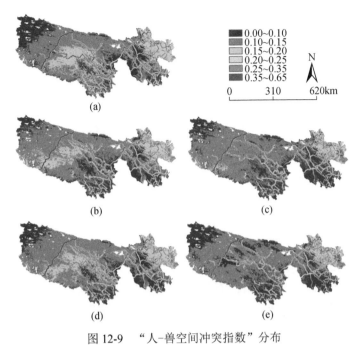

图 12-9 "人-兽空间冲突指数"分布

（a）当前时期；（b）SSP1-2.6 情景 2030 年；（c）SSP1-2.6 情景 2050 年；（d）SSP5-8.5 情景 2030 年；
（e）SSP5-8.5 情景 2050 年

第十三章 三江源黄河源园区生态承载力多目标优化

第一节 保护地生态承载力多目标优化模型构建

一、表征方法

对于保护地综合生态承载力的量化，可利用发展变量与限制变量间的关系来定量描述（曾维华等，1991；石月珍和赵洪杰，2005；王文懿，2015）。发展变量表示区域人类生活活动强度以及放牧与生态旅游等活动强度的变量，可以通过区域的总人口、地区 GDP、旅游规模、载畜规模、能源和资源利用量以及各种污染物排放量来表征，以上因素的集合构成发展变量集合，其中的元素被称为发展因子，可表示为 n 维矢量：

$$\boldsymbol{d} = (d_1, d_2, \cdots, d_n) \tag{13-1}$$

与发展变量相对应的是限制变量，是指资源、能源和生态系统条件对人类生活活动以及放牧与生态旅游等活动限制的体现。与发展变量相似，限制变量集合是由全体限制因素组成，集合中元素称为限制因子，同样可用 n 维矢量表示：

$$\boldsymbol{c} = (c_1, c_2, \cdots, c_n) \tag{13-2}$$

在此基础上，保护地综合生态承载力可以表示为在不超过限制变量阈值的范围内，发展变量的最大值，同理可以表示为 n 维矢量：

$$\boldsymbol{d}^* = (d_1^*, d_2^*, \cdots, d_n^*) \tag{13-3}$$

因此，保护地综合生态承载力可以表示成在相应的产业结构下，区域资源、能源和生态系统所能承载的人口数与经济规模的阈值，即区域资源、能源和生态环境所能承载的最大人口数与经济规模，它是保护地区域产业结构调整的基础。

综合生态承载力表示为一定时期内，一定社会经济技术条件，维持保护地生态系统多样性与完整性，不危害保护物种可持续生存繁衍前提下，生态系统所能承载的人口数、旅游规模及载畜规模的阈值，它是保护地区域经济建设与生态保护协同，维持保护地持续健康发展的基础。本书研究针对生态系统的特点，主要选择生态系统畜牧业规模（载畜量）与放牧结构，以及旅游规模作为优化目标，对区域生态承载力和载畜规模进行优化调控。给出研究区具体的发展因子和限制因子。

1. 发展因子选择

发展变量用以度量人类活动（生活活动与经济开发活动）对生态系统作用的强度，以各种资源利用量与向环境排放的各种污染物量表示，它们的全体构成发展变量集，集合中的元素称为发展因子。发展因子可包括：人口规模、放牧结构、载畜规模、旅游规模。

2. 限制因子选择

限制因子是生态系统状况对人类活动限制作用的表现。通常，限制因子可分为以下几类：环境类限制因子、资源类限制因子、市政工程类限制因子与心理类限制因子，包括：野生动物规模、产草量、旅游承载力指标、草地面积指标、保护区面积指标。

综上所述，保护地的发展变量集 D 可规定为

$$D=\{D_P, D_T, D_N\} \tag{13-4}$$

式中，D_P 为人口规模；D_T 为旅游规模；D_N 为载畜规模。

对应限制因子集 C 为

$$C=\{C_W, C_G, C_T, C_{GA}, C_{BA}\} \tag{13-5}$$

式中，C_W 为野生动物规模约束；C_G 为产草量约束指标；C_T 为旅游承载力约束指标；C_{GA} 为草地面积约束指标；C_{BA} 为保护区面积约束指标。

二、生态承载力约束下的不确定性多目标优化模型构建

（一）不确定性多目标优化研究概述

多目标优化问题得到的是 Pareto 优化解集或非被占优解集。目前，多目标优化方法已成功应用于多个领域，例如能源系统优化（Ahmadi et al.，2013）、工业生产过程优化（Kaviri et al.，2013）、能源消费预测与优化（Wu and Xu，2013）、基于环境承载力的排污权分配（Huang et al.，2014）、水资源配置（Lv et al.，2012；Chiang et al.，2014）、固体废弃物管理（Xi et al.，2010）、人力资源调度模型（Shahnazari-Shahrezaei et al.，2013）、供应链优化（Sabri and Beamon，2000）和

基于水资源约束的产业结构优化（Gu et al.，2013）等。作为生态系统功能结构表征的生态承载力是由多个分量构成的，且总是存在诸多不确定性，因此在研究生态承载力时选择不确定性多目标优化（Inexact fuzzy multi-objective programming，IFMOP）方法会更为有效，IFMOP 方法允许将不确定性作为区间直接引入规划流程中（Huang，1996；Wang et al.，2006）。该方法已成功应用于区域规划与管理领域，如在区域发展规划（Zou et al.，2000）、区域产业优化（Zhou et al.，2013）和环境经济管理（Li et al.，2010）中的应用。

（二）不确定性多目标优化概念模型

本书研究建立了一个生态承载力约束下的保护地区域发展规模与结构优化的概念模型（Optimal Model of Development Scale and Structure Optimization of Protected Area under the Constraint of Ecological Carrying Capacity，OMDSSOPECC）。其一般形式为

$$\max P = \sum_{i=1}^{n} p_i^{\pm} x_t^{\pm}$$

$$\max N = \sum_{i=1}^{m} q_l^{\pm} x_t^{\pm}$$

约束条件 (13-6)

$$x^{\pm} \in \boldsymbol{d}_j^*, j = 1, 2, 3, 4;$$

$$x^{\pm} \in b_i^{\pm}, i = 1, 2, 3;$$

$$(\boldsymbol{I} - A) x^{\pm} \in Z^{\pm}$$

$$x^{\pm} \in U^{\pm}$$

非负约束

$$x^{\pm} \geqslant 0$$

式中，$i=1$，2，…，n 为待选产业；± 表征参变量的上下限；$x^{\pm}$ 为不确定性决策变量；$q_l^{\pm}$ 为不确定性污染防治费用系数；p_i 为不确定性单位决策变量人口数；N 为不确定性单位决策变量载畜规模；$\boldsymbol{d}_j^*$ 为不确定性生态承载力约束条件；$b_i^{\pm}$ 为不确性定各产业比例约束；$\boldsymbol{I}$ 为投入产出表单位矩阵；A 为投入产出表直接消耗系数；$Z^{\pm}$ 为不确定性最终产品；$U^{\pm}$ 为不确定性总产出。

（三）综合生态承载力约束下保护地发展规模与结构优化模型建立

设定目标函数和约束条件，其中目标函数包括适度人口规模、区域最大载畜量以及适度旅游规模三部分；约束条件考虑产草量约束、旅游环境承载力约

束、土地资源等承载力分量约束、野生动物保护约束、人口规模约束以及旅游规模约束等。构建模型如下。

1. 目标函数

$$\max P = \sum_{i}^{m} \partial^{\pm} P_i^{\pm} + \sum_{j}^{n} (1-\partial^{\pm}) P_j^{\pm}$$

$$\max N = \sum_{k}^{l} N_k^{\pm} + N_{\text{wild}}^{\pm} \tag{13-7}$$

式中，$P_i^{\pm}$ 为居民人口规模（人）；$P_j^{\pm}$ 为旅游人口规模（人次）；∂ 为居民人口占区域可承载人口规模比例（%）；$N_k^{\pm}$ 为第 k 种载畜规模（这里指牛、羊、马）（羊单位）；$N_{\text{wild}}^{\pm}$ 为野生动物规模（羊单位）。

2. 约束条件

1）野生动物规模约束：

$$\frac{1}{k^{\pm}} N_{\text{wild}}^{\pm} \leqslant Q_{\text{wild}}^{\pm} \tag{13-8}$$

式中，$N_{\text{wild}}^{\pm}$ 为野生动物规模（羊单位）；$k^{\pm}$ 为食物占有率（%）；$Q_{\text{wild}}^{\pm}$ 为最大承载野生动物规模（羊单位）。

2）产草量约束：

$$\sum_{k}^{m} \partial_k^{\pm} N_k^{\pm} + \partial_{\text{wild}}^{\pm} N_{\text{wild}}^{\pm} \leqslant \text{GS}^{\pm} \tag{13-9}$$

式中，$\partial_k^{\pm}$ 为第 k 种动物（这里指牛、羊、马）的可食用草量（kg/羊单位）；$\partial_{\text{wild}}^{\pm}$ 为野生动物的可食用草量（kg/羊单位）；$N_k^{\pm}$ 为第 k 种（这里指牛、羊、马）载畜规模（羊单位）；$\text{GS}^{\pm}$ 为最大可食用草量（kg）。

3. 旅游环境承载力指标约束

1）旅游资源约束。

旅游资源约束主要包括生活垃圾、生活污水指标的约束：

$$\left(\frac{a_i^{\pm} \times t_i^{\pm}}{\lambda_i^{\pm}} \times P_i^{\pm} \right) + \left(\frac{a_j^{\pm} \times t_j^{\pm}}{\lambda_j^{\pm}} \times P_j^{\pm} \right) \leqslant D^{\pm} \times \left[e^{\pm} + \theta^{\pm}(1-e^{\pm}) \right] \times h^{\pm} \tag{13-10}$$

式中，$a_i^{\pm}$ 和 $a_j^{\pm}$ 分别为当地居民和旅游者在相应满意度下平均每人每日生活垃圾量或污水排放量（kg）；$t_i^{\pm}$ 和 $t_j^{\pm}$ 分别为当地居民和旅游者的平均逗留天数（天）；$\lambda_i^{\pm}$ 和 $\lambda_j^{\pm}$ 分别为相应情况下当地居民和旅游者的满意度（%）；$D^{\pm}$ 为生活垃圾或污水排放量（kg）；$e^{\pm}$ 为资源的实际利用率（%）；$\theta^{\pm}$ 为资源剩余部分的使用程度（%）；$h^{\pm}$ 为资源的周转率（%），h=开放时间/旅游时间，但在实际计算过程中要考虑某些资源的约束条件不具周转情形，因此具体问题要具体分析。

2）以面积为限制性因子的计算公式如下：

$$\frac{S^{\pm} \times O^{\pm}}{A^{\pm} \times D^{\pm}} < E_1^{\pm}$$

$$\frac{S^{\pm}}{A^{\pm}} < E_1'^{\pm} \qquad (13\text{-}11)$$

式中，$E_1^{\pm}$ 为时段旅游环境承载力（人）；$E_1'^{\pm}$ 为 $E_1^{\pm}$ 瞬时值；$S^{\pm}$ 为游览区面积（m^2）；$O^{\pm}$ 为开放时间（h）；$A^{\pm}$ 为人均占用的合理面积（m^2）；$D^{\pm}$ 为游览区停留时间，即游览本区所需要的时间（h）。当 $O^{\pm}$ 为日有效开放时间时，$E_1^{\pm}$ 为日旅游环境承载力；当 $O^{\pm}$ 为年有效开放时间时，$E_1^{\pm}$ 为年旅游环境承载力。

3）以长度为限制性因子的计算公式如下：

$$\frac{L^{\pm} \times O^{\pm}}{L_0^{\pm} \times D^{\pm}} < E_2^{\pm}$$

$$\frac{L^{\pm}}{L_0^{\pm}} < E_2'^{\pm} \qquad (13\text{-}12)$$

式中，$E_2^{\pm}$ 为时段旅游环境承载力（人）；$E_2'^{\pm}$ 为 $E_2^{\pm}$ 瞬时值；$L^{\pm}$ 为游览线路长度（m）；$O^{\pm}$ 为开放时间（h）；$L_0^{\pm}$ 为游客间适当距离间隔（m/人）；$D^{\pm}$ 为游览完毕需要时间（h）。当 $O^{\pm}$ 为日有效开放时间，$E_2^{\pm}$ 为日旅游环境承载力；当 $O^{\pm}$ 为年有效开放时间，$E_2^{\pm}$ 为年旅游环境承载力。

4）旅游环境承载力综合值计算公式如下：

$$\frac{\sum_{i=1}^{n} E_i'^{\pm} \times O'^{\pm}}{T'^{\pm}} < \text{TEC}'^{\pm} \qquad (13\text{-}13)$$

式中，$\text{TEC}'^{\pm}$ 为旅游地旅游环境承载力瞬时值；$E_i'^{\pm}$ 为第 i 个游区环境承载力瞬时值；$O'^{\pm}$ 为有效开放时间（h）；$T'^{\pm}$ 为游客完成全部游览活动所需时间（h）；n 为游区数。

草地面积约束：

$$\text{GS}^{\pm} \leqslant \text{GLA}^{\pm} \qquad (13\text{-}14)$$

式中，$\text{GLA}^{\pm}$ 为最大草地面积（m^2）。

野生动物保护区约束：

$$Q_c^{\pm} \leqslant Q_{wild}^{\pm} \leqslant Q_c^{\pm} + Q_h^{\pm} \tag{13-15}$$

式中：$Q_{wild}^{\pm}$ 为野生动物保护区面积；$Q_c^{\pm}$ 为保护区核心区面积；$Q_h^{\pm}$ 为保护区缓冲区面积。

人口规模约束：

$$P_i^{\pm} \leqslant \max P_i^{\pm}; \min P_i^{\pm} \leqslant P_i^{\pm} \tag{13-16}$$

式中，$\max P_i^{\pm}$ 为人口规模上限（人）；$\min P_i^{\pm}$ 为人口规模下限（人）。

旅游规模约束：

$$P_j^{\pm} \leqslant \max P_j^{\pm}; \min P_j^{\pm} \leqslant P_j^{\pm} \tag{13-17}$$

式中，$\max P_j^{\pm}$ 为旅游规模上限（人）；$\min P_j^{\pm}$ 为旅游规模下限（人）。

非负约束：

$$P_i^{\pm} \geqslant 0; P_j^{\pm} \geqslant 0; N_k^{\pm} \geqslant 0 \tag{13-18}$$

第二节　实证研究：黄河源区玛多县生态承载力及规模结构优化

一、案例区概况

三江源国家公园黄河源园区位于果洛州玛多县境内，占玛多县面积的 80%，位于东经 97°1′20″～99°14′57″，北纬 33°55′5″～35°28′15″，面积为 1.91 万 km²。在其范围内有扎陵湖、鄂陵湖 2 处国际重要湿地、自然保护区核心区和缓冲区、扎陵湖-鄂陵湖国家级水产种质资源保护区、黄河源水利风景区等，属于多类型保护地。园区内包含 19 个行政村，居民以藏族为主，经济结构单一，主体产业仍为传统畜牧业。黄河源园区核心保育区面积为 0.86 万 km²；生态保育修复区为 0.24 万 km²，传统利用区面积为 0.81 万 km²。其中，核心保育区和生态保育修复区是野生动物的重要栖息地，植被类型以高寒草原和高寒草甸为主。草地面积为 8057.64km²（国家发改委，2018）。

二、参数选取

在进行生态承载力核算时，空间范围的界定可以在各类保护地现有功能分区的基础上，以保持生态系统完整性为原则，遵从保护面积不减少、保护强度不降低、保护性质不改变的总体要求，将功能分区对应于相应的生态、生产、生活、旅游功能空间，合理确定承载力核算的边界范围。对于不同承载力对象，分别参照对应方法，搜集统计数据、调查数据，计算每一类生态系统服务的供给量和承载对象的个体消耗量。由于不同类型保护地的保护目标和社会经济发展现状不一，达到承载力的精确核算较为困难，因此需根据案例区的自然属性、生态价值和管理目标对承载力核算中生态系统服务消耗量设置相应的约束参数。

本书根据《三江源国家公园总体规划》目标，将研究目标年设置为 2020 年、2025 年和 2035 年 3 个阶段。数据来源包括遥感图像解译、中国科学院资源环境科学与数据中心、青海年鉴、青海省统计年鉴、玛多县国民经济和社会发展统计公报及年鉴、三江源国家公园规划及相关文献（朱夫静，2016；杨帆等，2018；王斌等，2012）（表 13-1 和表 13-2）。参数的不确定性是通过取值区间解决的，取值空间多从获取信息中直接确定，其他部分参数采用取中间值上下浮动 10%的方法确定取值空间。

表 13-1　不确定性多目标优化模型的主要约束参数

项目	2020 年	2025 年	2035 年
人口（万人）	1.65	2.15	2.45
垃圾处理率（%）	100	100	100
污水处理率（%）	50	80	100
可利用草地面积（万亩）	3378.84	3378.84	3378.84
产草量（kg）	125	155	215
野生动物规模（万羊单位）	30	30	30
载畜规模（万羊单位）	48	58	68

*1 亩≈666.7m^2

表 13-2　模型重要参数

年份	总人口（人）	农牧民人口（人）	城镇人口（人）	农牧业（万元）	旅游业（万元）	农牧民人均可支配收入（元）	接待游客人数（万人次）
2013	14 826	10 990	3836	5059.7	1938.7	4072	3.4
2014	14 874	11 049	3825	5405	2689	4607	4.46
2015	14 982	10 988	3994	5377.2	3442.6	5351	5.42
2016	15 075	11 147	3928	5732.1	4583.6	5865	6.59
2017	15 604	11 597	4007	6083.8	6295.2	6491	9.25
2018	15 714	12 374	3340	6827.3	3525	7401	4.89

年份	载畜量（羊单位）	产草量（kg）	可利用草地面积（万亩）	可利用生草地容纳量（万羊单位）	草畜平衡区容纳量（万羊单位）	可利用草地面积（km²）	草畜平衡区（km²）
2013	33 724	95	3378.84	145	36	22 536.86	5788.226
2014	34 355	80	3378.84	122	30	22 536.86	5788.226
2015	35 315	90	3378.84	137	34	22 536.86	5788.226
2016	36 015	100	3378.84	153	38	22 536.86	5788.226
2017	37 699	110	3378.84	168	42	22 536.86	5788.226
2018	38 829	116	3378.84	177	44	22 536.86	5788.226

三、方案设计与模型求解

本书研究基于构建的保护地生态承载力不确定性多目标优化模型，对保护地生态系统供给能力的计算和承载对象消耗量的统计，评估该保护地生态承载力，包括适度人口规模、区域最大载畜量以及适度旅游规模。由于黄河源园区内主要是以畜牧业和旅游业为生态系统提供供给服务的主要来源，因此对社会经济活动承载力模型进行相应简化。本书以 2018 年为基准年，2020 年、2025 年、2035 年为目标年，设定两种情景：基准情景（BAU 情景）和规划目标情景（PO 情景），利用构建的不确定性多目标优化模型对玛多县不同情景下区域发展规模与结构进行优化。本书研究主要利用 LINGO 软件对黄河源区玛多县生态承载力不确定性多目标优化模型进行求解。

不确定性多目标优化模型求解，需结合 FLP 转换、模糊目标构建、ILP 转换、目标分解与不确定性多目标优化子模型构建以及最终人机交互等步骤完成整个模型求解过程（曾维华和杨月梅，2008）。

四、结果分析

利用构建的不确定性多目标优化模型对不同情景进行求解，BAU 情景下的求解结果如表 13-3 所示，规划目标情景下的求解结果见表 13-4。

表 13-3　BAU 情景下的规模与结构

项目	2020 年		2025 年		2035 年	
	下限	上限	下限	上限	下限	上限
总人口规模（万人）	1.975	2.705	2.164	3.433	2.329	3.750
农牧民人口规模（万人）	1.525	2.202	1.740	2.836	1.852	3.135

续表

项目	2020 年		2025 年		2035 年	
	下限	上限	下限	上限	下限	上限
城镇人口规模（万人）	0.450	0.503	0.424	0.597	0.577	0.625
旅游规模（万人次）	7.899	9.017	8.656	11.445	9.716	12.533
家牦牛（羊单位）	246 138	389 037	258 905	458 972	278 432	558 426
藏羊（羊单位）	74 587	117 890	78 456	139 083	84 373	169 220
马（羊单位）	4 475	7 073	4 707	8 345	5 062	10 153
野生动物（羊单位）	31 808	35 438	32 316	48 220	56 108	63 847

表 13-4　规划目标情景下的规模与结构

项目	2020 年		2025 年		2035 年	
	下限	上限	下限	上限	下限	上限
总人口规模（万人）	1.606	2.068	2.100	2.350	2.388	2.698
农牧民人口规模（万人）	1.250	1.650	1.650	1.830	1.863	2.135
城镇人口规模（万人）	0.356	0.418	0.450	0.520	0.525	0.563
旅游规模（万人次）	3.564	4.113	4.200	4.700	4.776	5.396
家牦牛（羊单位）	287 615	363 303	302752	438 991	378 440	514 679
藏羊（羊单位）	87 156	110 092	91743	133 027	114 679	155 963
马（羊单位）	5229	6606	5504	7982	6881	9358
野生动物（羊单位）	35 438	37 048	44192	48 035	56 831	61 210

1. 区域野生动物规模分析

玛多县黄河源园区内的核心保育区和生态保育修复区是野生动物的重要栖息地，植被类型以高寒草原和高寒草甸为主。玛多县可利用草地面积为 3378.84 万亩。该地区内广泛分布的大型食草野生动物为藏野驴和藏原羚，每只藏野驴换算为 4 个羊单位，每只藏原羚换算为 0.5 个羊单位。地区在发展畜牧业的同时保护野生动物种群数量，经计算玛多县可以承载野生动物为 30 万个羊单位。根据不确定性多目标优化模型计算不同情景下玛多县野生动物规模，如图 13-1 和图 13-2 所示，BAU 情景下，2020 年玛多县野生动物规模在 31 808～35 438 个羊单位，2025 年的规模为 32 316～48 220 个羊单位，2035 年的规模为 56 108～63 847 个羊单位，在此情景下野生动物规模发展迅速，但距离经济发展目标较远。

在规划目标情景下，2020 年玛多县地区野生动物规模在 35 438～37 048 个羊单位，2025 年规模为 44 192～48 035 个羊单位，2035 年规模为 56 831～61 210 个羊单位，在此情景下能保证野生动物种群数量发展的同时畜牧业发展相对较为迅速。

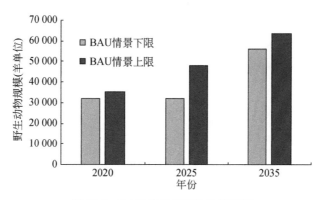

图 13-1　BAU 情景下野生动物规模

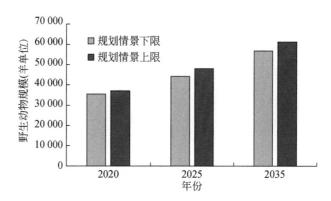

图 13-2　规划目标情景下野生动物规模

2. 区域畜牧业结构与规模分析

在玛多县畜牧业发展规划中，产业种类以牛、羊、马为主。近年来，随着产业结构、企业组织结构、市场结构和产品结构的进一步调整，实施一系列改革发展战略，玛多县畜牧业已具备了一定的基础和实力，符合该地区工业发展规划定位。本研究根据相关文献数据及青海统计年鉴并结合三江源国家公园规划以及玛多县统计资料及年鉴利用不确定性多目标优化模型计算 BAU 情景和规划目标情景下 2020 年、2025 年和 2035 年的畜牧业载畜规模，如图 13-3～图 13-8 所示，玛多县地区以养殖家牦牛为主，藏羊次之，马的养殖规模最小。其中，在 BAU 情景下，2020 年家牦牛、藏羊、马的载畜规模分别为 246 138～389 037 个羊单位、74 587～117 890 个羊单位、4 475～7 073 个羊单位，2025 年分别达到 258 905～458 972 个羊单位、78 456～139 083 个羊单位、4707～8345 个羊单位，2035 年分别达到 278 432～558 426 个羊单位、84 373～169 220 个羊单位、5062～10 153 个羊单位，在此情景下地区畜牧业发展缓慢，距离发展目标较远。

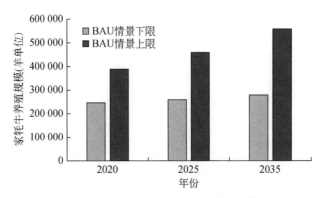

图 13-3 　BAU 情景下家牦牛养殖规模

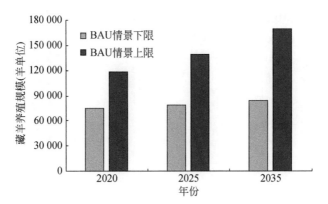

图 13-4 　BAU 情景下藏羊养殖规模

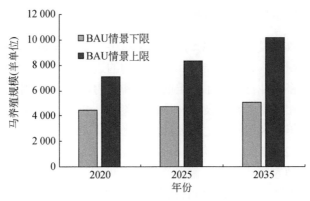

图 13-5 　BAU 情景下马养殖规模

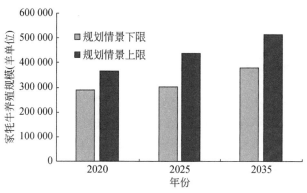

图 13-6 规划目标情景下家牦牛养殖规模

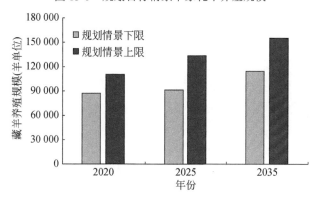

图 13-7 规划目标情景下藏羊养殖规模

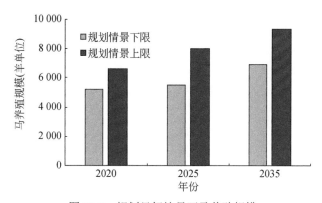

图 13-8 规划目标情景下马养殖规模

在规划目标情景下，2020 年玛多县地区畜牧业家牦牛、藏羊、马的养殖最大分别达到 287 615～363 303 个羊单位、87 156～11 092 个羊单位、5229～6606 个羊单位，2025 年分别达到 302 752～438 991 个羊单位、91 743～133 027 个羊单位、5504～7982 个羊单位，2035 年分别达到 378 440～514 679 个羊单位、114 679～

155 963 个羊单位、6881~9358 个羊单位,在此情景下畜牧业发展相对较为迅速。与 BAU 情景相比,规划目标情景下玛多县畜禽养殖规模更合理。

3. 区域人口规模分析

由图 13-9 和图 13-10 可看出,在 BAU 情景下,玛多县 2020 年人口规模为 1.975 万~2.705 万人,2025 年为 2.164 万~3.433 万人,2035 年为 2.329 万~3.750 万人;而在规划目标情景下,2020 年、2025 年和 2035 年人口规模区间分别为 1.606 万~2.068 万人、2.100 万~2.350 万人和 2.388 万~2.698 万人,而玛多县 2019 年总人口接近 1.60 万人,因此,规划目标情景的人口规模比较合理,符合规划人口目标。进一步对农牧民人口规模进行分析,由图 13-11 和图 13-12 可以看出,在 BAU 情景下,2020 年农牧民人口规模为 1.525 万~2.202 万人,2025 年为 1.740 万~2.836 人,2035 年为 1.852 万~3.135 万人;在规划目标情景下,2020 年、2025 年和 2035 年农牧民人口规模区间分别为 1.250 万~1.650 万人、1.650 万~1.830 万人和 1.863 万~2.135 万人,玛多县 2019 年牧民人口为 1.26 万人,因此,规划目标情景下的牧民人口规模比较合理,符合规划人口目标。

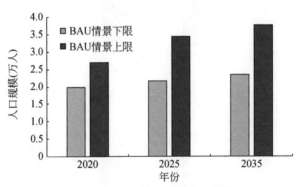

图 13-9　BAU 情景下总人口规模

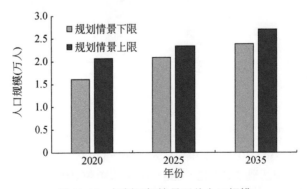

图 13-10　规划目标情景下总人口规模

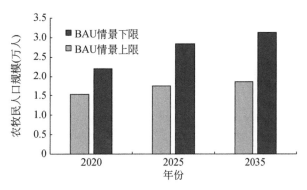

图 13-11　BAU 情景下农牧民人口规模

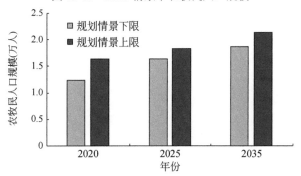

图 13-12　规划目标情景下农牧民人口规模

4. 区域旅游规模分析

旅游业是三江源地区一个重要产业。近几年，玛多县旅游产业发展迅速，截至 2018 年旅游产业带来的总收入达到 3525 万元，接待游客人数 4.89 万人次，旅游业的发展带动了相关产业和地方经济的发展，加快了城乡经济结构调整的步伐，扩大了社会就业，增加了城镇居民和农牧民群众收入。旅游业的产业带动和社会效益已在显现。当地政府为有效保护三江源国家公园黄河源园区生态环境和自然资源，禁止在扎陵湖、鄂陵湖、星星海自然保护区开展旅游活动。旨在保护黄河源头生物多样性，确保珍稀物种栖息地不受威胁，有效保护好黄河源头的生态环境。因此，本研究对不同情景下玛多县旅游规模进行分析，由图 13-13 和图 13-14可看出，在 BAU 情景下，玛多县旅游规模整体呈现增加趋势，2020 年玛多县地区旅游规模为 7.899 万～9.017 万人次，2025 年达到 8.656 万～11.445 万人次，2035年达到 9.716 万～12.533 万人次，在此情景下旅游业发展迅速发展，但未能考虑地区生物多样性以及地方发展规划，旅游规模持续增加。而在规划目标情景下，2020 年玛多县地区旅游规模最大为 4.113 万人次，2025 年为 4.700 万人次，2035年为 5.396 万人次，在此情景下旅游业发展减缓，主要是考虑了三江源国家公园规划试点以及地方规划对旅游的限制开发，旨在保护地方生物多样性以及生态环境。

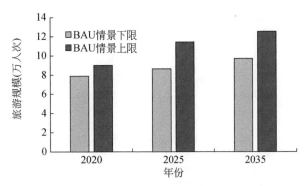

图 13-13　BAU 情景下玛多县旅游规模

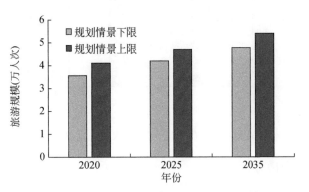

图 13-14　规划目标情景下玛多县旅游规模

第十四章 三江源国家公园农户生计与保护
行为及其政策调控

第一节 实地调研与数据获取

以三江源国家公园作为案例地，根据人口分布和地理条件等，研究团队选择了长江源园区和澜沧江源园区作为问卷发放地。三江源国家公园成立以来，将原有草原、湿地、林地等管护员统筹归并为生态管护员，同时结合精准扶贫工作，优先从园区内建档立卡贫困户中设立生态管护员。一户一岗管护员的设置，基本都为每户户主。了解到这一背景，调研期间，主要通过长江源园区、澜沧江源园区的生态管护员集中召集和牧户随机走访两种形式来完成问卷调查。2018 年 8 月 18 日～8 月 30 日，课题组前往三江源国家公园，主要开展了以下工作。

实地考察：2018 年 8 月 18～21 日，沿三江源国家公园东线进行考察，途经西宁市→兴海县→玛多县→玉树州→杂多县，沿途经过三江源国家公园黄河源园区、长江源园区和澜沧江源园区，隆宝国家级自然保护区，实地考察草原牧民、植被、物种分布情况并开展了小规模座谈、访谈。

乡镇调研和问卷调查：2018 年 8 月 22 日～8 月 29 日在杂多县、隆宝镇、治多县等地，就当地居民参与生态保护和生态经济建设等问题开展入户调查，共计完成 141 份问卷（表 14-1），获取了农民生计和保护行为、保护意识的一手资料。此次调研面向长江源和澜沧江源两个园区共发放问卷 127 份，回收问卷 127 份，其中有效问卷 123 份，问卷有效率为 97%。此次问卷调查对象分别来自 5 个乡 27 个村，问卷访问对象具体分布见表 14-2，受访者社会经济特征统计表 14-3。由于受访者中户主占到 91%，户主多为男性，故最终样本中男女比例为 5∶1。受访者平均年龄为 42 岁，30～39 岁之间的受访者占样本总体的 28.5%。受访者平均受教育年限仅为 1.1 年，82.1%的受访者未接受过教育。家庭平均年收入为 42 267 元，年收入区间主要集中在 3 万～5 万元。所有受访家庭中，有 55%的家庭为贫困户，82%的家庭设有管护员岗位。一半以上的受访者常住在居住地，没有搬过家，剩下的受访者或经扶贫搬迁等，由原始住所搬至县城，也仍未离开过原来的乡或县。

表 14-1　牧区调研时间及问卷发放情况

调研时间	走访保护地	调研乡镇	发放问卷数量
8 月 22~24 日	澜沧江源园区	扎青乡、莫云乡、昂赛乡、查旦乡、阿多乡	66
8 月 25~26 日	隆宝国家级自然保护区	隆宝镇、措桑村、措美村、措多村	14
8 月 27~29 日	长江源园区	索加乡、扎河乡	61
		合计	141

表 14-2　受访牧民乡镇分布情况

园区	乡镇	乡镇人口数（人）	问卷回收数量（份）	管护员数量（人）
长江源园区	索加乡	5296	28	17
	扎河乡	5279	29	18
澜沧江源园区	昂赛乡	8501	8	8
	阿多乡	8921	9	9
	扎青乡	9183	14	13
	查旦乡	5525	18	18
	莫云乡	6323	17	17

表 14-3　三江源国家公园受访者社会经济特征统计

社会经济特征	长江源园区	澜沧江源园区	样本总体
受访者人数	57	66	123
性别比例（男∶女）	2∶1	16∶1	5∶1
户主比例（%）	84	97	91
贫困户比例（%）	30	77	55
受访者平均年龄	45	40	42

第二节　原住民保护意识和保护态度调查

　　根据计划行为理论基础，拟定了关于牧民保护意识与认知水平测度的一系列问题并进行了统计（表 14-4）。就平均水平而言，牧民对于生态保护的态度较为积极，形成了一定的整体保护氛围并体现出个人在生态保护中的主观能动性。绝大多数牧民能够认识到草原保护的重要性，同时对于草原生态环境非常关注，如果看到偷猎盗猎，绝大多数牧民愿意劝阻或举报他们；85%的受访者对于国家公园的建设是满意的；98%的牧民近一年里无打猎行为；绝大部分牧民所在的乡镇或村政府经常宣传生态保护知识，如合理放牧、保护野生动植物等。

表 14-4　牧民保护意识与认知水平问题统计　（单位：%）

调查内容	题项描述	回答比例（1→5）				
生态保护行为态度	即便没有生态补偿，我也愿意保护当地的生态环境	1	1	8	40	50
	我平时关注身边生态环境变化，并注意维护生态保护成果	2	4	29	25	40
	生态保护是重要的国家政策，我支持其执行	0	0	19	28	53
主观规范	我平时保护生态环境的意愿会受别人（如家庭、朋友、邻居等）的影响	2	3	32	52	11
	我周围的人，如朋友、亲人等，认为我应该保护生态环境	0	2	21	44	33
	我所在的乡镇或村政府认为我应该保护生态环境	6	10	62	16	6
感知行为控制	在保护生态环境的同时，我的家庭能维持一定的收入和生活水平	0	2	29	58	11
	对我来说，参与生态保护并做出贡献比较容易	0	0	15	43	42
	我的努力确实能对当地生态保护产生一定的作用	0	0	23	31	46
生态保护行为意向	看到破坏草原、偷猎盗猎的行为，我愿意劝阻或举报	0	4	21	42	33
	当受到野生动物干扰，我不希望驱赶、伤害或猎杀它们	1	11	22	46	20
	我愿意继续削减牲畜饲养量	15	21	38	24	2
生态保护关注程度	我认为本地可以大规模发展旅游	68	2	30	0	0
	我对国家公园建设工作比较满意	6	9	49	28	8
生态保护宣传	我所在的乡镇或村政府会经常宣传生态保护知识，如合理放牧、保护野生动植物等	0	0	7	11	82

第三节　原住民生计、保护行为现状分析

一、原住民生计调查

问卷主要从以下 6 个方面了解了牧户的生计情况，两个园区及问卷总体的生计统计数据见表 14-5。

人力资本：受访牧民家庭平均人数为 4.55 人，劳动力比例为 52.09%，即每户有一半的家庭成员有劳动能力，可以从事牧业或其他生产活动。家庭户均受教育

年限为 2.58 年，受教育水平较低。家庭参保人数平均比例为 50%，户均外出务工人数比例仅有 1.61%，几乎没有外出打工的情况。

物质资本：51% 的受访家庭拥有帐篷，多用于夏季游牧住宿；70% 的牧民拥有房屋，其中近一半是生态扶贫或玉树震后由政府支持建造，户均房屋面积为 48m²。由于牧区面积较大，从草场到住所、县城，或在草场巡视时多使用摩托车，96% 的家庭拥有交通工具。户均拥有大型家电数量 2.35 台。

社会资本：20% 的受访家庭参加了村合作社，主要参与形式有：雇佣做工，如参与牛羊管护、放牧等；牛羊入股、参与分红；资金入股、参与分红等。牧民生计活动或职业较单一，22% 的受访者表示家中有除牧业以外有固定工作和收入的成员。

自然资本：户均草地面积达 2282 亩，人均草地面积 510 亩。14% 的受访牧民已将草地以不同形式流转，如给附近的亲戚、邻居或村集体。

金融资本：受访者平均家庭年收入为 42 267 元。另外，人均获得生态补偿款为 8626 元/年。户均牲畜饲养量为 17 个牦牛单位。

表 14-5　三江源国家公园牧户生计资本调查结果

生计资本类型	观测变量	平均值（方差）
人力资本	家庭人数	4.55（1.74）
	户均受教育年限	2.58（3.01）
	家庭劳动力人数	2.37（1.39）
	家庭参保人数	2.23（2.30）
物质资本	房屋面积（m²）	47.74（40.38）
	是否拥有帐篷	0.51（0.50）
	拥有机动车数量	0.96（0.62）
	拥有大型家电数量	2.35（1.02）
社会资本	是否加入某些社会组织、机构	0.20（0.40）
	是否有成员拥有除农林牧渔业以外的固定工作或收入	0.22（0.42）
自然资本	家庭草地面积（公顷）	2281.80（1172.33）
金融资本	家庭年收入（元）	42266.67（27908.18）
	家庭年生态补偿收入（元）	8626.49（6304.03）
	家庭饲养牲畜（牦牛单位）	17.03（28.20）

据消费情况统计，分别有 77%、62%、41%、33% 的受访牧民选择了看病、购买食品、购买衣物、子女教育为去年的主要支出。牧民家庭收入主要来源的分解与统计可见图 14-1。在长江源园区，家庭平均年收入为 32 233 元，58% 的受访家庭是以生态管护员工资作为主要收入来源，另有 26% 的人是以其他生态补偿作为

主要收入来源。澜沧江源园区家庭平均年收入为 50 932 元，明显高于长江源园区，62%的家庭是以虫草采挖和贩卖为主要收入来源，另有 38%的牧民家庭以生态管护员工资为主要收入来源。国家公园试点建设中，生态管护员惠及面较广，就样本整体而言，管护员工资收入已成为 50%牧民家庭的主要收入来源，其次是采集、售卖虫草收入（35%），只有 4%的家庭仍主要依靠畜牧业为生。可见，除在虫草产区的牧民以虫草挖掘收益为家庭主要收入来源，大部分牧民已经吃上"生态饭"，可以依靠生态补偿维持生计。

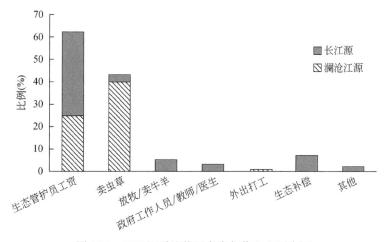

图 14-1 三江源受访牧民家庭年收入主要来源

根据李小云等（2007）提出的生计资本量化分析方法，结合案例区区的实际情况，对受访原住民生计的五项资本进行了定量核算，结果见图 14-2。在五种资本中，金融资本相对较高，后面依次为物质资本、人力资本、自然资本，社会资本最为匮乏。可见，在原住民的基本收入水平已经得到保证的基础上，需要进一步提高其人口素质、物质生活水平和加强社会关系构建。

总体上来说，当地居民可采用的生计活动仍较为单一，依赖性较强，隐含了比较大的脆弱性。对于搬迁至集镇的牧民来讲，虽然在居住环境上完成了从牧区向城镇居民的转变，而且政府也配套提供了相应的较为完善的基础设施和公共服务设施，但是当地移民并没有完全融入城镇生活当中，他们中的一部分依然保留着移民前的生活方式和生计活动。例如，在调研中发现，对于杂多县部分移民，大部分已经变卖牛羊，仅依靠虫草或补贴维持生计，与移出前相比，生计活动由原来的放牧、采集虫草的组合变成了移出后的单一的依靠虫草。在家庭收入来源减少或保持不变的情况下，家庭开支却大大增长，原来自产的酥油、糌粑、牛肉等食物，以及牛粪燃料等生活必需品的购买，成为了他们移民后很大的支出项目。而无法适应城镇生活的牧民，由于没有资金重新购买牛羊，也没有劳动力去放牧，

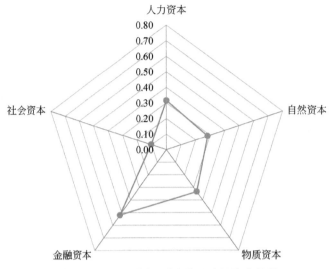

图 14-2   三江源园区受访牧民生计资本核算

也只能依靠补贴勉强度日。当然，也有一小部分居民能够比较快地适应城镇生活。因此，引导牧民尝试、从事新的生计活动，如做生意、打零工、运输等多样化生计策略，在新的环境下进行生计方式的成功转型成为实现可持续生计的关键。

二、保护地牧户自然保护与破坏行为调查

根据前文提出的保护与破坏行为识别框架，对受访牧民行为归纳如下。

1. 生态破坏行为

资源过度利用行为：80%以上的牧民房屋由政府扶贫或灾后重建，统一在县城建造，主要炊事能源为牛粪，不牵涉薪柴收集。

过度采挖中草药、山野菜：有虫草分布的地区，如杂多县，夏季虫草采挖量大，成为牧民的主要收入来源，也是潜在的生态破坏因素。

偷猎盗猎，竭泽而渔等：100%的受访者近三年内均未打过猎。

生产及污染排放行为，如发展种植、养殖业：户均牦牛养殖当量为 16 头，43%的受访者已不放牧，故无明显生产污染排放行为。

未观察到过度使用农药、化肥，无序灌溉或污灌，投放灭鼠灭虫药相关行为。

2. 生态保护行为

减少种植养殖量：对于样本总体，43%的牧民已经不再放牧牛羊。在仍放牧受访者中，最少牦牛存栏量 2 头，最多 130 头（几家合并），93%的受访者认为自

己现在的放牧量正好或偏少。

清洁能源利用：草原上多以牛粪作为取暖做饭能源，通过自行收集或购买；有少量太阳能分布（12%）。

参与保护活动：82%的受访者为国家公园管护员，在自家草场定期巡逻，维护草场卫生，劝阻违规进入者。

第四节 生态保护政策落实效果调查

一、草原生态保护补助奖励政策

草原生态保护补助奖励机制启动于 2011 年，覆盖全国 9 个主要牧区，旨在保护草原生态系统、保障牧民收入。政策要求根据草场自然条件、退化程度等，将传统牧区放牧区划分为禁牧区和草畜平衡区，5 年为一个周期，禁牧期满后，根据草原生态功能恢复情况，继续实施禁牧或者转入草畜平衡管理。对禁牧区的牧民给予不同数额的补贴，并根据和草畜平衡区草原生态保护效果等进行奖励。

对于牧民草原补奖政策满意度，问卷调查结果显示（表 14-6），大部分受访者认为每年能按时收到补贴，对补贴金额满意。有 16%的家庭不清楚是否获得补贴，或不记得具体金额，大部分获得生态补偿的家庭也区分不清禁牧补贴和草畜平衡奖励，认为每年只获取一种补贴，补贴金额根据草场面积以及乡镇/县的不同，从 3000 元/（人·a）到 6000 元/（人·a）不等。同时，为了反映生态补偿政策对草场改善的效果，问卷中追加了受访者对于政策作用后草场生态恢复情况的认知，73%的受访者认为草场质量在好转，18%的受访者认为跟前几年相比没太大变化，9%的人认为草场质量在恶化，主要来自鼠兔灾害、雪灾的威胁。在调查中，有 25 户牧民反映记得禁牧政策，于 2003 年、2008 年各有一批，平均禁牧面积 2046 亩，户均减畜数量 36 只，其中 12 户表示有直接损失，户均一次性损失约 60 000 元，剩下的家庭表示减畜过程中，除了牲畜病死或自然死亡，大多将原有牛羊卖掉，未造成其他直接经济损失。

表 14-6 三江源国家公园草原补奖政策调查

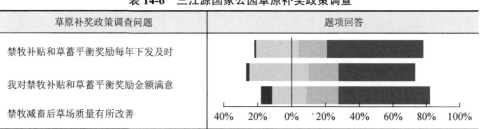

草原补奖政策调查问题	题项回答
禁牧补贴和草畜平衡奖励每年下发及时	
我对禁牧补贴和草畜平衡奖励金额满意	
禁牧减畜后草场质量有所改善	

■ 非常不同意， ▨ 比较不同意， ▨ 一般， ▨ 比较同意， ■ 非常同意

二、生态管护员公益岗

三江源国家公园体制试点领导小组办公室于 2016 年 4 月 22 日制定出台《三江源国家公园生态管护公益岗位管理办法》，创新生态管护公益岗位机制，制定了生态管护公益岗位设置实施方案。目前已实现"一户一岗"，生态管护员持证上岗，按月发放报酬，年终进行考核，实行动态管理，引导牧民逐步由草原利用者转变为生态管护者，促使当地原住民社区发展与生态环境和谐共生。

根据问卷调查结果（表 14-7），基本上所有的管护员对自己的工作都非常喜爱，超过 90% 的管护员对工资满意，并认为管护员岗位的设置提高了家庭的生活水平。同时，问卷中还让管护员对自己的保护工作进行自评，超过 90% 的人认为管护员工作对草原保护有很大或较大作用。这表明园区牧民对于生态管护员的工作以及参与生态保护具有很高的积极性，并获得了一定的成就感。

表 14-7 三江源国家公园生态管护员岗位设置调查

生态管护员岗位设置的调查问题	题项回答
我喜欢这份管护工作	
我对管护员的工资满意	
家里有了管护员之后，我家的生活水平提高了	
我作为管护员的工作对保护草原生态有很大作用	

■ 非常不同意， ■ 比较不同意， □ 一般， ■ 比较同意， ■ 非常同意

三、特许经营权

《三江源国家公园体制试点方案》提出，鼓励支持牧民群众以投资入股、合作、劳务等多种形式开展家庭旅馆、牧家乐、民族文化演艺、交通保障、旅行社等经营项目，促进当地第三产业发展。由于这项工作正在积极推进中，还未全面铺开，此次问卷调查的受访者中，只有 1 户家庭开展了相关经营活动，主要形式是制作和售卖民族服饰，根据其自我评价，户主对于经营收入不太满意；经营对于生活水平没有太大影响，经营开展主要困难在于：个人资金不够，雇不到人无法开展经营，道路不通畅，游客量少、不稳定。关于受访者对于当地旅游业发展的意见，68% 的受访者认为应该大规模进行旅游开发，理由多为：为当地百姓创收、向各

地游客展现草原的美丽；3%的受访者应为不应该放开，主要出于担心游客破坏自家的草场，影响放牧；担心造成生态破坏等；还有29%的人表示不清楚。

四、人-兽冲突相关政策

多年来，青海执行《中华人民共和国野生动物保护法》和《青海省重点保护陆生野生动物造成人身财产损失补偿办法》，保护野生动物，维护生物多样性。近年来，随着生态环境的改善，在三江源地区野生动物袭击家畜的情况越来越多。

根据调查，对于野生动物干扰、侵害的频率，32%的受访者认为非常频繁（至少一个月1次甚至特定季节每天都有），25%的受访者认为比较频繁（半年2~3次），18%的受访者认为一般（一年2~3次），剩下的受访者认为不太频繁或者没有干扰。

在长江源园区，牧民主要受到熊、狼和鼠兔的影响。而且玉树州杂多县有高寒针叶林、高寒草甸及高山裸岩等，是雪豹等野生动物重要繁殖栖息地之一，问卷调查结果也显示，在澜沧江源园区，牧民主要是受到熊、狼、鼠兔和雪豹的影响。据统计，对于样本总体，年户均牲畜死亡2.56头；对于频繁或者比较频繁受到干扰的群体来说，年户均牲畜死亡量达到4.35头。18%的受访者表示夏季熊的出没会对房屋造成很大破坏。累计核算牲畜死亡和房屋损毁等直接损失，年户均因野生动物干扰造成的损失达11 000多元。

为减少这一损失，有25%的牧户对自己的牲畜进行了投保，全部来自长江源园区，户均投保数量32.2头，其中牦牛投保金额多为18元/（头·a），羊的投保金额多为2.7元/（头·a）。在投保的31户牧户中，2017年度出险的有27户，其中只有14户拿到了赔偿，剩下的均因为不符合保险赔偿要求而未得到赔偿。

对于不同频率的野生动物干扰，受访者对于政府统一管制的期望也有所不同。对于非常频繁或比较频繁受到野生动物干扰的牧户，有9%的受访者希望能够采取相应驱赶、捕捉等措施，减少他们的损失，绝大部分（86%）的受访者仍不希望干预野生动物生活。对于干扰频率一般或不太频繁或无干扰的受访者，100%的人表示不希望伤害野生动物。

第五节　牧户行为影响模型建模及结果分析

一、样本数据信度、效度和拟合指数检验

表14-8中展示了样本数据的信度和效度检验。可见各测量变量的因子载荷系数均在0.60以上，指标选取对潜变量解释程度较好。参数KMO为0.844（>0.50），

Bartlett 球型检验 $p<0.001$ 均证明数据适用于因子分析。Cronbach's α 值为 0.61～0.90，大于可接受的阈值 0.60，也表明潜变量可以通过其相关的可观察变量进行很好的解释。复合可靠性（CR）介于 0.79～0.95，符合建议的 0.60 标准。每个潜变量的平均提取方差（AVE）（0.56～0.85）也符合建议的标准 0.50。因此，验证了构建体的可靠性和有效性对于本研究是可以接受的。对于三江源牧户行为模型检验的拟合指数如表 14-9 所示，可见模型拟合程度较好。

表 14-8　样本数据信度和效度检验

潜变量	观测变量	因子载荷	Cronbach's α	AVE	CR
行为态度	AB1	0.79	0.61	0.56	0.79
	AB2	0.80			
	AB3	0.66			
主观规范	SN1	0.81	0.70	0.63	0.84
	SN2	0.83			
	SN3	0.75			
感知行为控制	PBC1	0.88	0.82	0.74	0.90
	PBC2	0.88			
	PBC3	0.83			
保护意向	IN1	0.94	0.90	0.85	0.95
	IN2	0.93			
	IN3	0.91			
保护行为	B1	0.88	0.71	0.64	0.84
	B2	0.82			
	B3	0.69			
草原补奖政策	GEPSIP1	0.81	0.69	0.62	0.83
	GEPSIP2	0.82			
	GEPSIP3	0.74			
生态管护员	ER1	0.82	0.70	0.66	0.85
	ER2	0.85			
	ER3	0.76			
整体 Cronbach's α		0.884			
Kaiser-Meyer-Olkin（KMO 检验）		0.844			
Bartlett test of sphericity（Bartlett 球型检验）		<0.001			

表 14-9　三江源行为影响模型拟合指数

适配指标	建议值	草原补奖	生态管护员	总模型
GFI	>0.9	0.907	0.914	0.902
RMSEA	<0.08	0.044	0.036	0.034
NFI	>0.9	0.975	0.984	0.982
TLI	>0.9	0.965	0.978	0.976
CFI	>0.9	0.974	0.983	0.982
PGFI	>0.5	0.597	0.602	0.619
χ^2/df	$1<\chi^2/df<3$	1.158	1.235	1.14

二、保护政策评价及其调控路径分析

1. 单一保护政策作用下三江源牧民行为影响模型

面向三江源国家公园，问卷设计中对以下几个当地较为重要的生态经济政策进行了调查：草原补奖政策、生态管护员岗位设置、特许经营鼓励、野生动物干扰补偿政策。由于在实地调研过程中，开展特许经营的受访者样本量过少；野生动物干扰的保险、补偿措施在试点初期阶段，样本量也比较少，同时部分已参与投保或补偿试点的补偿款并未到位，故以上几项政策未参与结构方程模型建模，只在前文进行定性描述。草原补奖是目前较为广大牧民家户获得的生态补偿款，管护员岗位设置惠及国家公园内的全部家庭，同时成为家庭收入的重要来源，故纳入结构方程模型建模。

根据计划行为理论模型，提出以下行为影响模型：生计资本由人力资本、物质资本、金融资本、自然资本、社会资本 5 个测量变量的平均值进行表征；行为意向由感知行为控制、主观规范和行为态度 3 个变量所决定；政策作用的评估有三个方面：一是政策满意度，二是政策对牧户家庭生活提高的作用，三是政策对当地生态环境改善的作用。牧民行为主要使用禁牧减畜情况、参与生态保护成本进行表征。

在两个单一政策行为影响模型中（图 14-3 和图 14-4），行为态度、主观规范和感知行为控制均对生态保护行为意向产生了显著的正向影响，路径系数差异不大，而保护行为意向对于最终生态保护行为也产生了显著正向影响。说明保护态度越积极、来自周边人的保护激励越强、感知到的行为约束越少，农民对于保护的意愿越强，越会促进生态保护行为的执行。感知行为控制对于生态保护行为的调节作用并不显著，说明保护行为是可以由原住民个人意志所控制的，而非外力所决定。

在草原补奖（图 14-3）单一政策的行为影响模型中，政策的直接影响主要可归纳为三个方面：一是直接针对生态保护行为，草原补奖对生态保护行为的直接影响路径系数为 0.20，而管护员岗位此条路径作用不显著；二是针对农民保护心理认知因素，即行为态度、主观规范和感知行为控制，两种政策路径系数分别为 0.56、0.41 和 0.41，0.87、0.68 和 0.76，均在 0.01 的水平上显著；三是对生计资本的促进作用，可见两种政策对整体生计无显著影响。

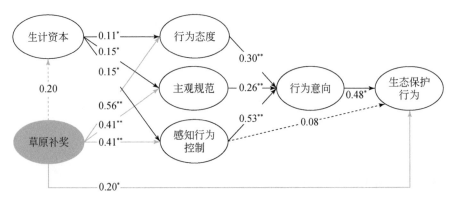

图 14-3　草原补奖单一政策行为影响模型结构图

*** p<0.001，** p<0.01，* p<0.05。实线表示显著的路径，虚线表示不显著的路径。为了模型图的清晰简明，未绘制展示测量变量和残差项，下同

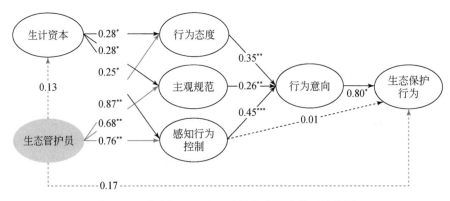

图 14-4　生态管护员单一政策行为影响模型结构图

2. 组合保护政策下三江源牧民行为影响模型

在组合政策行为模型中（图 14-5），政策作用路径与单一政策作用路径相似。两种政策均通过影响牧户的行为态度、主观规范和感知行为控制，对其保护行为产生间接影响。草原补奖政策和生态管护员转岗措施，均对保护地牧民进行生态保护宣传教育，故二者均对牧民的保护意识、态度产生了积极作用。

草原补奖政策对牧民的保护行为有直接正向影响，但弱于其保护行为意向对生态保护行为的影响，生态管护员政策对生态保护行为无直接显著影响，这

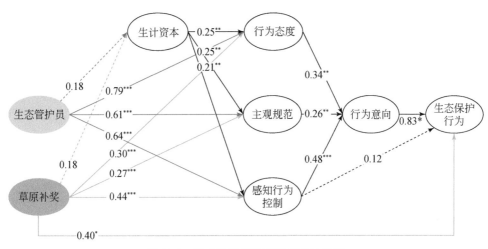

图 14-5　组合政策行为影响模型结构图

可能源于草原补奖政策对牧民禁牧减畜提出了具体要求，属于命令控制型保护政策，故存在对其草场保护行为的直接作用路径。

同时，二者均属于生态经济政策，即包括对牧民的经济损失进行生态补偿，降低其参与生态保护的成本，但是组合政策/措施对牧民整体生计资本直接影响并不显著，即未通过生计资本而间接作用于生态保护行为。进一步对生计资本的五个子资本类型（人力资本、物质资本、自然资本、社会资本、金融资本）进行拆分（表 14-10），结果显示两项政策/措施对家庭金融资本均产生了显著正向影响，标准化路径系数分别为 0.352 和 0.241（$p<0.001$），但对家庭自然资本均产生了显著负面影响，标准化路径系数分别为-0.355 和-0.188（$p<0.001$）。可见，草原奖补政策禁牧减畜的硬性要求，以及生态管护员岗位设置对牧户生计转型的引导，使得大部分原住牧民逐渐转变为有固定工资的非牧业人员，家庭自然资本（草场面积）有所削弱；而参与生态保护、担任管护员的机会成本/经济损失被超额弥补，家庭金融资本有所增强。两项政策/措施对物质资本、人力资本和社会资本的影响均不显著，生态保护政策推动下的牧民生计转型、牧民定居，以及随之而来的家庭人口素质提高和社会联系的加强，可能会需要更长一段时间才能体现出来。综合以上几个方面，就总体生计资本而言，草原补奖政策和生态管护员岗位设置的促进作用并不显著，但政策的补偿措施也使得牧民整体生计水平未受到负面削弱。

3. 政策间接效应和总效应分析

通过上述直接效应路径，也可以归纳出两种政策间接作用路径：保护政策→行为态度/主观规范/感知行为控制→行为意向→保护行为；保护政策→生计资本→

行为态度/主观规范/感知行为控制→行为意向→保护行为。

表 14-10　三江源生计资本拆分后的影响路径分析

影响路径	草原奖补		生态管护员岗位设置	
	标准化路径系数	p value	标准化路径系数	p value
→自然资本	**−0.355**	**0.000**	**−0.188**	**0.047**
→物质资本	0.024	0.817	−0.156	0.247
→人力资本	−0.084	0.403	−0.226	0.179
→金融资本	**0.352**	**0.000**	**0.241**	**0.024**
→社会资本	−0.030	0.775	−0.058	0.657

其中，后一条间接路径因为"保护政策→生计资本"这一路径非显著而中断，故在总效用核算中，间接效应仅包括通过影响宣传教育措施影响行为态度/主观规范/感知行为这一路径。上述间接效应可通过样本自举法（bootstrap）进行估计，在此基础上，将直接效应和间接效应相加，即可得到政策的总效应，如表 14-11 所示。可见，草原补奖政策主要以直接效应贡献于保护行为的提升，大于其间接效应值；而生态管护员政策则主要以通过提升保护认识、意识等间接效应贡献于保护行为的提升。同时，单一政策作用下的直接、间接和总效应值要小于综合政策作用结果，说明两种政策相辅相成，显示出协同提升的政策效果。

表 14-11　保护政策对保护行为的标准化直接、间接和总效应

命令控制功能	直接效应		间接效应			总效应	
	单一政策	综合政策	宣传教育功能	单一政策	综合政策	单一政策	综合政策
草原补奖→保护行为	0.300**	0.405*	草原补奖 → 行为态度/主观规范/感知行为控制 → 行为意向 → 保护行为	0.027* / 0.026* / 0.055*	0.052* / 0.037* / 0.108*		
小计	0.300**	0.405*	小计	0.108*	0.198*	0.408**	0.603*
管护员→保护行为	—	—	管护员 → 行为态度/主观规范/感知行为控制 → 行为意向 → 保护行为	0.256* / 0.150* / 0.297**	0.342* / 0.203* / 0.396*		
小计	—	—	小计	0.702**	0.941*	0.702**	0.941*

*＜0.05，**p＜0.01

第六节　研究小结和政策建议

农牧民作为保护地周边或内部的原住民，在区域保护和发展之间扮演着复杂的角色。他们既是传统的"生态干扰者"，又是新型的"生态守护者"；既是生态保护政策的管理对象，又是保护措施的最终执行者。在生态保护过程中，除了完成生物多样性保护等目标外，也应尊重原住民生存和发展的诉求，明确他们的权利和利益保障，建立起保护与农户生计之间的有机联系。

根据案例地调研结果及其保护地建设经验，提出以下展望与建议。

1. 建立综合性生态补偿机制

鉴于中国多数保护地分布在经济欠发达地区，保护地原住民对自然资源依赖程度很大，需要对其保护的损失或成本进行合理估计，进一步建立健全生态补偿机制。对严格保护和限制的保护地周边社区，通过生态移民搬迁的形式将其迁出，实行以国家为补偿主体的生态补偿制度，将社区发展纳入各级政府的财政预算，对保护做出贡献的社区居民和地方政府提供直接的经济利益补偿；借鉴涉农资金整合经验，将"碎片化"的众多门类的生态补偿政策统筹整合，统一资金拨付渠道，按照一般性转移支付的方式发放至地方政府，上级政府只负责绩效考核，赋予地方政府资金使用和项目安排的自主权，提高补偿资金的使用效率，建立综合性生态补偿机制；同时，在保护好生态环境的前提下，综合考虑精准扶贫、精准脱贫的需求，允许将生态补偿资金向改善民生倾斜、向贫困地区倾斜，更好发挥生态补偿资金的综合效益。

2. 探索推广可持续替代生计

传统生态补偿主要作用在于提升保护地农牧民生计资本至一定的基础水平，并不是生计策略的演替，无法真正协助保护地农牧民实现生活质量的持续提升，或变相培养了原住民惰性心理，满足于徘徊在温饱边缘。应积极推广、探索利用生态补偿和生态保护工程资金，使保护地及其周边有劳动能力的部分贫困人口转为生态保护从业人员，鼓励引导并扶持其从事生态体验、生态保护工程、生态监测等工作，并获得稳定长效收益，促进其由资源开发者、生态破坏者转变为生态建设者、生态保护者，协助其真正完成生计转型。聘请原住民从事生态管护工作是一个重要渠道，能够使其从保护中获得经济收入，并通过经济激励激发他们保护生态环境的意愿。本研究的两个案例地均有类似的实践，如三江源国家公园的生态管护员、赤水保护地的生态护林员等，但目前的普及面和薪资水平仍待提高。其他替代生计如生态旅游、特色种养殖等方式则更加需要进一步引导和推动。

3. 规范推行特许经营

特许经营在提高保护地原住民家庭收入、创造就业机会方面发挥着重要作用。加快制定各类型保护地特许经营管理办法，明确特许经营内容和项目，组织和引导农牧民在特定范围内发展乡村旅游服务业，如家庭宾馆、农（牧）家乐等经营项目，民族传统手工业等特色产业，开发具有当地特色的绿色农牧产品，实现居民收入持续增长。由此，可将生态保护与精准脱贫相结合，与当地群众增收致富、转岗就业、改善生产生活条件相结合，调动其保护生态的积极性。

4. 完善基础设施建设和提升公共服务水平

除了直接经济补偿，保护政策对于原住民生计资本中的人力资本、物质资本和社会资本的提升作用需进一步加强。随着三江源牧民定居的实施，许多牧民已成为半定居居民，社区交流与互动、互联网和有线电视系统的电信基础设施建设，都有助于建立家庭之间更紧密的联系和合作以改善居民的社会资源和人际关系，对低教育水平地区的原住民进行技能和财务能力培训等，提升保护地及周边地区医疗、教育等公共服务供给水平，也有助于人力资本和保护意识的提高，激励保护行为。同时，对于有利于增强生态保护和促进农牧民生计发展的基础设施和公共服务设施，要加快补短板、强弱项。对已有设施，要整合利用，加强运维管理；对不足的设施，要优先配置，高质量规划、设计和建设；完善电网、自来水管网，完善污水、固废、生活垃圾等的集中或分散处理设备，在适宜地区推广分布式太阳能等。

第十五章　三江源国家公园经济与生态协调发展路线图设计与差异化精细管控

第一节　气候变化情景下三江源国家公园动态功能分区及差异化精细管控

一、变化环境下不可替代性值、优先保护区识别结果及动态选址

本研究所设置的时间为当前时期2000～2017年，未来时间为2030年（2021～2040年平均）和2050年（2041～2050年平均）。情景分别为SSP1-2.6情景和SSP5-8.5情景。优先保护区为可以达到本研究所设定保护目标的规划单元的集合；不可替代性是在试验中一个规划单元被选做优先保护区的次数。从图15-1可以看出，这二者所覆盖的区域并不一定完全重合，但是相关性很高，如果一个区域的不可替代性值越高，其也越可能被选为优先保护区。当前时期，共有485个规划单元被选为优先保护区，面积为95 267.12km^2。从不可替代性来看，研究区规划单元中0次被选为优先保护区共有473个单元，1～200次727个，201～400次有126个，401～600次有176个，601～800次有124个，801～999次有178个，1000次有102个；SSP1-2.6情景2030年，共有560个规划单元被选为优先保护区，面积为110 860.12km^2。研究区规划单元中0次被选为优先保护区共有641个单元，1～200次608个，201～400次有98个，401～600次有55个，601～800次有58个，801～999次有255个；1000次有191个；SSP1-2.6情景2050年，共有705个规划单元被选为优先保护区，面积为138 298.70km^2。研究区规划单元中0次被选为优先保护区共有599个单元，1～200次519个，201～400次有84个，401～600次有36个，601～800次有94个，801～999次有251个，1000次有323个；SSP5-8.5情景2030年，共有544个规划单元被选为优先保护区，面积为111 775.47km^2。研究区规划单元中0次被选为优先保护区共有418个，1～200次有717个，201～400次有161个，401～600次有120个，601～800次有105个，801～999次有247个，1000次有138个；SSP5-8.5情景2050年，共有741个规划单元被选为优先保护区，面积为144 761.36km^2。研究区规划单元中0次被选为优先保护区的共有659个，1～200次有425个，201～400次有67个，

401~600 次有 30 个，601~800 次有 45 个，801~999 次有 122 个，1000 次有 558 个。相比于当前时期，研究区西部的优先保护区面积增大，这与气候变化影响物种栖息地中高适宜性区域向西北方向变化有关。

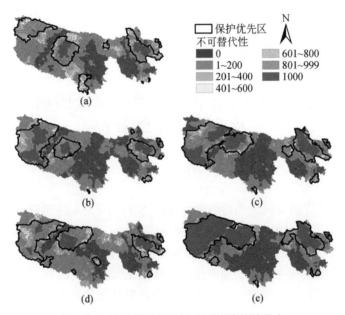

图 15-1　优先保护区范围及不可替代性分布

（a）当前时期；（b）SSP1-2.6 情景 2030 年；（c）SSP1-2.6 情景 2050 年；（d）SSP5-8.5 情景 2030 年；（e）SSP5-8.5 情景 2050 年

　　本研究将不可替代性值>400 的区域以及优先保护区划入国家公园范围。这样本研究所划定的国家公园面积与已有国家公园面积也更为接近，有助于进行对比。从图 15-2 可以看出，当前时期、SSP1-2.6 情景下 2030 年、2050 年、SSP5-8.5 情景下 2030 年、2050 年三江源地区划为国家公园的面积分别为 125 360.83km²、120 023.25km²、145 153.18km²、135 111.75km²、150 652.40km²。

二、变化环境下三江源国家公园动态功能分区

　　本研究的分区采用分级分区方式。一级区根据 7.2~7.3 节所获得的不可替代性结果，将不可替代性值为 801~1000 的高值区作为"核心保护区"，不可替代性值为 401~600 的中等和 601-800 中高等区域作为"一般控制区"（图 15-3）。对于当前时期，核心保护区面积为 59 495.37km²，一般控制区面积为 65 865.46km²；

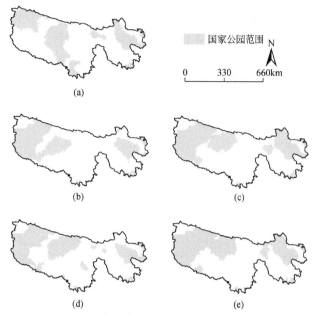

图 15-2　变化环境下三江源国家公园划定范围

（a）当前时期；（b）SSP1-2.6 情景 2030 年；（c）SSP1-2.6 情景 2050 年；（d）SSP5-8.5 情景 2030 年；（e）SSP5-8.5 情景 2050 年

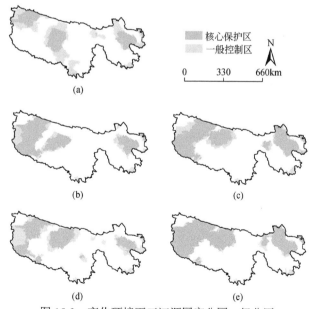

图 15-3　变化环境下三江源国家公园一级分区

（a）当前时期；（b）SSP1-2.6 情景 2030 年；（c）SSP1-2.6 情景 2050 年；（d）SSP5-8.5 情景 2030 年；（e）SSP5-8.5 情景 2050 年

对于 SSP1-2.6 情景下 2030 年，核心保护区面积为 90 857.31km^2，一般控制区面积为 29 165.95km^2；SSP1-2.6 情景下 2050 年，核心保护区面积为 111 533.01km^2，一般控制区面积为 33 620.17km^2；SSP5-8.5 情景下 2030 年，核心保护区面积为 79 708.07km^2，一般控制区面积为 55403.67km^2；SSP5-8.5 情景下 2050 年，核心保护区面积为 134 159.06km^2，一般控制区面积为 16 493.34km^2。总体来说，两种情景下，核心保护区面积比例随时间呈增加趋势，一般控制区面积比例随时间呈下降趋势（表 15-1）。

表 15-1   一级分区面积统计

情景	时间	核心保护区		一般控制区	
		面积（km^2）	占比（%）	面积（km^2）	占比（%）
	当前时期	59 495.37	47.46	65 865.46	52.54
SSP1-2.6	2030 年	90 857.31	75.70	29 165.95	24.30
	2050 年	111 533.01	76.84	33 620.17	23.16
SSP5-8.5	2030 年	79 708.08	58.99	55 403.67	41.01
	2050 年	134 159.06	89.05	16 493.34	10.95

对于核心保护区来说，由于通过 AHP 加权求和后脆弱性只有一个分量，不能够确定最佳分组数量。因此对脆弱性直接指定分区数量。过多的区域并不适合管理，因此本研究对核心保护区按照脆弱性分两个区，即重要脆弱区和一般脆弱区。而对于一般控制区来说，通过 AHP 加权求和后则有放牧适宜性、游憩适宜性和居住适宜性三个分量，可以确定最佳分组数量。需要说明的是，一般控制区不能被简单的分为放牧区、居住区和游憩区三个类别，而是在分区时考虑不同功能区的多功能性，在保护第一的前提下，注意对一般控制区所具有的多功能性进行管理。通过 Evaluate Optimal Number of Groupe，将一般控制区分为 6 个区域是合适的（图 15-4）。这 6 个区分别是游憩-放牧-居住区、放牧-居住区、居住区、居住-游憩区、游憩区和其他区域（对放牧、游憩和居住都不够适合）。各类型面积统计如表 15-2 所示。

表 15-2   二级分区面积

一级分区	二级分区	当前时期	SSP1-2.6 2030	SSP1-2.6 2050	SSP5-8.5 2030	SSP5-8.5 2050
核心保护区	重要脆弱区	42 074.98（70.72%）	68 995.70（75.94%）	95 068.55（85.24%）	61 242.10（76.83%）	107 757.37（80.32%）
	一般脆弱区	17 420.39（29.28%）	21 861.61（24.06%）	16 463.20（14.76%）	18 465.98（23.17%）	26 400.43（19.68%）

续表

一级分区	二级分区	当前时期	SSP1-2.6 2030	SSP1-2.6 2050	SSP5-8.5 2030	SSP5-8.5 2050
一般脆弱区	游憩-放牧-居住区	10 254.27 （15.57%）	5 919.30 （20.30%）	3462.87 （10.30%）	11 237.38 （20.28%）	2600.99 （15.77%）
	放牧-居住区	14 236.26 （21.61%）	3050.22 （10.46%）	4210.23 （12.52%）	7924.85 （14.30%）	3023.71 （18.33%）
	居住区	16 086.15 （24.42%）	3182.65 （10.91%）	10 448.88 （31.08%）	9661.91 （17.44%）	2803.5 （17.00%）
	居住-游憩区	12 692.45 （19.27%）	6432.55 （22.06%）	5101.88 （15.18%）	5805.76 （10.48%）	5947.38 （36.05%）
	游憩区	6 043.10 （9.17%）	5245.37 （17.98%）	7708.22 （22.93%）	10 066.85 （18.17%）	1177.56 （7.13%）
	其他区域	6553.21 （9.95%）	5335.83 （18.29%）	2688.09 （8.00%）	10707.72 （19.33%）	940.18 （5.70%）

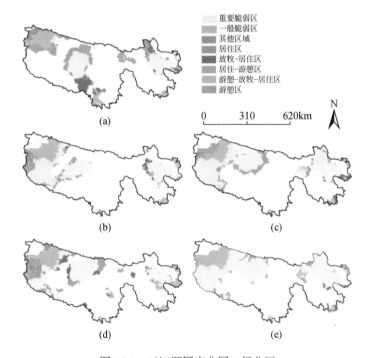

图 15-4　三江源国家公园二级分区

（a）当前时期；（b）SSP1-2.6 情景 2030 年；（c）SSP1-2.6 情景 2050 年；（d）SSP5-8.5 情景 2030 年；（e）SSP5-8.5 情景 2050 年

综合相关参考文献以及上述论述，归纳各个分区的具体的管理措施。

1）核心保护区：该区域的不可替代性值最高，对保护物种-生态系统-景观三个层次的生物多样性保护具有极为重要作用。根据《意见》，核心保护区理论上不允许人类进入。

重要脆弱区：该区域正承受气候变化或人类活动的影响，且影响较大；而其又是生物多样性保护的核心区域，需要加强对生物多样性的监测与保护力度，最大限度的减少人类活动。对于受到破坏或者退化的区域需要加强修复力度。

一般脆弱区：该区域主要位于研究区的西北部，原可可西里自然保护区。该区域位置较为偏僻，海拔较高，由于自然气候恶劣，相应的人类活动的影响也难以到达，属于一般脆弱区域。可以开展一般性的生物多样性监测。对于受到破坏或者退化的区域开展修复工作。

2）一般控制区：一般控制区为研究区不可替代性值为中等的区域，其对生物多样性保护也具有重要贡献，因此在保护第一的前提下，可以适当开展生产生活活动，保证原住民生活，也为来三江源国家公园的游客展示三江源之美。但是对于开矿等会对生态环境造成极大破坏的活动必须取消并严格管理。

游憩-放牧-居住区：这一区域对游憩、放牧和居住都适合。游憩区内的活动以生态旅游为主，在游憩区的部分区域（尤其是距离景点、基础设施较近的区域），可以进一步规划基础或者必需的设施。而对于如大型娱乐设施、餐饮、宾馆等设施以及针对旅游的管理服务设施建议规划在距离较近的非保护区内，以减少较为剧烈的人类活动；对于牧业活动来说，这些区域所从事的牧业活动需要选择适宜当地种植的农作物驯养的牲畜，其面积需要根据原住民的人口数量和需求严格控制。而居住则是指为原住民提供居住的区域。当地住民可以根据需要开展旅游或者放牧活动。

放牧-居住区：这一区域对放牧和居住的评价值较高，而对游憩的评价值较低，当地的原住民可以利用放牧资源优势，在不造成生态破坏的前提下开展一定的放牧活动；但是由于此区域存在野生动物活动，需要加强对野生动物的保护以及野生动物在伤害牲畜或住民时的补偿工作。

居住-游憩区：这一区域对游憩和居住的评价值较高，而对放牧的评价值较低，当地的原住民可以利用游憩资源优势，开展生态旅游活动，培训生态旅游解说员。

游憩区：这一区域主要位于研究区的西部，不太适合居住和放牧，但是具有独特的高原景观，也主要开展生态旅游活动。

居住区：本研究有划分了只适合居住的区域。这一区域相对来说游憩和放牧的评价值都不高，而居住的评价值相对较高。在这一区域内的原住民一方面由于资源条件的限制，也可能存在食肉动物的潜在威胁，只能可以开展小规模的放牧活动，但可以通过成为生态管护员以增加收入。

其他区域：这一区域的放牧、居住和游憩的评价值均较低，对以上生产生活活动的适宜性较差。这些区域也主要是位于研究区西部可可西里自然保护区内的区域。这些区域本身自然环境恶劣，资源匮乏，可能只能进行小规模的放牧活动和生态旅游活动，建议保持原始状态。

第二节　三江源国家公园经济建设与生态保护协同发展路线图设计

一、协同权衡关系的识别

基于 1km 分辨率的 2018 年中国土地利用遥感监测栅格数据，解译分析土地利用类型空间分布及占比（图 15-5），可知研究区以草原生态系统为主，兼有淡水生态系统，以 GDP 变化率、产水量表征经济效益，以碳总量、生境质量表征生态效益较为合适。GDP 变化率基于统计年鉴获得，碳总量、产水量、生境质量结果由 InVEST 模型求得（结果如图 15-6 所示），数据年限包括 2000 年、2005 年、2010 年和 2015 年。用各项生态系统服务变化量多年平均构建权衡协同度矩阵（表 15-3），矩阵中各元素为所在行生态系统服务与所在列生态系统服务的权衡

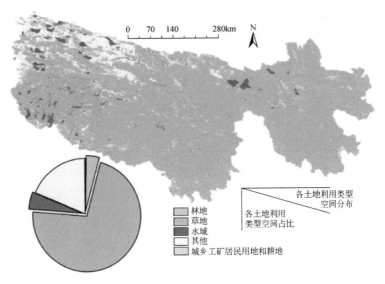

图 15-5　研究区土地利用类型空间分布及占比

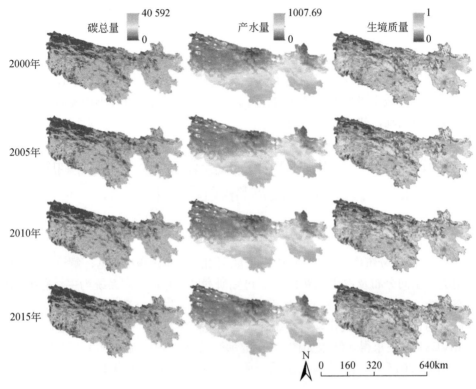

图 15-6　InVEST 模型计算结果

表 15-3　生态系统服务权衡协同度矩阵

生态系统服务	碳总量	生境质量	产水量	GDP 变化率
碳总量	+1.00	$+4.99 \times 10^3$	-28.55	-1.24×10^{-3}
生境质量	$+2.00 \times 10^{-4}$	+1.00	-7.71×10^{-4}	-1.00×10^{-8}
产水量	-3.50×10^{-2}	-1.30×10^3	+1.00	$+9.26 \times 10^{-6}$
GDP 变化率	-8.08×10^2	-1.48×10^8	$+1.08 \times 10^5$	+1.00

协同度。结果表明，经济建设（GDP 变化率、产水量）与生态保护（生境质量、碳总量）间存在权衡关系，而 GDP 变化率与产水量、生境质量与碳总量间存在协同关系。

二、协同发展措施的筛选

基于三江源地区经济建设与生态保护相权衡的现状，协同发展的关键在于调和经济建设与生态保护的权衡关系。在前人措施基础上，依据《三江源国家公园总体规划》采用德尔菲法从调和权衡关系和维持协同关系的角度，从规模结构、工程技术和政策制度三方面选定拟采用的协同发展措施形成协同发展措施体系。

为因地制宜调和经济建设与生态保护的权衡关系，首先需对研究区进行合理布局，因此规模结构措施应包括土地利用结构规模优化调整和国家公园范围与分区动态优化。在土地利用结构规模方面，虽然农田的供给服务价值较高，但调节、支持和文化价值较低，同时，过牧也会造成草地的生态系统服务价值降低。因此，在保障基本供给的前提下，应逐步减少农田和牧草地的比例；因保护地生态红线范围内禁止工业化和城镇化地开发，保护地经济建设的重心应放在现有生态系统服务价值总体提升上，促进生态产品价值转化，强化生态系统服务市场价值转化提升，将生态环境优势转化为经济优势。在国家公园范围与分区方面，现有的国家公园范围界定存在一定问题，如黄河园区的范围划定还有待商榷；同时，在国家公园范围和分区约束下，城乡工矿用地、耕地的布局，以及生态廊道的构建均需要进一步的合理规制。

为调和经济建设与生态保护间的权衡关系，工程技术措施应着眼于草地恢复前提下的草畜平衡，可从提高草地动物承载力（提高植被覆盖度、增加人工草场面积等）与降低草地系统利用强度（限制过度放牧、适度养殖结构等）的"双向调控"角度入手。在草地承载力提高方面，通过黑土滩治理、限制放牧等手段，降低天然草地的放牧压力，促进草地休养；依据三江源立地条件、水热条件、牧草生长过程和特征，采用分段式人工草地持续利用规范，即建植后第1年禁牧，第2年生长期（5～10月）禁牧而枯草期放牧，第3年以后，牧草返青期（5～6月）禁牧而生长期、枯草期放牧；对生存环境非常恶劣、草场严重退化、不宜放牧的草原实行禁牧封育，改善植物生存环境，促进草地植被的恢复和生长；三江源地区的鼠害严重，原因有超载和过度放牧、天敌数量减少、破坏草地等，可通过控制载畜面积、控制草地退化面积、引入适量天敌、适当使用化学药剂和人工捕捉等方法，减少鼠害的面积。在降低草地压力方面，应改变传统的畜牧业经营方式，推行畜群优化管理，由自然放牧向舍饲半舍饲的饲养方式转变，推行标准化的集约舍饲畜牧业；加强良种培育和良种改良，以更少的资源消耗获取更多的经济效益；构建天地一体化监测体系，通过遥感监测与地面监测相结合的方法，积累观测数据，及时了解与分析地区草场的变化特征，并基于以草定畜原则，有针对性地采取政策措施来规范和控制畜牧业发展，严控草场超载；改善农业生产技术和完善农业生产工具，降低农业生产中化肥、农药、柴油的使用量。

完善政策制度措施以调控农户生计与保护行为，是实现经济建设与生态保护相协同的关键，可从综合生态补偿机制、可持续替代生计、完善基础设施建设和提升公共服务水平几个方面实现。对严格保护和限制的保护地周边社区，通过生态移民搬迁的形式将其迁出，提供直接的经济利益补偿；借鉴涉农资金整合经验，将"碎片化"的众多门类的生态补偿政策统筹整合，统一资金拨付渠道，按照一般性转移支付的方式发放至地方政府，上级政府只负责绩效考核，赋予地方政府资金使用和项目安排的自主权，提高补偿资金的使用效率，建立综合性生态补偿机制；同时，在保护好生态环境的前提下，综合考虑精准扶贫、精准脱贫的需求，允许将生态补偿资金向改善民生倾斜、向贫困地区倾斜，更好发挥生态补偿资金的综合效益。在可持续替代生计方面，鼓励引导并长期扶持保护地及其周边有劳动能力的部分贫困人口转为生态保护从业人员，从事生态体验、生态保护工程、生态监测等工作，协助其真正完成生计转型；加快制定各类型保护地特许经营管理办法，明确特许经营内容和项目，组织和引导农牧民在特定范围内发展乡村旅游服务业，如家庭宾馆、农（牧）家乐等经营项目，民族传统手工业等特色产业，开发具有当地特色的绿色农牧产品，实现居民收入持续增长。在完善基础设施建设和提升公共服务水平方面，社区交流与互动、互联网和有线电视系统的电信基础设施建设，有助于建立家庭之间更紧密的联系和合作以改善居民的社会资源和人际关系；对低教育水平地区的原住民进行技能和财务能力培训等，提升保护地及周边地区医疗、教育等公共服务供给水平，也有助于人力资本和保护意识的提高，激励保护行为，对于有利于增强生态保护和促进农牧民生计发展的基础设施和公共服务设施，要加快补短板、强弱项，完善电网、自来水管网，完善污水、固废、生活垃圾等的集中或分散处理设备，在适宜地区推广分布式太阳能。

协同发展路线图的绘制。结合实际将各协同发展措施落实方案的时序安排为2020 年内完成（近期）、2020 年开始实施（中期）、2022 年开始实施（远期）三期，通过决策树判别法规制每个协同发展措施的各个分阶段落实方案应归为哪个时期。由此可绘制协同发展路线图（图 15-7）。

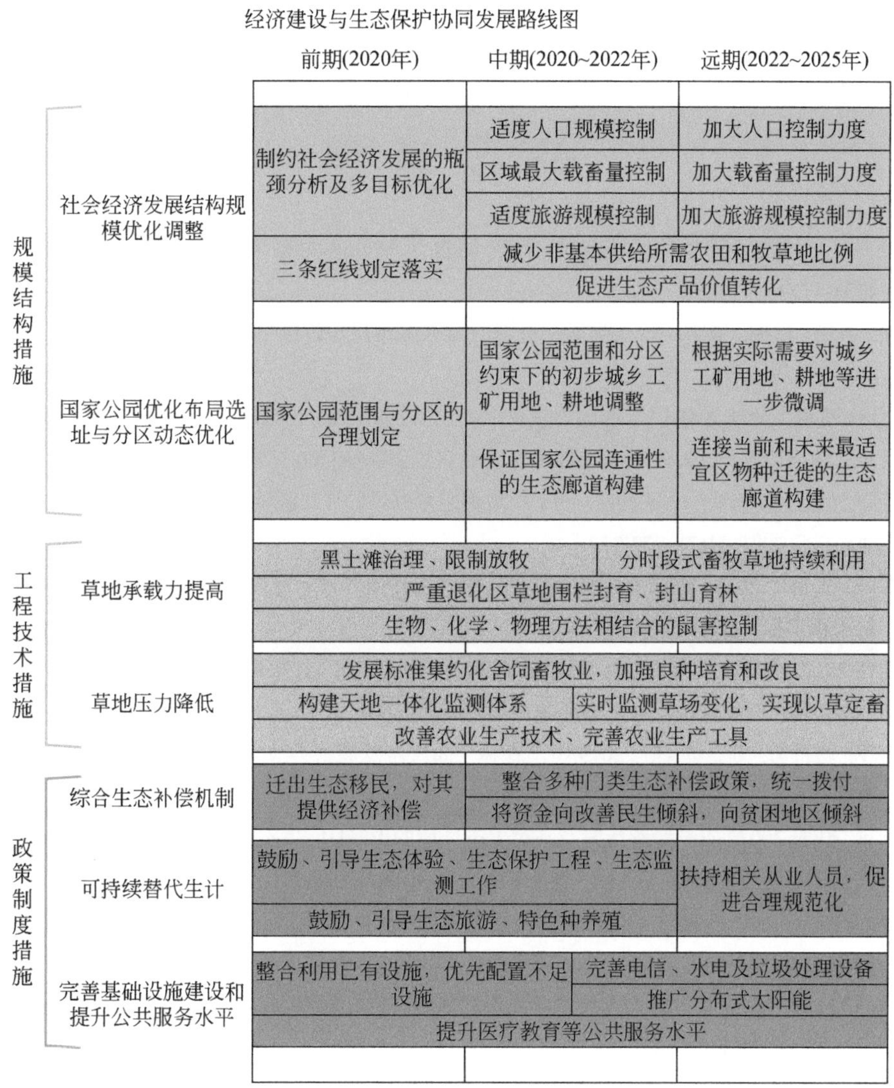

经济建设与生态保护协同发展路线图

		前期(2020年)	中期(2020~2022年)	远期(2022~2025年)
规模结构措施	社会经济发展结构规模优化调整	制约社会经济发展的瓶颈分析及多目标优化	适度人口规模控制	加大人口控制力度
			区域最大载畜量控制	加大载畜量控制力度
			适度旅游规模控制	加大旅游规模控制力度
		三条红线划定落实	减少非基本供给所需农田和牧草地比例	
			促进生态产品价值转化	
	国家公园优化布局选址与分区动态优化	国家公园范围与分区的合理划定	国家公园范围和分区约束下的初步城乡工矿用地、耕地调整	根据实际需要对城乡工矿用地、耕地等进一步微调
			保证国家公园连通性的生态廊道构建	连接当前和未来最适宜区物种的迁徙的生态廊道构建
工程技术措施	草地承载力提高	黑土滩治理、限制放牧		分时段式畜牧草地持续利用
		严重退化区草地围栏封育、封山育林		
		生物、化学、物理方法相结合的鼠害控制		
	草地压力降低	发展标准集约化舍饲畜牧业，加强良种培育和改良		
		构建天地一体化监测体系		实时监测草场变化，实现以草定畜
		改善农业生产技术、完善农业生产工具		
政策制度措施	综合生态补偿机制	迁出生态移民，对其提供经济补偿	整合多种门类生态补偿政策，统一拨付	
			将资金向改善民生倾斜，向贫困地区倾斜	
	可持续替代生计	鼓励、引导生态体验、生态保护工程、生态监测工作		扶持相关从业人员，促进合理规范化
		鼓励、引导生态旅游、特色种养殖		
	完善基础设施建设和提升公共服务水平	整合利用已有设施，优先配置不足设施	完善电信、水电及垃圾处理设备	
			推广分布式太阳能	
		提升医疗教育等公共服务水平		

图 15-7 经济建设与生态保护协同发展路线图

参 考 文 献

蔡海生, 朱德海, 张学玲, 等.2007. 鄱阳湖自然保护区生态承载力[J]. 生态学报, 4(11): 4751-4757.

曹巍, 黄麟, 肖桐, 等.2019. 人类活动对中国国家级自然保护区生态系统的影响[J]. 生态学报, 39(4): 1338-1350.

曹巍, 刘璐璐, 吴丹.2018.三江源区土壤侵蚀变化及驱动因素分析[J]. 草业学报, 27(6): 10-22.

长城企业战略研究所.2005. 技术路线图与企业自主创新[A]. GEI 专题研究报告, 1-25.

陈春阳, 戴君虎, 王焕炯, 等.2012. 基于土地利用数据集的三江源地区生态系统服务价值变化[J]. 地理科学进展, 31(7): 970-977.

陈东晖, 安艳玲.2014. 政府主导型生态补偿模式在贵州赤水河流域的适用性研究[J]. 水利与建筑工程学报, (3): 173-177.

陈建伟.2019. 中国自然保护地体系发展 70 年[J]. 国土绿化, (10): 50-53.

陈婧. 2020.东北三省城镇化与生态环境协调发展研究[D]. 长春:东北师范大学.

陈丽军, 赵希勇, 苏金豹, 等. 2019.中国森林公园旅游发展水平与生态承载力关系分析[J]. 世界林业研究, 32(3): 106-111.

陈利顶, 马岩.2007. 农户经营行为及其对生态环境的影响[J]. 生态环境学报,16(2): 691-697.

陈小辉.2010. 陕西省新能源产业发展技术路线研究[D]. 西安: 西安理工大学.

陈妍, 李双成. 2018.夜间灯光数据在我国自然保护区人类活动监测中应用的思考[J].环境与发展, 30(5): 146-147, 149.

程春龙, 李俊清. 2006.王朗自然保护区周边社区经济现状和发展对策研究[J]. 北京林业大学学报(社会科学版), 5(1): 69-72.

褚英敏.2020. 白洋淀景区旅游足迹测算与环境承载力研究[D].北京: 中国矿业大学.

崔少征.2013. 基于 GIS 技术的风景名胜区生态分区研究[D]. 北京: 北京林业大学.

邓天仙, 任晓冬.2017. 自然保护区周边社区农户生计现状与发展研究—以草海周边两个自然村为例[J]. 湖北农业科学, 56(20): 2971-2979.

刁磊.2010. 清洁能源产业的技术路线图研究[D]. 大连:大连理工大学.

段伟, 马奔, 秦青, 等.2016. 基于生计资本的农户生态保护行为研究[J]. 生态经济, 32(8): 180-185.

冯茹, 宋刚. 2010.自然保护区周边社区居民生计状况的生态位适宜度评价[J]. 西北林学院学报, 25(3): 204-209.

冯夏清, 章光新, 尹雄锐.2010. 基于生态保护目标的太子河下游河道生态需水量计算[J].环境科学学报, 30(07): 1466-1471.

付刚, 白加德, 齐月, 等.2018.基于 GIS 的北京市生态脆弱性评价[J].生态与农村环境学报, 34(9): 830-839.

付梦娣, 田俊量, 朱彦鹏, 等.2017. 三江源国家公园功能分区与目标管理[J]. 生物多样性, 25(1): 71-79.

傅伯杰, 于丹丹, 吕楠.2017. 中国生物多样性与生态系统服务评估指标体系[J]. 生态学报, 37(2): 341-348.

傅伯杰, 张立伟. 2014.土地利用变化与生态系统服务: 概念、方法与进展[J]. 地理科学进展, 33(4): 441-446.

高吉喜.2001. 可持续发展理论探索: 生态承载力理论、方法与应用[M]. 北京: 中国环境科学出版社.

高敏, 肖燕, 胡云锋.2020.不同土地-气候情景下三江源地区产水和水土流失评价(英文)[J].Journal of Resources and Ecology, 11(1): 13-26.

高翔. 2018.气候变化条件下基于 Marxan 和投资组合方法的长江中下游小白额雁栖息地保护策略优化[D]. 长沙:湖南大学.

葛菁, 吴楠, 高吉喜, 等.2012. 不同土地覆被格局情景下多种生态系统服务的响应与权衡——以雅砻江二滩水利枢纽为例[J]. 生态学报, 32(9): 2629-2639.

郭柳琳.2015. 基于系统保护规划的我国生物多样性优先保护及空缺分析[D].太原:山西大学.

郭圣乾, 张纪伟.2013. 农户生计资本脆弱性分析[J]. 经济经纬, 3: 32-36.

郭文栋, 梁雪石, 魏延军, 等.2018.五大连池国家地质公园生态承载力综合评价指标体系研究[J]. 国土与自然资源研究, 4(4): 58-60.

国家发改委, 国家统计局.2017.循环经济评价指标体系[R]. 北京:国家发展改革委.

国家发改委.2018. 三江源国家公园总体规划[R].北京: 国家发展改革委.

国家林业和草原局. 2020.中国退耕还林还草二十年(1999—2019)[R]. 北京: 国家林业和草原局.

韩锋, 王昌海, 赵正.2015. 农户对自然保护区综合影响的认知研究-以陕西省国家级自然保护区为例[J]. 资源科学, 37(1): 102-111.

郝晓敬, 张红, 徐小明, 等.2020. 晋北地区土地利用覆被格局的演变与模拟[J]. 生态学报, 40(1): 257-265.

何仁伟, 刘邵权, 刘运伟, 等.2014. 典型山区农户生计资本评价及其空间格局—以四川省凉山彝族自治州为例[J]. 山地学报, 32(6): 641-651.

侯志凤.2018. 重庆石柱藤子沟国家湿地公园规划研究与实践[D]. 杨凌:西北农林科技大学.

胡艳霞, 郑瑞伦, 周连第, 等. 2019.密云水库二级保护区生态承载力研究与分析[J]. 中国农业资源与区划, 40(9): 184-191.

胡应龙. 2019.珠三角城市群空间分区与土地利用空间冲突效应分析[D]. 广州:广州大学.

黄慧玲.2013. 基于 TRIZ 理论的产业技术路线图研究[J]. 科技管理研究, 33(13): 133-136.

黄金川, 林浩曦, 漆潇潇.2017. 面向国土空间优化的三生空间研究进展[J]. 地理科学进展, 36(3): 378-391.

季乾昭, 王荣兴, 黄志旁,等.2019.样本量与研究范围变化对 MaxEnt 模型准确度的影响-以黑白仰鼻猴为例[J]. 兽类学报, 39(2): 126-133.

蒋敏. 2010.城市湿地公园功能区划分和景观区设计研究[D]. 广州: 广州大学.

焦利民, 杨璐迪, 刘稼丰, 等.2019. 顾及城市空间结构信息的元胞自动机模型构建及其应用[J]. 地理科学, 39(8): 1276-1283.

黎洁, 李亚莉, 邰秀军, 等. 2009.可持续生计分析框架下西部贫困退耕山区农户生计状况分析[J]. 中国农村观察, (5): 31-40.

李春雪.2020. 基于系统动力学对大气环境承载力的研究[D].成都:成都理工大学.

李广东, 方创琳. 2016.城市生态-生产-生活空间功能定量识别与分析[J]. 地理学报, 71(1): 49-65.

李浩民.2015. 西部区域经济发展与环境保护相协调的法制化研究[D]. 兰州:甘肃政法学院.

李纪宏, 刘雪华.2005.自然保护区功能分区指标体系的构建研究——以陕西老县城大熊猫自然保护区为例[J]. 林业资源管理, 4: 48-50, 69.

李琴, 陈家宽.2015. 中国中亚热带湿润森林区自然保护区社区管理研究—以江西老虎脑自然保护区社区社会经济调查为案例[J]. 生态经济, 31(6): 166-170.

李素晓. 2019.京津冀生态系统服务演变规律与驱动因素研究[D]. 北京:北京林业大学.

李万, 吴颖颖, 汤琦, 等.2013. 日本战略性技术路线图的编制对我国的经验启示[J]. 创新科技, 1: 8-11.

李小云, 董强, 饶小龙.2007. 农户脆弱性分析方法及其本土化应用[J].中国农村经济, (4): 32-39.

李鑫, 李宁, 欧名豪. 2016.土地利用结构与布局优化研究述评[J]. 干旱区资源与环境, 30(11): 103-110.

李严鹏. 2017.上海市人口—经济—环境系统耦合协调度研究[D]. 上海:上海师范大学.

李阳.2012.郑州市农户耕地保护行为意愿影响因素分析[D]. 杨凌:西北农林科技大学.

廖李红, 戴文远, 陈娟, 等.2017. 平潭岛快速城市化进程中三生空间冲突分析[J]. 资源科学, 39(10): 1823-1833.

刘传林.2010. 技术路线图制定流程及其控制机制研究[D]. 北京:中国科学技术大学.

刘继来, 刘彦随, 李裕瑞.2017. 中国"三生空间"分类评价与时空格局分析[J]. 地理学报, 72(7): 1290-1304.

刘建伟.2020. 区域人口-经济-社会发展耦合协调度研究[D].大连:辽宁师范大学.

刘静, 苗鸿, 郑华, 等.2009. 卧龙自然保护区与当地社区关系模式探讨[J]. 生态学报, 29(1): 263-275.

刘孟浩, 席建超, 陈思宏.2020. 多类型保护地生态承载力核算模型及应用[J]. 生态学报, 40(14):

4794-4802.

刘青柄. 1992.合理解决自然保护区的土地, 森林权属问题, 调动农民保护自然的积极性[J]. 环保科技, (2): 99-101.

刘文龙, 王坚, 赵小平.2014.利用 GIS 进行忻州窑矿区水土流失评估 [J]. 测绘通报, (5): 107-109, 129.

刘小龙, 李庆雷, 娄阳, 等. 2019.中国国家公园发展战略研究(下)——部署与举措 [J]. 创造, (2): 22-26.

刘旭.2020. 内蒙古生态环境和经济耦合协调发展研究 [D]. 呼和浩特:内蒙古农业大学.

刘英, 闫慧珍. 2003.生态移民—西部农村地区扶贫的可持续发展之路 [J]. 北方经济: 综合版, 6: 37-38.

刘媛. 2017.基于 MCR 模型的志丹县土地利用生态安全格局构建[D]. 西安:长安大学.

柳冬青, 马学成, 巩杰, 等.2018. 流域"三生空间"功能识别及时空格局分析——以甘肃白龙江流域为例[J]. 生态学杂志, 37(5): 1490-1497.

卢超, 李慧, 尤建新, 等.2013. 技术路线图的研究评述及实践应用探析[J]. 管理学家(学术版), 6: 3-15.

鲁敏, 张月华, 胡彦成, 等.2002. 城市生态学与城市生态环境研究进展[J]. 沈阳农业大学学报, 1: 76-81.

陆成杰. 2018.扩展与约束双重导向下的山地城镇增长边界划定方法研究[D]. 武汉:华中科技大学.

栾晓峰, 黄维妮, 王秀磊, 等.2009. 基于系统保护规划方法东北生物多样性热点地区和保护空缺分析[J]. 生态学报, 29(1): 144-150.

吕偲, 曾晴, 雷光春.2017. 基于生态系统服务的保护地分类体系构建[J]. 中国园林, 33(8): 19-23.

马奔, 冯骥, 陈俐静, 等.2017. 农户对保护区满意度与保护态度分析—基于中国 7 省保护区周边农户调查[J]. 生态经济,33(1): 146-151.

买里娅·阿不力孜.2016. 乌昌地区自然资源—经济—环境系统耦合协调度研究[D]. 乌鲁木齐:新疆师范大学.

梅洁人.2003. 青海省自然生态分区初探[J]. 青海草业, (1): 16-20.

孟凡生, 李晓涵.2017. 中国新能源装备智造化发展技术路线图研究[J]. 中国软科学, (9): 30-37.

闵庆文, 甄霖, 杨光梅,等.2006. 自然保护区生态补偿机制与政策研究[J]. 环境保护,(10A): 55-58.

彭涛. 2019.国家公园选址的空间评价与规划研究[D]. 杭州:浙江大学.

祁进玉.2015. 三江源地区生态移民的社会适应与社区文化重建研究[J]. 中央民族大学学报(哲学社会科学版), 42(3): 47-53.

乔斌, 祝存兄, 曹晓云, 等.2020.格网尺度下青海玛多县土地利用及生态系统服务价值空间自相关分析[J]. 应用生态学报, 31(5): 1660-1672.

秦大河. 2017.三江源区生态保护与可持续发展 [M]. 北京: 科学出版社.

邱敏娟.2020. "三驾马车"对中国通货膨胀率的影响[J]. 合作经济与科技, 8: 50-51.

邱兴春, 屠玉麟. 2005.赤水桫椤保护区生物多样性的经济价值评估[J]. 贵州师范大学学报(自然科学版), 23(1): 23-27.

曲艺, 王秀磊, 栾晓峰, 等.2011. 基于不可替代性的青海省三江源地区保护区功能区划研究[J]. 生态学报, 31(13): 3609-3620.

饶恒.2019. 世界一流: 新时代央企发展路线图[J]. 国资报告, (1): 44-45.

任继周, 万长贵.1994. 系统耦合与荒漠-绿洲草地农业系统——以祁连山-临泽剖面为例[J]. 草业学报, (3): 1-8.

任晓冬, 杨秀美.2009. 赤水桫椤自然保护区多方利益相关者参与的综合保护与管理// 现代地理科学与贵州社会经济会议, 168-173.

三江源国家公园管理局.2019. 建设三江源国家公园守护"中华水塔" [J]. 黄河报, 1.

三江源国家公园管理局, 青海省气象局.2019. 三江源国家公园生态气象公报[R].西宁: 三江源国家公园管理局.

石龙宇, 崔胜辉, 尹锴, 等.2010. 厦门市土地利用/覆被变化对生态系统服务的影响[J]. 地理学报, 65(6): 708-714.

石月珍, 赵洪杰. 2005.生态承载力定量评价方法的研究进展[J]. 人民黄河, 27(3): 6-8.

史玉成.2007. 西部区域生态环境法治建设的现状与未来——兼论我国环境立法的完善[J]. 甘肃政法学院学报, 6: 129-134.

宋文飞, 李国平, 韩先锋.2015. 自然保护区生态保护与农民发展意向的冲突分析—基于陕西国家级自然保护区周边 660 户农民的调研数据[J]. 中国人口·资源与环境, 25(10): 139-149.

宋晓龙, 李晓文, 张明祥, 等.2012.黄淮海地区跨流域湿地生态系统保护网络体系优化[J]. 应用生态学报, 23(2): 475-482.

宋永昌, 由文辉, 王祥荣. 2000.城市生态学[M]. 上海: 华东师范大学出版社.

孙博.2016. 自然保护区周边农户生计策略分析//"生态经济与新型城镇化"—中国生态经济学学会第九届会员代表大会暨生态经济与生态城市学术研讨会会议论文集.

孙丕苓. 2017.生态安全视角下的环京津贫困带土地利用冲突时空演变研究[D].北京:中国农业大学.

孙茜.2017. 空间信息技术支持下的区域资源环境承载力时空分异及驱动机制研究[D].焦作:河南理工大学.

孙润, 王双玲, 吴林巧, 等.2017. 保护区与社区如何协调发展: 以广西十万大山国家级自然保护区为例[J]. 生物多样性, 25(4): 437-448.

孙盛楠, 田国行. 2014.基于 ROS 的森林公园总体规划功能分区研究——以嵩县天池山森林公园为例[J]. 西南林业大学学报, (2): 78-83.

孙岩.2006. 居民环境行为及其影响因素研究[D]. 大连:大连理工大学.

谭超.2006. 技术路线图与技术发展的规律性研究[D]. 大连:大连理工大学.

汤艳.2018. 我国公民雾霾治理意向及治理行为研究-基于计划行为理论的分析[J]. 中原工学院

学报, 29(2): 33-39.

陶慧, 刘家明, 罗奎, 等.2016.基于三生空间理念的旅游城镇化地区空间分区研究——以马洋溪生态旅游区为例[J]. 人文地理, 31(2): 153-160.

田亚平, 刘沛林, 郑文武.2005.南方丘陵区的生态脆弱度评估——以衡阳盆地为例[J].地理研究, 6: 843-852.

田永祥, 林杨. 2018.湖南小溪国家级自然保护区与当地社区协调发展探究[J]. 南方农业, 12(23): 119-120.

佟瑞, 李从东. 2013.产业技术路线图战略执行力模型构建[J]. 科技进步与对策, 30(4): 64-67.

王斌, 李洁, 姜微微, 等.2012.草地退化对三江源区高寒草甸生态系统 CO_2 通量的影响及其原因 [J]. 中国环境科学, 32(10): 1764-1771.

王昌海.2017. 中国自然保护区给予周边社区了什么——基于 1998-2014 年陕西、四川和甘肃三省农户调查数据[J]. 管理世界, 282(3): 63-75.

王昌海. 2019.自然保护区生态保护与发展研究进展与展望[J]. 林业经济, 41(10): 3-9, 31.

王恒.2013.国家海洋公园生态保护与旅游开发协调发展研究——以大连长山群岛为例[J].资源开发与市场, 29(2): 212-214, 219.

王会, 赵亚文, 温亚利.2017. 基于要素报酬的农户自然资源依赖度评价研究——以云南省六个自然保护区为例[J]. 中国人口·资源与环境, (12): 146-156.

王家骥, 姚小红, 李京荣, 等.2000. 黑河流域生态承载力估测[J]. 环境科学研究, 4(2): 44-48.

王健, 田光进, 全泉, 等.2010.基于CLUE-S模型的广州市土地利用格局动态模拟[J].生态学杂志, 29(6): 1257-1262.

王军, 顿耀龙.2015. 土地利用变化对生态系统服务的影响研究综述[J]. 长江流域资源与环境, 24(5): 798-808.

王凌青, 王雪平, 方华军, 等.2021.青藏高原典型区域资源环境与社会经济耦合分析[J]. 环境科学学报, 41(6): 2510-2518.

王梦君, 孙鸿雁.2018. 建立以国家公园为主体的自然保护地体系路径初探[J]. 林业建设, 3: 1-5.

王敏. 2015.基于最小覆盖集模型的天目山自然保护区选址研究[D]. 上海: 华东师范大学.

王书越.2018. 基于 MaxEnt 模型的中国东北地区红松(Pinus koraiensis Sieb.)生态适宜区研究[D]. 哈尔滨:东北农业大学.

王文懿. 2015.基于系统动力学-不确定多目标优化整合模型的区域环境承载力研究 [D]. 北京: 北京师范大学.

王夏晖.2015. 我国国家公园建设的总体战略与推进路线图设计[J]. 环境保护, 43(14): 30-33.

王献溥, 杨继盛.1987.贵州赤水桫椤自然保护区建立的意义和作用[J]. 生态与农村环境学报, 3(2): 44-47.

王兴贵, 李铁松, 张启春, 等. 2006.地质公园功能分区规划研究——以拟建四川万源八台山省级地质公园为例[J]. 四川地质学报, 3: 160-163.

王垚. 2020.自然保护地生态承载力动态演变[D]. 大连:辽宁师范大学.

王一超, 郝海广, 翟瑞雪,等. 2017.农户退耕还林生态补偿预期及其影响因素——以哈巴湖自然保护区和六盘山自然保护区为例[J]. 干旱区资源与环境，31(8): 69-75.

王正早, 贾悦雯, 刘峥延, 等. 2019.国家公园资金模式的国际经验及其对中国的启示[J]. 生态经济, 35(9): 138-144.

魏玮, 任善英.2020.三江源国家公园生态—经济—社会耦合协调度分析[J].青海师范大学学报(哲学社会科学版), 42(4): 21-27.

邬彬. 2009.基于 GIS 的旅游地生态敏感性与生态适宜性评价研究[D]. 重庆:西南大学.

吴承照, 杨浩楠, 张颖倩.2017.行为分析方法与国家公园功能分区模式——以云南大山包国家公园为例[J]. 环境保护, 45(14): 21-27.

吴丹, 邹长新, 徐德琳, 等.2017. 汉江上游流域生态系统水源供给服务变化[J]. 水土保持通报, 37(6): 232-235, 255, 351.

吴玲玲, 陆健健, 童春富, 等.2003. 长江口湿地生态系统服务功能价值的评估[J].长江流域资源与环境, 5: 411-416.

吴伟光, 刘强, 刘姿含.2014. 影响周边社区农户对自然保护区建设态度的主要因素分析[J]. 浙江农林大学学报, 31(1): 97-104.

吴伟光, 楼涛, 郑旭理,等. 2005.自然保护区相关利益者分析及其冲突管理——以天目山自然保护区为例[J]. 林业经济问题, 25(5): 270-274.

吴艳娟, 杨艳昭, 杨玲, 等. 2016.基于"三生空间"的城市国土空间开发建设适宜性评价——以宁波市为例[J]. 资源科学, 38(11): 2072-2081.

武鸿麟. 2015.关注少数民族聚居区 保护赤水河流域生态环境[J]. 中国水运,(5): 1-12.

肖建设, 乔斌, 陈国茜, 等.2020. 黄河源区玛多县土地利用和生态系统服务价值的演变[J]. 生态学报, 40(2): 510-521.

谢高地, 甄霖, 鲁春霞,等.2008. 生态系统服务的供给、消费和价值化[J]. 资源科学, 30(1): 93-99.

辛华.2011. 《中国风电发展路线图 2050》[J]. 精细与专用化学品, 19(12): 27.

邢龙飞.2019. 基于 GIS 的露天矿区景观生态网络格局研究[D]. 徐州:中国矿业大学.

徐建英, 孔明, 刘新新.2017. 生计资本对农户再参与退耕还林意愿的影响—以卧龙自然保护区为例[J]. 生态学报, 37(18): 6205-6215.

徐睿择, 孙建国, 韩惠,等.2020. 基于 MCE-Markov-CA 的郑州市土地利用时空变化模拟研究[J]. 地理与地理信息科学, 36(1): 93-99.

徐网谷, 秦卫华, 刘晓曼, 等.2015. 中国国家级自然保护区人类活动分布现状[J]. 生态与农村环境学报, 31(6): 802-807.

徐卫华, 欧阳志云, 张路, 等.2010.长江流域重要保护物种分布格局与优先区评价[J]. 环境科学研究, 23(3): 312-319.

徐勇, 孙晓一, 汤青.2015. 陆地表层人类活动强度: 概念、方法及应用[J]. 地理学报, 70(7):

1068-1079.

徐增让, 靳茗茗, 郑鑫, 等.2019.羌塘高原人与野生动物冲突的成因[J]. 自然资源学报, 34(7): 1521-1530.

许辉云. 2018.旅游业—城镇化—生态环境耦合协调度研究[D]. 长沙:湖南师范大学.

颜世伟.2020. 伊金霍洛旗生态恢复效益评价及耦合协调度分析[D].北京:北京林业大学.

杨彬如.2017. 自然保护区居民生计资本与生计策略[J]. 水土保持通报, 37(3): 113-118.

杨帆, 邵全琴, 郭兴健, 等.2018. 玛多县大型野生食草动物种群数量对草畜平衡的影响研究 [J]. 草业学报, 27(7): 1-13.

杨洁.2018. 工信部发布光电子器件发展五年路线图[J]. 变频器世界, (1): 33.

杨龙, 容丽. 2006.赤水国家级风景名胜区的生物多样性及其保护[J]. 贵州林业科技,(1): 45-47.

杨锐.2014.论中国国家公园体制建设中的九对关系[J]. 中国园林, (8): 5-8.

杨阳, 李欣, 刘清泉.2020.生态环境与区域经济发展的耦合协同评价——以东北虎豹国家公园 珲春区域为例[J]. 东北林业大学学报, 48(4): 76-80.

杨轶, 赵楠琦, 李贵才.2015.城市土地生态适宜性评价研究综述[J].现代城市研究, (4): 91-96.

杨云彦, 赵锋. 2009.可持续生计分析框架下农户生计资本的调查与分析—以南水北调(中线)工 程库区为例 [J]. 农业经济问题, (3): 58-64.

姚丹丹, 苗放, 杨文晖, 等. 2015.基于 GIS 的四川省农业土地适宜性评价研究[J].物探化探计算 技术, 37(3): 403-408.

于霞, 安艳玲, 彭文博.2014. 赤水河流域仁怀市生态保护态度与行为研究 [J]. 中国环境管理干 部学院学报, (3): 32-35.

俞孔坚, 叶正, 李迪华,等.1998. 论城市景观生态过程与格局的连续性——以中山市为例[J]. 城 市规划, (4): 13-16, 62.

虞虎, 陈田, 钟林生, 等.2017. 钱江源国家公园体制试点区功能分区研究[J]. 资源科学, 39(1): 20-29.

袁勤俭, 宗乾进, 沈洪洲.2011. 德尔菲法在我国的发展及应用研究——南京大学知识图谱研究 组系列论文[J]. 现代情报, 31(5): 3-7.

曾维华, 王华东, 薛纪渝, 等.1991. 人口、资源与环境协调发展关键问题之一——环境承载力研 究 [J]. 中国人口·资源与环境, 2: 33-37.

曾维华, 杨月梅.2008.环境承载力不确定性多目标优化模型及其应用——以北京市通州区区域 战略环境影响评价为例[J]. 中国环境科学, 28(7): 667-672.

曾维华.2021. 水环境承载力理论方法与实践 [M]. 北京:中国环境出版集团.

张春丽, 佟连军, 刘继斌, 等.2009. 三江自然保护区湿地保护与退耕还湿政策的农民响应[J]. 生态学报, (2): 398-404.

张海波. 2012.我国新能源汽车产业技术路线图研究[D]. 武汉:武汉理工大学.

张剑, 许鑫, 隋艳晖.2020.海洋经济驱动下的海岸带土地利用景观格局演变研究——基于 CA-Markov 模型的模拟预测[J]. 经济问题,(3): 100-104, 129.

张江雪, 宋涛, 王溪薇.2010.国外绿色指数相关研究述评[J].经济学动态, 4(9): 127-130.

张科利, 彭文英, 杨红丽.2007. 中国土壤可蚀性值及其估算[J]. 土壤学报, 44(1): 7-13.

张丽君.2004. 可持续发展指标体系建设的国际进展[J]. 国土资源情报, 4(4): 7-15.

张丽荣, 王夏晖, 侯一蕾, 等.2015.我国生物多样性保护与减贫协同发展模式探索[J].生物多样性, 23(2): 271-277.

张路.2015. MAXENT 最大熵模型在预测物种潜在分布范围方面的应用[J].生物学通报, 50(11): 9-12.

张琦.2020. 基于 SD 模型的库区水生态承载力动态评价[D]. 大连:大连理工大学.

张瑞. 2009.基于 GIS 的灵石山国家森林公园功能区区划研究[D]. 福州: 福建农林大学.

张薇.2010. 风景名胜区规划分区的探讨[D]. 南京: 南京林业大学.

张晓瑶, 陆林, 虞虎, 等.2021. 青藏高原土地利用变化对生态系统服务价值影响的多情景模拟[J]. 生态学杂志, 40(3): 887-898.

张雅娴, 樊江文, 王穗子, 等.2019. 三江源区生态承载力与生态安全评价及限制因素分析[J]. 兽类学报, 39(4): 360-372.

张艳.2015. 自然保护区社区参与行为的影响因素研究—以兴凯湖国家级自然保护区为例[J]. 生态经济, 31(3): 157-160.

张振刚, 余传鹏, 林春培. 2013.技术路线图研究回顾与展望[J]. 科技进步与对策, 30(5): 154-160.

张志强, 程国栋, 徐中民.2002.可持续发展评估指标、方法及应用研究[J]. 冰川冻土, 4(4): 344-360.

赵博. 2012.低碳技术路线图研究[D]. 哈尔滨: 哈尔滨理工大学.

赵海兰.2015. 自然保护区周边社区农户生计状况分析—以陕西长青国家级自然保护区为例. 未来与发展, 39(5): 103-108.

赵亮, 刘宇, 罗勇, 等.2019.黄土高原近 40 年人类活动强度时空格局演变[J].水土保持研究,26(4): 306-313.

赵霞, 孔垂婧, 温宏坚, 等.2014. 国内外关于生态环境可持续性指标的评述[J]. 西北大学学报(哲学社会科学版), 44(3): 136-145.

赵心益.1994. 贵州赤水桫椤国家自然保护区周围地区社会经济环境研究[J]. 环保科技,(2): 18-22.

赵新全, 周青平, 马玉寿, 等. 2017.三江源区草地生态恢复及可持续管理技术创新和应用[J]. 青海科技, 24(1): 13-19.

赵旭, 汤峰, 张蓬涛, 等.2019. 基于 CLUE-S 模型的县域生产-生活-生态空间冲突动态模拟及特征分析[J]. 生态学报, 39(16): 5897-5908.

赵正, 李涛, 温亚利.2016. 自然保护区周边社区农户的保护成本收益分析[J]. 江西农业大学学报(社会科学版), 15(6): 717-726.

赵智聪, 彭琳, 杨锐.2016. 国家公园体制建设背景下中国自然保护地体系的重构[J]. 中国园林,

32(7): 11-18.

郑飞鸽, 易桂花, 张廷斌, 等.2020.三江源植被碳利用率动态变化及其对气候响应 [J]. 中国环境科学, 40(1): 401-413.

中国科学院基础科学局.2009. 中国至 2050 年矿产资源科技发展路线图[M]. 北京: 科学出版社.

中国科学院水资源领域战略研究组. 2009.中国至 2050 年水资源领域科技发展路线图[M].北京: 科学出版社.

周国华, 彭佳捷.2012. 空间冲突的演变特征及影响效应——以长株潭城市群为例[J]. 地理科学进展, 31(6): 717-723.

周立志, 马勇, 叶晓堤. 2002.中国干旱地区啮齿动物物种分布的区域分异[J]. 动物学报, 48(2): 183-194.

周龙. 2010.资源环境经济综合核算与绿色 GDP 的建立[D]. 北京:中国地质大学.

周梦云. 2017.干旱半干旱区山地生态系统脆弱性评估方法体系与实例研究[D].上海: 华东师范大学.

周茜茜.2017. 旅游产业发展助力生态资源保护的案例研究—以贵州省赤水市为例[J]. 科技经济市场, 11: 180-181.

周睿, 钟林生, 虞虎.2017. 钱江源国家公园体制试点区管理措施的社区居民感知研究[J]. 资源科学, 39(1): 40-49.

周潇.2015. 新兴技术热点领域识别及技术路线图研究[D]. 北京:北京理工大学.

周钰.2020. 基于改进生态足迹模型的衡水市生态承载力研究[D]. 泰安:山东农业大学.

朱春全.2018.IUCN 自然保护地管理分类与管理目标[J]. 林业建设, 5: 19-26.

朱夫静.2016.基于遥感模型的三江源区合理牧业人口规模测算 [D]. 南昌: 东华理工大学.

朱耿平, 乔慧捷 2016. . Maxent 模型复杂度对物种潜在分布区预测的影响[J]. 生物多样性, 24(10): 1189-1196.

卓莉, 史培军, 陈晋, 等.2003. 20 世纪 90 年代中国城市时空变化特征——基于灯光指数 CNLI 方法的探讨[J]. 地理学报, 6: 893-902.

庄优波, 杨锐.2006. 黄山风景名胜区分区规划研究[J]. 中国园林, 22(12): 32-36.

宗鑫. 2018.禁牧和草畜平衡补偿标准问题研究——以甘肃玛曲县为例[J]. 安徽农业科学, 46(35): 68-71.

Agostini V N, Margles S W, Knowles J K, et al. 2015.Marine zoning in St. Kitts and Nevis: A design for sustainable management in the Caribbean [J]. Ocean & Coastal Management, 104: 1-10.

Ahmadi P, Dincer I, Rosen M A.2013. Thermodynamic modeling and multi-objective evolutionary-based optimization of a new multigeneration energy system [J]. Energy Conversion and Management, 76: 282-300.

Ajzen I. 1991.The theory of planned behavior. Organizational Behavior and Human Decision Processes [J].50(2): 179-211.

Allen R G, Pereira L S, Lisbon, et al.1998.作物腾发量——作物需水量计算指南[M]. Rome :Food and Agriculture Organization of the United Nations.

Amaral Y T, Dos Santos E M, Ribeiro M C, et al.2019. Landscape structural analysis of the Lencois Maranhenses national park: implications for conservation[J]. Journal for Nature Conservation, 51:125725.

Arciniegas G A, Janssen R, Omtzigt,et al.2011. Map-based multicriteria analysis to support interactive land use allocation[J]. International Journal for Geographical Information Science, 25(12): 1931-1947.

Axelrod L J, Lehman D R.1993. Responding to environmental concerns: What factors guide individual action[J]? Journal of Environmental Psychology, 13(2): 149-159.

Barger A R, Hodge R A.2009. Natural change in the environment: A challenge to the pressure-state-response concept[J]. Biodiversity and Conservation, 18: 1719-1732.

Bhandari P B. 2013.Rural livelihood change? Household capital, community resources and livelihood transition[J]. Journal of Rural Studies, 32: 126-136.

Bishop A B.1974. Carrying Capacity in Regional Environment Management[M]. Washington: Government Printing Office.

Borrini-Feyerabend G, Dudley N, Jaeger T, et al.2013. Governance of Protected Areas: From Understanding to Action[M]. Gland, Switzerland: IUCN.

Boyes S J, Elliott M, Thomson S M, et al.2007. A proposed multiple-use zoning scheme for the Irish Sea: An interpretation of current legislation through the use of GIS-based zoning approaches and effectiveness for the protection of nature conservation interests[J]. Marine Policy, 31(3): 287-298.

Brown G, Raymond C M. 2014.Methods for identifying land use conflict potential using participatory mapping[J]. Landscape and Urban Planning, 122: 196-208.

Catton W R. 1986.Carrying capacity and the limits to freedom[C]. New Delhi: XI World Congress of Sociology, Paper Prepared for Social Ecology Session 1.

Chiang L, Chaubey I, Maringanti C, et al.2014. Comparing the selection and placement of best management practices in improving water quality using a multiobjective optimization and targeting method [J]. International Journal of Environmental Research and Public Health, 11(3): 2992-3014.

Christopher R M, Sahotra S. 2007.Systematic Conservation Planning[M]. Cambridge: Cambridge University Press.

Cieślak I.2019. Identification of areas exposed to land use conflict with the use of multiple-criteria decision-making methods[J]. Land Use Policy, 89: 104225.

Concepcion E D, Diaz M, Baquero R A.2008. Effects of landscape complexity on the ecological effectiveness of agri-environment schemes [J]. Landscape Ecology, 23(2): 135-148.

Costanza R, D'Arge R, Groot R D, et al.1997. The value of the world's ecosystem services and natural capital[J]. Ecological Economics, 25(1): 3-15.

Day V, Paxinos R, Emmett J, et al.2008. The Marine Planning Framework for South Australia: A new ecosystem-based zoning policy for marine management[J]. Marine Policy, 32(4): 535-543.

Deb K, Pratap A, Agarwal S, et al. 2002.A fast and elitist multiobjective genetic algorithm: NSGA-II[J]. IEEE Transactions on Evolutionary Computation, 6(2): 182-197.

Delgado-Matas C, Mola-Yudego B, Gritten D, et al.2015. Land use evolution and management under recurrent conflict conditions: umbundu agroforestry system in the Angolan Highlands[J]. Land Use Policy, 42: 460-470.

Dempsey J A, Plantinga A J, Kline J S, et al.2017. Effects of local land-use planning on development and disturbance in riparian areas[J]. Land Use Policy, 60: 16-25.

DFID.1999. Sustainable Livelihoods Guidance Sheets. The Framework[C]. London: Department for International Development, UK.

Diazharriga F, Santos M A, Mejia J D, et al. 1993.Arsenic and CadMiuM Exposure in Children living near a SMtlter Complex in san Luis Potost [J]. Environmental Research, 62(2): 242-250.

Donnelly K, Beckett-Furnell Z, Traeger S, et al.2006. Eco-design implemented through a product-based environmental management system [J]. Journal of Cleaner Production, 14(15-16SI): 1357-1367.

Edirisinghe J C.2015. Smallholder farmers' household wealth and livelihood choices in developing countries: A Sri Lankan case study [J]. Economic Analysis and Policy, 45: 33-38.

Fishbein M. 1963.An Investigation of the Relationships between Beliefs about an Object and the Attitude toward that Object[J]. Human Relations, 16(3): 233-239.

Fishbein M A, Ajzen I.1975. Belief, Attitude, Intention and Behaviour: An Introduction to Theory and Research[M]. Boston, USA: Addison-Wesley Publishing Company.

Fonseca C, Venticinque E.2018. Biodiversity conservation gaps in Brazil: A role for systematic conservation planning [J]. Perspectives in Ecology and Conservation, 16(2): 61-67.

Gabriel J, Jaime V, Francisco E.2014. The role of native Forest plantations in the conservation of Neotropical birds: The case of the Andean alder [J]. Journal for Nature Conservation, 22: 547-551.

Galvin R. 1998.Science roadmaps [J]. SCIENCE, 280(5365): 803.

Geneletti D, Duren I V. 2008.Protected area zoning for conservation and use: a combination of spatial multicriteria and multiobjective evaluation [J]. Landscape & Urban Planning, 85(2): 97-110.

Groot R D.2006. Function-analysis and valuation as a tool to assess land use conflicts in planning for sustainable, multi-functional landscapes [J]. Landscape and Urban Planning, 75: 175-186.

Grossman G M, Krueger A B.1995. Economic growth and the environment [J]. The Quarterly Journal of Economics, 110(2): 353-377.

Gu J J, Guo P, Huang G H, et al.2013. Optimization of the industrial structure facing sustainable development in resource-based city subjected to water resources under uncertainty [J]. Stochastic Environmental Research and Risk Assessment, 27(3): 659-673.

Habtemariam B T, Fang Q.2016. Zoning for a multiple-use marine protected area using spatial multi-criteria analysis: The case of the Sheik Seid Marine National Park in Eritrea [J]. Marine Policy, 63: 135-143.

Hall L S, Krausman P R, Morrison M L.1997. The Habitat Concept and a Plea for Standard Terminology [J]. Wildlife Society Bulletin, 25(1):173-182.

Hargreaves G H, Samani Z A.1985. Reference Crop Evapotranspiration From Temperature [J]. Applied Engineering in Agriculture ,1(2):17-20.

Higgins G M, Kassam A H, Naiken L, et al.1982. Potential population supporting capacities of lands in the developing world[M]. Rome: Food and Agriculture Organization of the United Nations.

Hines J M, Hungerford H R, Tomera A N.1987. Analysis and synthesis of research on responsible environmental behavior: A meta-analysis [J]. Journal of Environmental Education, 18(2): 1-8.

Hiwasaki L.2005. Toward sustainable management of national parks in Japan: Securing local community and stakeholder participation [J]. Environmental Management, 35(6): 753-764.

Hosonuma N, Herold M, De Sy V, et al.2012. An assessment of deforestation and forest degradation drivers in developing countries [J]. Environmental Research Letter, 7(4): 044009.

Huang B, Hu Z, Liu Q. 2014.Optimal allocation model of river emission rights based on water environment capacity limits [J]. Desalination and Water Treatment, 52(13-15): 2778-2785.

Huang C, Li X, Shi L, et al.2018. Patterns of human-wildlife conflict and compensation practices around Daxueshan Nature Reserve, China [J]. Zoological Research, 39: 36-42.

Huang G H. 1996.IPWM: An interval parameter water quality management model [J]. Engineering Optimization, 26(2): 79-103.

IPCC. 2001. Climate change 2001: Impacts, adaptation and vulnerability [M]. Cambridge: Cambridge University Press: 20-30.

Jorgensen S E. 2011.Introduction to System Ecology [M]. Los Angeles : CRC Press.

Kaiser F G, Doka G, Hofstetter P, et al.2003. Ecological behavior and its environmental consequences: A life cycle assessment of a self-report measure [J]. Journal of Environmental Psychology, 23(1): 11-20.

Kaiser F G, Wilson M.2004. Goal-directed conservation behavior: The specific composition of a general performance [J]. Personality and Individual Differences, 36(7): 1531-1544.

Kansky R, Knight A T.2014. Key factors driving attitudes towards large mammals in conflict with humans [J]. Biological Conservation, 179: 93-105.

Kaviri A G, Jaafar M N M, Lazim T M, et al.2013. Exergoenvironmental optimization of heat recovery steam generators in combined cycle power plant through energy and exergy analysis [J]. Energy Conversion and Management, 67: 27-33.

Khanam M, Daim T U.2017. A regional technology roadmap to enable the adoption of CO_2 heat pump water heater: A case from the Pacific Northwest, USA [J]. Energy Strategy Reviews, 18: 157-174.

Kim I, Arnhold S.2018. Mapping environmental land use conflict potentials and ecosystem services in agricultural watersheds [J]. Science of the Total Environment, 630: 827-838.

Kollmuss A, Agyeman J.2002. Mind the gap: Why do people act environmentally and what are the barriers to pro-environmental behavior [J]. Environmental Education Research, 8(3): 239-260.

Krajhanzl J. 2010.Environmental and Proenvironmental Behavior[J]. School and Health Health Education: International Experiences, 21: 251-274.

Lanzas M, Hermoso V, De-Miguel S, et al.2019. Designing a network of green infrastructure to enhance the conservation value of protected areas and maintain ecosystem services [J]. Science of the Total Environment, 651: 541-550.

Leong C, Ward C.2000.Identity conflict in sojourners [J]. International Journal of Intercultural Relations, 24(6): 763-776.

Li S, Zhang L, Wang Z, et al.2018. Mapping human influence intensity in the Tibetan Plateau for conservation of ecological service functions [J]. Ecosystem Services, 30: 276-286.

Li Y F, Li Y P, Huang G H, et al.2010. Modeling for environmental- economic management systems under uncertainty [Z]. International Conference on Ecological Informatics and Ecosystem Conservation.

Lin G C S. 2007.Chinese urbanism in question: State, society, and the reproduction of urban space [J]. Urban Geography, 28(1): 7-29.

Liu B, Zhang M, Bussmann W R, et al. 2018.Species richness and conservation gap analysis of karst areas: A case study of vascular plants from Guizhou, China [J]. Global Ecology and Conservation, 16: 300460.

Liu J, Tian Y, Huang K, et al.2021. Spatial-temporal differentiation of the coupling coordinated development of regional energy-economy-ecology system: A case study of the Yangtze River Economic Belt [J]. Ecological Indicators, 124: 107394.

Liu Q, Harris R B, Wang X. 2010.Food habits of the Tibetan fox(Vulpes ferrilata)in the Kunlun Mountains, Qinghai Province, China [J]. Mammalian Biology, 75: 283-286.

Liu X, Li X, Li L, et al.2008. A bottom-up approach to discover transition rules of cellular automata using ant intelligence [J]. International Journal of Geographical Information Science, 22(11):

1247-1269.

Liu Y, Cai Y P, Huang G H, et al.2012. Interval-parameter chance-constrained fuzzy multi-objective programming for water pollution control with sustainable wetland management [J]. Procedia Environmental Sciences, 13: 2316-2335.

Lu S, Zhou M, Guan X ,et al.2015. An integrated GIS-based interval-probabilistic programming model for land-use planning management under uncertainty—a case study at Suzhou, China [J]. Environmental Science and Pollution Research, 22: 4281-4296.

Lv Y, Huang G H, Li Y P, et al.2012. Managing water resources system in a mixed inexact environment using superiority and inferiority measures [J]. Stochastic Environmental Research and Risk Assessment, 26(5): 681-693.

Ma B, Xie Y, Zhang T, et al.2020. Identification of conflict between wildlife living spaces and human activity spaces and adjustments in/around protected areas under climate change: A case study in the Three-River Source Region [J]. Journal of Environmental Management, 262(110322).

Ma Z, Li B, Li W, et al.2009. Conflicts between biodiversity conservation and development in a biosphere reserve [J]. Journal of Applied Ecology, 46: 527-535.

Ma B, Tian G, Kong L, et al. 2018.How China's linked urban–rural construction land policy impacts rural landscape patterns: a simulation study in Tianjin, China [J]. Landscape Ecology, 33:1417-1434.

Margules C R, Pressey R L.2000. Systematic conservation planning [J]. Nature, 405(6783): 243-253.

Mcdonnell M D, Possingham H P, Ball L R, et al.2002. Mathematical Methods for Spatially Cohesive Reserve Design [J]. Environmental Modeling and Assessment, 7(2): 107-114.

Meentemeyer R K, Tang W, Dorning M A, et al.2013. FUTURES: Multilevel Simulations of Emerging Urban–Rural Landscape Structure Using a Stochastic Patch-Growing Algorithm [J]. Annals of the Association of American Geographers, 103(4): 785-807.

Mehri A, Mahiny A S, Dehaghi I M.2017. Incorporating zoning and socioeconomic costs in planning for bird conservation [J]. Journal for Nature Conservation, 40.

Millington R, Gifford R. 1973.Energy and How We live[C]. Canberra :Committee for Man and Biosphere.

Myers N. 1990.The biodiversity challenge: expanded hot-spots analysis[J]. The Environmentalist, 10: 243-256.

Newbold T, Hudson L N, Hill S L L, et al.2015. Global effects of land use on local terrestrial biodiversity [J]. Nature, 520(7545): 45-50.

Odum H T.1983. Systems Ecology：an introduction [M]. New York: John Wiley & Sons.

Okoye C U. 1998.Comparative analysis of factors in the adoption of traditional and recommended soil erosion control practices in Nigeria [J]. Soil and Tillage Research, 45(3-4): 251-263.

Petrescu-Mag R M, Petrescu D C, Azadi H, et al.2018. Agricultural land use conflict management-Vulnerabilities, law restrictions and negotiation frames [J]. Land Use Policy, 76:600-610.

Phaal R F C P D. 2004.Technology roadmapping-A planning framework for evolution and revolution[J]. Technological Forecasting and Social Change, 71(1-2): 5-26.

Polsky C, Neff R, Yarnal B.2007. Building comparable global change vulnerability assessments: The vulnerability scoping diagram [J]. Global Environmental Change, 17(3-4): 472-485.

Probert D R M.2003. Technology roadmapping [J]. Research Technology Management, 46(2): 27.

Redpath S M, Young J, Evely A, et al.2013. Understanding and managing conservation conflicts [J]. Trends in Ecology and Evolution, 28: 100-109.

Sabatini M C, Verdiell A, Rodríguez Iglesias R M, et al.2007. A quantitative method for zoning of protected areas and its spatial ecological implications [J]. Journal of Environmental Management, 83(2): 198-206.

Sabri E H, Beamon B M. 2000.A multi-objective approach to simultaneous strategic and operational planning in supply chain design [J]. Omega-International Journal of Management Science, 28(5): 581-598.

Shahnazari-Shahrezaei P, Tavakkoli-Moghaddam R, Kazemipoor H.2013. Solving a multi-objective multi-skilled manpower scheduling model by a fuzzy goal programming approach [J]. Applied Mathematical Modelling, 37(7): 5424-5443.

Sharma R K, Bhatnagar Y V, Mishra C.2015. Does livestock benefit or harm snow leopards[J]. Biological Conservation, 190: 8-13.

Sharp R, Douglass J, Wolny S, et al.2020. InVEST 3.8.7. User's Guide[R]. Stanford University :The Natural Capital Project, The Nature Conservancy, and World Wildlife Fund.

Sharpley A N, Williams J R.1990. EPIC-Erosion/Productivity Impact Calculator: 1. Model Documentation [R]. Washington: United States Department of Agriculture.

Shoo R A, Songorwa A N.2013. Contribution of eco-tourism to nature conservation and improvement of livelihoods around Amani nature reserve, Tanzania[J]. Journal of Ecotourism, 12(2): 75-89.

Sia A P, Hungerford H R, Tomera A N.1986. Selected predictors of responsible environmental behavior: An analysis[J]. Journal of Environmental Education, 17(2): 31-40.

Song M, Chen D M .2018. An improved knowledge-informed NSGA-II for multi-objective land allocation(MOLA)[J]. Geo Spatial Information Science, 21(4):273-287.

Steg L, Vlek C.2009. Encouraging pro-environmental behaviour: An integrative review and research agenda[J]. Journal of Environmental Psychology, 29(3): 309-317.

Stern P C.1997. Toward a working definition of consumption for environmental research and policy//Environmentally Significant Consumption: Research Directions, 12-25.

Strauch M , Cord A F , Paetzold C , et al. 2019.Constraints in multi-objective optimization of land use allocation-Repair or penalize[J]. Environmental Modelling & Software, 118: 241-251.

Suzuki N, Parker K L.2019. Proactive conservation of high-value habitat for woodland caribou and grizzly bears in the boreal zone of British Columbia, Canada[J]. Biological Conservation, 230: 91-103.

Swets J A. 1988. Measuring the accuracy of diagnostic systems[J]. Science, 240:1285-1293.

UNEP-WCMC, IUCN-WCPA, National Geographic Society. 2018.Protected Planet Report[R].

UNESCO&FAO.1985. Carrying capacity assessment with a pilot study of Kenya: a resource accounting methodology for sustainable Development [M]. Paris and Rome.

Von der Dunk A, Gret Regamey A, Dalang T, et al.2011. Defining a typology of peri-urban land-use conflicts-A case study from Switzerland [J]. Landscape and Urban Planning, 101: 149-156.

Wang L, Meng W, Guo H, et al.2006. An interval fuzzy multiobjective watershed management model for the Lake Qionghai watershed, China [J]. Water Resources Management, 20(5): 701-721.

Wang Z, Mao X, Zeng W, et al.2020. Exploring the influencing paths of natives' conservation behavior and policy incentives in protected areas: Evidence from China[J]. Science of the Total Environment, 744:140728.

Wells R P R F C. 2004.Technology roadmapping for a service organization [J]. Research Technology Management, 2(47): 46-51.

Wiggins S, Marfo K, Anchirinah V. 2004.Protecting the forest or the people? Environmental policies and livelihoods in the forest margins of Southern Ghana[J]. World Development, 32(11): 1939-1955.

Willyard C H, Mcclees C W.1987. MOTOROLAS TECHNOLOGY ROADMAP PROCESS[J]. Research Management, 30(5): 13-19.

Wischmeier W H, Smith D D. 1978.Predicting rainfall erosion loss-a guide to conservation planning[J]. Agriculture Handbook, 537: 1-58.

Wu E, Cheng J Q, Zhang J B.2019. Study on the environmental education demand and environmental literacy assessment of citizens in sustainable urban construction in Beijing[J]. Sustainability(Switzerland), 12(1):1-23.

Wu Z, Xu J.2013. Predicting and optimization of energy consumption using system dynamics-fuzzy multiple objective programming in world heritage areas [J]. Energy, 49: 19-31.

Xi B D, Su J, Huang G H, et al.2010. An integrated optimization approach and multi-criteria decision analysis for supporting the waste- management system of the city of Beijing, China [J]. Engineering Applications of Artificial Intelligence, 23(4): 620-631.

Yates K L, Schoeman D S, Klein C J.2015. Ocean zoning for conservation, fisheries and marine renewable energy: Assessing trade-offs and co-location opportunities[J]. Journal of

Environmental Management, 152(2): 201-209.

Zeng Y, Zhong L.2020. Identifying conflicts tendency between nature-based tourism development and ecological protection in China[J]. Ecological Indicators, 109: 105791.

Zhang W, Li G.2017. Ecological compensation, psychological factors, willingness and behavior of ecological protection in the Qinba ecological function area[J]. Resources Science, 39(5): 881-892.

Zhao F, Li H, Li C, et al.2019. Analyzing the influence of landscape pattern change on ecological water requirements in an arid/semiarid region of China [J]. Journal of Hydrology, 578: 124098.

Zhou M, Chen Q, Cai Y L.2013. Optimizing the industrial structure of a watershed in association with economic-environmental consideration: an inexact fuzzy multi-objective programming model [J]. Journal of Cleaner Production, 42: 116-131.

Zhou W, Liu G, Pan J, et al.2005. Distribution of available soil water capacity in China [J]. Journal of Geographical Sciences, 15(1): 3-12.

Zou L, Liu Y, Wang J, et al.2019. Land use conflict identification and sustainable development scenario simulation on China's southeast coast [J]. Journal of Cleaner Production, 238: 117899.

Zou R, Guo H C, Chen B.2000. A multi-objective approach for integrated environmental economic planning under uncertainty [J]. Civil Engineering and Environmental Systems, 17(4): 267-291.

附件一 三江源国家公园建设及居民生计调查问卷

三江源国家公园建设及居民生计调查问卷

尊敬的女士/先生：

您好！我们是北京师范大学的学生，正在开展三江源国家公园建设与居民生计协同提升研究工作，希望得到您的支持和协助。本次调查中所有回答只用于统计分析，各种答案没有正确、错误之分。谢谢您的支持与合作！

调研员：_____日期：2018 年 8 月____日____午____点

一、基本信息

[1]姓名_____电话_____

[2]地点(打"√")：□黄河源园区□澜沧江源园区_____乡_____村

[3]您在园区居住了____年。

[4]每年出门（如到县城或者到外地）_____次。

[5] 您家的家庭人数是_____人。家庭年收入是_____元/年。

[6]您家是否拥有以下资产

A. 摩托车   B. 小轿车   C. 电视   D. 电脑

E. 冰箱   F. 洗衣机

G. 帐篷（请勾选：□自建□政府建）

[7]您家是否有房屋？ A. 是   B. 否

[8]面积是_____平方米？请勾选：□自建   □政府建

[9]是否通有网络？

A. 是   B. 否

[10]房屋能源消费情况

[10]是否通电	是	□ 太阳能发电
		□ 每月用电_____度或者_____元
	否	
[11]是否通自来水	是	每月用_____吨或者_____元
	否	
[12]是否通天然气	是	每月用_____方或者_____元
	否	

[13]您家庭的主要收入来源是（可多选）

收入来源	收入（元/年）	收入来源	收入（元/年）
A. 生态管护员		E. 外出打工	
B. 放牧、卖牛羊		F. 其他生态补偿	
C. 做生意		G. 卖虫草	
D. 政府工作人员/教师/医生		H. 其他（请说明　　　　　）	

[14]您去年的支出主要是

A. 买食物　　　　　B. 买衣服　　　　C. 看病　　　　D. 子女教育

E. 建房子　　　　　F. 其他（请说明）　　　　　　　　　

[15] 家庭成员基本信息

编码　　　　　（受访者写在第一个） 问题	1	2	3	4	5	6
[15]与受访者关系（户主标）						
[16]性别（1–男；2–女）						
[17]年龄						
[18]读过几年书						
[19]户口类型（1-农业；2-城镇）						
[20]是否外出打工（1-是；2-否）						
[21]是否参保（1-是；2-否）						
[22]年户均贷款、以及月供	万元			元/月		
[23]是否有劳动能力（1-是；2-否）						
[24]职业（请填写序号）	①纯粹从事牧业的人（　） ②村干部（　）③工人（　） ④机关干部（　） ⑤科技和科研人员、医生或护士（　） ⑥商业人员（　） ⑦教师（　） ⑧宗教人员（　） ⑨其它（　）请写明（　）					

二、生产生活情况

1 传统畜牧业生产情况

[25] 您家草场面积有　　　　　　亩？

[26] 您家草场是否流转了?

A. 是　　　　　B. 否

[27] 草场流转给

A. 村集体　　　B. 合作社　　　　　C. 企业　　　　　D. 其他大户

E. 其他（请说明）（　　　）

[28] 流转原因

A. 村里统一安排流转:

B. 放牧收入低，自己不愿放牧

C. 没有劳动力　　　　　　　　D. 其他（请说明）＿＿＿＿＿＿（　　　）

[29] 是否加入村合作社

A. 是　　　　　B. 否

[30] 加入村合作社的主要形式是

A. 流转草地

B. 被雇佣去做工，如管护、放牧等

C. 牛羊入股、参与分红

D. 资金入股、参与分红

E. 其他（请说明）＿＿＿＿＿:（　　　　　　）

种类	家庭所有量	年卖出量	收入（元/年）（　/　）
[31] 牦牛	头	头	
[32] 羊	只	只	
[33] 马	匹	匹	
[34] 虫草		斤	
[35] 其他			

2 特许经营情况

[36] 您家是否开展了以下经营活动（可多选）?　（　　　　　　）

经营活动	"√"	经营活动	"√"
A. 旅馆、住宿:		E. 民间演出，如歌舞表演，篝火晚会等:	
B. 开饭馆、牧家乐		F. 生态旅游体验，如住在牧民家里，给游客当向导:	
C. 制作、售卖民族手工艺品		G. 卖土特产，如牛羊肉干、酸奶等:	
D. 制作、售卖民族服饰:		H. 无:	

如果有，请回答[37]-[41]，否则请跳至下一页

[37] 开展经营的收入如何？

A. 非常满意　　　　　B. 比较满意　　　　　C. 一般

D. 不太满意　　　　　E. 很不满意

[38] 村、乡政府有没有给予一些支持，如工商注册手续简化，减轻税负等。

A. 很大支持　　　　　B. 较大支持　　　　　C. 一般

D. 不太支持　　　　　E. 没有支持

[39] 开展经营后生活水平是否变化了？

A. 明显提高　　　　　B. 略有提高　　　　　C. 没变化

D. 略有下降　　　　　E. 明显下降

[40] 请问您认为开展经营的困难在哪里（可多选）？

A. 个人资金不够

B. 特许经营要求严格，不让搞大规模经营活动

C. 雇不到人，无法开展经营

D. 道路不通畅

E. 个人经商能力不足

F. 游客量少、不稳定

G. 政府宣传力度不够

H. 其他（请说明）_____（　　　）

[41] 您认为本地是否应该大规模发展旅游？

A. 是　　　　　B. 否　　　　　C. 不清楚

3 生态补偿情况

[42] 近年来，您曾经获得的补偿、奖励有

种类（可多选，打"√"）	亩数	金额（元/年）（　　　）	备注
A. 禁牧补贴:			
B. 草畜平衡奖励:			
C. 绩效评价奖励:			
D. 野生动物保护补偿			
E. 建房补贴:			
F. 其他（请说明）_____:（　　　）			
G. 无:			

[43] 补贴每年下发是否及时

A. 非常及时　　　　　B. 比较及时　　　　　C. 一般

D. 不太及时　　　　　E. 没给

[44] 您对补贴金额是否满意

A. 非常满意　　　　　B. 比较满意　　　　　C. 一般:

D. 不太满意　　　　　E. 不满意

[45] 草原补奖实施后家庭生活水平有什么变化?

A. 明显提高　　　　　B. 略有提高

C. 没变化　　　　　　D. 略有下降

E. 明显下降

[46] 近两年草场质量是否有所改善?

A. 明显改善　　　　　B. 略有改善　　　　　C. 没变化

D. 略有下降　　　　　E. 明显下降

4 生态管护岗位

[47] 您的家庭是否是贫困户?

A. 是　　　　　　　　B. 否

[48] 您的家庭里是否有生态管护员?

A. 是　　　　　　　　B. 否

[49] 您是否喜欢这份管护工作

A. 非常喜欢　　　　　B. 比较喜欢　　　　　C. 一般

D. 不太喜欢　　　　　E. 很不喜欢

[50] 对管护员的工资是否满意

A. 非常满意　　　　　B. 比较满意　　　　　C. 一般

D. 不太满意　　　　　E. 很不满意

[51] 家里有了管护员之后,家庭生活水平有什么变化?

A. 明显提高　　　　　B. 略有提高　　　　　C. 没变化

D. 略有下降　　　　　E. 明显下降

[52] 您认为管护员的工作对于保护草原生态是否有一定的作用

A. 很大作用　　　　　B. 较大作用　　　　　C. 一般

D. 有点作用　　　　　E. 没作用

5 野生动物干扰

[53] 您自己家的草场,受野生动物干扰多吗?

A. 非常频繁(一个月1次):(　　　　　　　)

B. 比较频繁(半年2-3次):(　　　　　　　)

C. 一般(一年2-3次):(　　　　　　　)

D. 不太频繁（一年1次）（　　　　　　　　）

E. 没有干扰

[54] 主要是以下哪些野生动物干扰呢？

A. 熊　　　　　　　B. 狼　　　　　　C. 豺

D. 雪豹　　　　　　E. 其他（请说明）_____:（　　）

[55] 每年野生动物伤害多少头牲畜呢？_____头

[56] 每年大概造成多少损失？_____元/年

[57] 如果受到野生动物干扰，是否希望政府允许我猎杀他们？

A. 非常希望　　　B. 比较希望　　C. 一般

D. 不太希望　　　E. 不希望

[58] 您是否为自家牲畜投保了？

A. 是　　　　　　　B. 否

[59] 投保数量是：_____头，投保金额是：_____元/头。

[60] 是否出险过？

A. 是，赔偿金额是：_____元；

B. 否，奖励金额是：_____元。

6 禁牧、减畜控畜情况

[61] 禁牧开始时间：_____年。

[62] 减畜开始时间：_____年。

	亩	造成损失（元/年）（　　）
[63] 家庭草场禁牧面积		
种类	减畜量（头/年）（　/　）	造成损失（元/年）（　/　）
[64] 牦牛		
[65] 羊		
[66] 马		
[67] 其他（请说明_____）		
[68]（　　　　）		

三、生态环境保护意识

[69] 草原保护是重要的国家政策，必须要执行	非常同意	比较同意	一般	不太同意	很不同意
[70] 保护草原是一件好事，会让我非常开心	非常同意	比较同意	一般	不太同意	很不同意
[71] 您平时关注身边的生态环境吗？比如草长得好不好，水清不清	非常关注	比较关注	一般	不太关注	不关注
[72] 您平时关于生态保护行为、态度会受别人的影响呢，比如大家都保护我就保护，大家都不保我就不保护	很大影响	有些影响	一般	不太影响	不影响
[73] 您所在的乡镇或村政府是否会对您宣传生态保护知识？如合理放牧，保护野生动植物等	很频繁 一月多次	经常 一月一次	有时候 半年一次	偶尔 一年一次	没有宣传/我没听过
[74] 您周围的大多数人对于保护生态环境的态度是	非常支持	比较支持	一般	不太支持	很不支持/不了解
[75] 您对国家公园建设工作是否满意	非常满意	比较满意	一般	不太满意	很不满意
[76] 如果没有生态补偿，您是否还愿意保护草场，不过度放牧呢	非常愿意	比较愿意	一般	不太愿意	很不愿意
[77] 您觉得禁牧之前您家的牛羊是不是养的太多了	太多了	比较多	正好	有点少	很少
[78] 如果看到猎捕野生动物，您是否愿意劝阻或举报他们	非常愿意	比较愿意	一般	不太愿意	很不愿意
[79] 过去一年内您是否曾经捕过猎，如野兽、鸟类、鱼类等	非常频繁	比较频繁	有时候	偶尔	没有过

附件二 关于重新调整三江源国家公园范围的建议

【摘要】三江源国家公园是我国第一个国家公园，也是面积最大的国家公园。三江源国家公园具有较高的生物多样性，具有重要且独特的高原物种与景观，对我国生态安全保障至关重要。边界划定与功能分区是国家公园管理最重要也最基础的部分，它有助于明确需要在哪些地方加强保护，在哪些地方可以适度开发。科学、定量的国家公园范围划定和功能分区有助于更好地开展保护与利用，提高保护效率。然而在已有规划中，国家公园的范围是依托已有自然保护区、重要湿地等的范围划定的，虽然这些区域具有较高的保护价值，但是总体来说仍较为定性，也没有突出三江源地区的生物多样性特征。因此，需要基于物种、生态系统和景观的情况，开展定量化的三江源国家公园边界划定和功能分区，以查找和弥补可能存在的保护空缺。此外，由于气候和土地利用/覆盖是在变化的，保护和开发的区域也可以发生变化，基于静态的、不变信息的选址和分区不能够适应环境变化，不利于三江源地区的可持续发展。动态的选址和分区能够促进环境变化下三江源地区的社会效益和生态效益可以始终接近最大化，有助于三江源地区相关管理人员根据未来可能存在的情况，在现状条件下对潜在的国家公园区域实施保护、恢复或有序利用，促进三江源地区自然生态保护和社会经济建设协调发展。

一、三江源地区生物多样性保护对国家公园可持续发展的需求

1. 三江源地区生态战略地位重要，生态环境脆弱，亟需更为科学定量化的空间管理方法

三江源地区位于青海省南部、青藏高原腹地，是长江、黄河和澜沧江的三大河流的发源地，被誉为"中华水塔"。三江源地区总面积为 36.3 万 km^2，约占青海省总面积的 50.4%。它具有青藏高原生态系统和生物多样性的典型特点，是我国江河中下游地区和东南亚区域生态安全及经济社会可持续发展的重要生态屏障。但是，三江源地区的生态环境十分脆弱，地势高寒，气候严酷，自然条件恶劣，植被稀疏。有明显的风蚀，水蚀，冻蚀和土壤侵蚀。过度放牧导致了广泛的草场退化，野生动物的栖息地环境也受到影响。因此，为了促进三江源地区生态功能协同提升和经济建设与生态保护的协同发展，需要更加科学和定量化的国家公园边界划定和功能分区方法，切实保护野生动物栖息地、保护

生态系统服务价值以及景观多样性高的区域，明确需要严格保护的区域和可以适当开发的区域，以科学地开展差异化精细管控。

2. 环境变化下需要对三江源国家公园开展环境适应管理

气候变化是生物多样性的关键威胁过程，它可以促使物种产生微进化，改变物种的生长期和繁殖期，减少种群数量、改变适宜性生存空间的分布范围和位置等。物种具有一定的适应气候变化的能力，但是不同物种的适应能力不同，对当前气候变化的速度和幅度的适应能力也不同。适应能力差的物种则可能面临灭绝的风险。城市化、农业发展等带来的土地利用/覆盖变化使得地表已经从天然植被转化为人工的土地利用，造成了生物多样性和相关生态系统服务的下降，并引起气候变化，生物多样性下降以及全球范围内的水文循环波动。

对于三江源地区的环境变化情况，气候要素方面，平均温度分布呈现出西北低、东南高的空间格局；年际平均温度呈现随时间增加趋势；降水量呈现北少南多的空间格局，年际降水量呈随时间增加趋势。土地利用/覆盖变化方面，三江源地区草地和未利用地两种类型的土地利用/覆盖就占了三江源地区 90%的面积，面积都呈减小趋势；湖泊面积呈现增加趋势，永久积雪面积呈现下降趋势。三江源地区 NDVI 呈现西北低东南高的空间格局，时间上呈现出波动增加的趋势。未来考虑 CMIP6 气候情景，相比于 2000～2017 年的情况，SSP1-2.6情景下，2030 年和 2050 年分别增温 0.27℃和 0.54℃；而 SSP5-8.5 情景下，2030年和 2050 年分别增温 0.49℃和 1.29℃。总体来说，三江源地区未来将升温较高，尤其在 SSP5-8.5 情景下。因此，需要适应性管理方案且可以联系当前时期和未来时期，以促进三江源国家公园生物多样性保护的可持续管理。

二、三江源国家公园与自然保护地边界划定与分区存在问题识别

1. 当前三江源国家公园的边界划定和分区仍以定性为主，缺乏定量化的选址和分区方法体系

《三江源国家公园总体规划》中并没有明确指出三江源国家公园的范围如何划定，从各园区的总体布局情况来看各个园区的范围依托了已有自然保护地的范围，例如长江源园区包含了可可西里国家级自然保护区、可可西里自然遗产地和三江源国家级自然保护地索加—曲麻河保护分区；黄河源园区包含三江源国家级自然保护区中的扎陵湖—鄂陵湖保护分区和星星海保护分区；澜沧江源园区包括了三江源国家级自然保护区的果宗木查保护分区和昂赛保护分区。总体来说范围划定比较定性。虽然这些区域具有高的保护价值，但是并没有从自

然保护地保护的关键要素，即生物多样性的角度出发，其分区的科学性和定量化程度仍有待提高。

2. 已有分区仍然是一级分区，二级分区仍没有定量化的结果

《三江源国家公园总体规划》中提出了要对三江源国家公园进行分级分区，其中一级分区包括核心保护区、传统利用区和生态保育修复区，并给出了一级分区图。但是二级分区目前仍为描述性，如核心保育区的二级分区要求以生态系统服务功能为依据，针对水源涵养、水土保持及动植物重要栖息地等重要生态功能区，提出保育措施；传统利用区根据生态保护要求和生态畜牧业生产需要、村落分布等情况，划分生活区和生产区；生态保育修复区则划分为自然修复区和人工修复区。且没有给出二级分区图。此外，针对传统利用区的分区仅考虑了生活区和生产区的划分，对游憩的需求考虑不够。开展二级功能分区有助于管控措施的进一步落实。

3. 当前三江源国家公园的边界划定与分区仍然是基于静态信息的，缺乏变化环境下的动态划界和分区方案

前文已经提到，《三江源国家公园总体规划》中各园区的总体布局情况依托了已有自然保护地的范围，基于的是静态的信息。而在变化环境下，物种栖息地的适宜性、生态系统服务重要性以及景观多样性都是在不断变化的，这种静态的边界范围和分区情况难以适应变化的环境，变化环境下物种的分布很可能已经远离已有保护地。而新的适宜性区域可能因为原来不是保护地而受到破坏，未能提前保护。因此，需要开展变化环境下的动态边界划定和分区工作，确定不同气候情景下三江源国家公园的范围，针对当前不在国家公园范围内而未来可能划入的区域提前进行管控，如只能开展不会对环境造成破坏性损害的利用行为等。同时，根据环境变化而改变保护地范围，可以使得三江源地区的社会效益和生态效益始终接近最大化，也有助于促进三江源地区的经济社会建设与生态保护的协调发展。

三、三江源国家公园边界范围调整与功能分区对策建议

1. 当前时期三江源国家公园边界调整建议

基于 MaxEnt 模型、InVEST 模型以及 Fragstats 软件，明确三江源地区物种栖息地适宜性、生态系统服务价值以及景观多样性情况，进而通过 Marxan 软件，计算了三江源地区的不可替代性和优先保护区范围，并与已有三江源国家公园

范围进行对比，建议将位于三江源地区东部至少 18,569km² 具有较高不可替代性值的区域纳入已有三江源国家公园黄河源园区。

从环境上看，对于本研究在三江源地区东部划出的这一块区域，首先，这一区域 NDVI 值（0.36）比黄河源园区的 NDVI 值（0.21）高。NDVI 可以指示资源的情况，相比黄河源园区，这里资源更为丰富。进而根据三江源地区放牧的空间分布，东部地区放牧密度较高，较高原因也正是由于草地资源更为丰富。而食草动物（包括珍稀濒危的）和牲畜在食物的需求上也是可以类比的。东部地区的温度相对更高一些（东部-1.95℃、黄河源-3.84℃）、降水也更充沛一些（东部 550.01mm、黄河源 432.57mm）。因此总体来说，东部地区环境也是要更好一些的。

再根据物种栖息地适宜性模拟结果、生态系统服务以及景观多样性计算结果来看，东部地区是物种栖息地适宜性较高的区域，同时其生态系统服务价值以及景观多样性也都相对黄河源园区要高一些。所以从生物多样性分布情况来看，东部地区总体上是比较重要的。从不可替代性值的计算结果看，东部地区也是较高的。

再对比本研究的结果和三江源自然保护区来看，三江源自然保护区在研究区的东部是有划定的区域的，这说东部地区的重要性是得到过承认的。考虑《关于建立以国家公园为主体的自然保护地体系的指导意见》中所提出的对交叉重叠自然保护地整合归并的要求，结合本研究以及当前三江源国家公园和三江源自然保护区分布，如果是将国家公园和自然保护区二者有机结合，可以将图 1 中研究区东部具有较高不可替代性区域划入已有三江源国家公园中，即至少将不可替代性值>800 的区域纳入国家公园中，考虑连通性，纳入部分位于黄河源园区与东部不可替代性值>800 之间的区域，共纳入面积 18,569km²（图 1）。由于本研究是模型研究，因此建议对于三江源地区东部区域的实际范围的划定，需要进一步加强实地考察，更为深入的明确该区域的生物多样性以及环境情况。

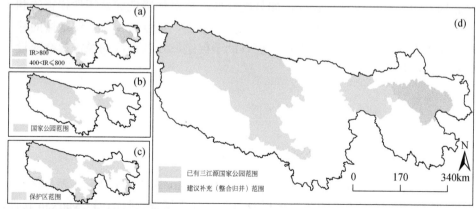

图 1　三江源国家公园范围调整建议（a.研究划定的三江源国家公园范围；b.已有国家公园范围；c.已有三江源自然保护区范围；d. 本研究建议的三江源国家公园范围调整方案）

2. 变化环境下三江源国家公园边界动态调整建议

通过 Delta 降尺度方法、Logistic-CA 模型以及 BP 神经网络方法对 2000～2017 年的当前时期以及 SSP1-2.6 情景和 SSP5-8.5 情景两个情景 2021～2040 年（2030 年）和 2041～2060 年（2050 年）两个时期的环境变化情况。进而通过获取的物种分布的点位数据，运用 MaxEnt 模型模拟了 11 个三江源地区关键物种在当前时期和不同气候变化情景下的分布情况；通过 InVEST 软件计算了水资源供给和水土保持两个生态系统服务的空间分布情况；通过 Fragstats4.2 软件计算了景观多样性指数。综合考虑以上物种、生态系统和景观的重要性情况，运用 Marxan 软件识别了当前时期和气候变化情景下的保护优先区分布并计算了不可替代性值。对三江源国家公园进行动态边界划定。

SSP1-2.6 情景和 SSP5-8.5 情景，当前时期到 2030 年再到 2050 年，国家公园面积都随时间变化呈现总体增加趋势（图 2，SSP1-2.6 情景 2030 年略有减少）。

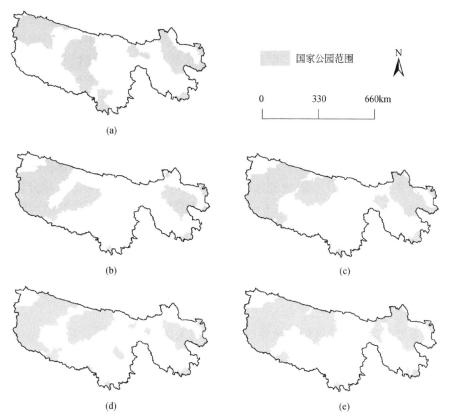

图 2　变化环境下三江源国家公园划定范围（a.当前时期；b.SSP1-2.6 情景 2030 年；c.SSP1-2.6 情景 2050 年；d. SSP5-8.5 情景 2030 年；e. SSP5-8.5 情景 2050 年）

到未来，除了东部地区，其他被选做国家公园的非已有国家公园区域（尤其是位于研究区西南部的区域），需要从现在就开始就做好保护规划。这些区域在当前时期可以开展放牧、旅游等不损害生态环境或损害程度较低的生产生活活动，而不可以开展如开矿等破坏性的生产生活活动，以便在未来需要将这些区域划入国家公园时易于对环境进行恢复。对于可能已经退化的区域，需要从现在开始逐步开展生态修复工作等。

3. 变化环境下三江源国家公园动态功能分区建议

进行功能分区是保护地管理的基础，是保护地管理的一个主要规定性工具。分区就是将具体的用途分配给土地单元，它需要对土地单元的属性进行科学的评估并明确其在空间上的分布，进一步决定在哪里实施保护措施，在哪里限制或加强某些活动。基于不可替代性计算结果，通过阈值法，确定保护地的一级功能分区。一级功能分区根据《关于建立以国家公园为主体的自然保护地体系的指导意见》，将三江源国家公园分为核心保护区和一般控制区。进而通过聚类分析方法进行二级分区以达到对区域的差异化精细管控。其中，核心保护区二级分区基于生态脆弱性评价。生态脆弱性评价从暴露度、敏感性和恢复力三个方面选择指标进行评价。一般控制区从放牧适宜性、居住适宜性、游憩适宜性进行评价。分区结果通过空间聚类方法得到。其中，核心保护区分为重要脆弱区和一般脆弱区；核心保护区可以分为重要脆弱区和一般脆弱区，一般控制区可以分为放牧区、农业区、游憩区和居住区。但是有的区域可以具有多种功能，因此分区结果是多个功能组合的区域。从当前时期到未来，核心保护区面积比例随时间呈增加趋势，一般控制区面积比例随时间呈下降趋势。二级分区中，一般控制区可以分为 6 个区，这 6 个区分别是游憩-放牧-居住区、放牧-居住区、居住区、居住-游憩区、游憩区和其他区域（对放牧、游憩和居住都不够适合）（图3）。根据一级分区结果和二级分区结果，制定精细化管控措施：

（1）核心保护区：这里的不可替代性值最高，对保护物种-生态系统-景观三个层次的生物多样性保护具有极为重要作用。根据《意见》，核心保护区理论上不允许人类进入；

①重要脆弱区：该区域正承受气候变化或人类活动的影响，且影响较大；而其又是生物多样性保护的核心区域，需要加强对生物多样性的监测与保护力度，最大限度地减少人类活动。对于受到破坏或者退化的区域需要加强修复力度；

②一般脆弱区：该区域主要位于研究区的西北部，原可可西里自然保护区。该区域位置较为偏僻，海拔较高，由于自然气候恶劣，相应的人类活动的影响也难以到达，属于一般脆弱区域。可以开展一般性的生物多样性监测。对于受到破坏或者退化的区域开展修复工作。

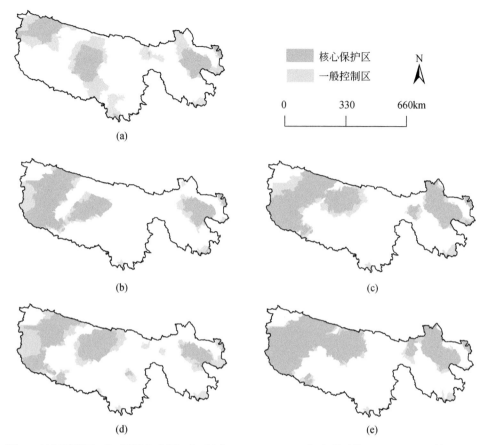

图3 变化环境下三江源国家公园一级分区（a.2000～2017年当前时期；b. SSP1-2.6情景2030年；c. SSP1-2.6情景2050年；d. SSP5-8.5情景2030年；e. SSP5-8.5情景2050年）

（2）一般控制区：一般控制区为研究区不可替代性值为中等的区域，其对生物多样性保护具有也重要贡献，因此在保护第一的前提下，可以适当开展生产生活活动，保证原住民生活，也为来三江源国家公园的游客展示三江源之美。但是对于开矿等会对生态环境造成极大破坏的活动必须取消并严格管理（图4）。

①游憩-放牧-居住区：这一局域对游憩、放牧和居住都适合。游憩区内的活动以生态旅游为主，在游憩区的部分区域（尤其是距离景点、基础设施较近的区域），可以进一步规划基础或者必需的设施。而对于如大型娱乐设施、餐饮、宾馆等设施以及针对旅游的管理服务设施建议规划在距离较近的非保护区内，以减少较为剧烈的人类活动；对于牧业活动来说，这些区域所从事的牧业活动需要选择适宜当地种植的农作物驯养的牲畜，其面积需要根据原住民的人口数量和需求严格控制。而居住则是指为原住民提供居住的区域。当地住民可以根据需要开展旅游或者放牧活动；

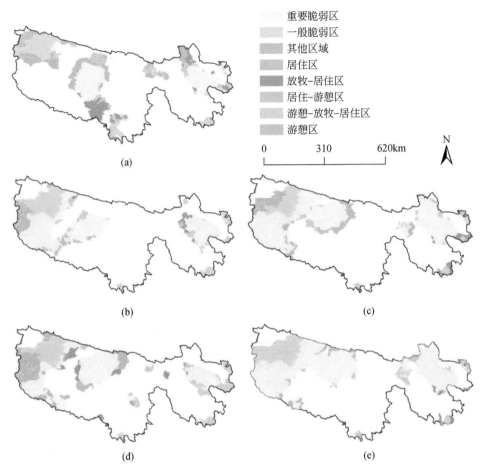

图4 变化环境下三江源国家公园二级分区（a.2000-2017年当前时期；b. SSP1-2.6 情景 2030 年；c. SSP1-2.6 情景 2050 年；d. SSP5-8.5 情景 2030 年；e. SSP5-8.5 情景 2050 年）

　　②放牧-居住区：这一区域对放牧和居住的评价值较高，而对游憩的评价值较低，当地的原住民可以利用放牧资源优势，在不造成生态破坏的前提下开展一定的放牧活动；但是由于此区域存在野生动物活动，需要加强对野生动物的保护以及野生动物在伤害牲畜或住民时的补偿工作；

　　③居住-游憩区：这一区域对游憩和居住的评价值较高，而对放牧的评价值较低，当地的原住民可以利用游憩资源优势，开展生态旅游活动，培训生态旅游解说员；

　　④游憩区：这一区域主要位于研究区的西部，不太适合居住和放牧，但是具有独特的高原景观，也主要开展生态旅游活动；

　　⑤居住区：本研究划分了只适合居住的区域。这一区域相对来说游憩和放牧

的评价值都不高，而居住的评价值相对较高。在这一区域内的原住民一方面由于资源条件的限制，也可能存在食肉动物的潜在威胁，只能可以开展小规模的放牧活动，但可以通过成为生态管护员以增加收入；

⑥其他区域：这一区域的放牧、居住和游憩的评价值均较低，对以上生产生活活动的适宜性较差。这些区域也主要是位于研究区西部可可西里自然保护区内的区域。这些区域本身自然环境恶劣，资源匮乏，可能只能进行小规模的放牧活动和生态旅游活动，建议保持原始状态。

附件三 关于制定国家公园和自然保护地定量动态边界划定与功能分区指南的建议

【摘要】2013 年党的十八届三中全会上,首次提出了将"国家公园"作为促进生态文明建设、整合自然保护地的重要体制改革内容,随之提出了一系列重要措施与举措,对加快生态文明建设和生物多样性保护创造了良好条件。然而,当前国家公园等自然保护地边界范围的划定还较为定性,不能够完全涵盖关键生物多样性区,是影响自然保护地保护效率的重要原因之一。已有文件如《国家公园功能分区规范》《自然保护区功能区划技术规程》等对分区过程的规定也相对简单并具有主观性,一定程度上影响了保护地边界范围和功能分区的准确性。此外,由于人类活动的增强,不论是气候还是土地利用/覆盖变化都呈加剧趋势,变化的环境导致动植物栖息地适宜性范围发生变化,原本旨在保护的物种无法在已有保护地内生存。传统的考虑不变保护对象信息设立的、不变范围的保护地规划,不能够适应这种变化,不能可持续的对生物多样性进行保护,保护物种仍有面临灭绝的风险。当前,我国正处于推进生态文明和美丽中国建设的关键时期,可持续的保护地规划和管理方案就显得尤为重要。基于此,本建议提出需要制定变化环境下的定量且动态的国家公园和自然保护地动态边界划定和功能分区指南,更为准确地划定国家公园边界和分区范围,并预测未来边界和分区的动态变化情况,对潜在国家公园或自然保护地区域提前采取保护或恢复措施。本指南在物种栖息地适宜性、生态系统服务以及景观多样性的基础上,划分国家公园和保护地边界,并结合生态脆弱性和经济建设适宜性进行功能分区;模拟不同气候变化情景和土地利用/覆盖变化下的各个生物多样性要素的变化情况,对三江源国家公园边界和分区变化进行模拟,形成国家公园与自然保护地的定量动态边界划定和分区方法体系,以期为变化环境下国家公园和自然保护地生物多样性的可持续保护提供方法体系支撑。

一、生物多样性保护对保护地选址准确性和动态性的需求

1. 当前生物多样性保护仍存在保护空缺,亟需构建更加科学和定量化的国家公园与自然保护地边界划定方法弥补空缺区域

目前,自然保护地的建设越来越受到重视,截至 2018 年 7 月,世界保护地数

据库（WDPA）中共记录了 238563 个指定的自然保护地。已有保护地使得陆地关键生物多样性区（KBA）的 47%得到了全部或部分保护，淡水和海洋 KBA 的覆盖率分别达到 43.5%和 44%。KBA 相比 2000 年增加了 10%以上。虽然保护地的面积一直在增加，但到目前为止划入保护地内的 KBA 还不到一半。保护地管理所面临的形势依然严峻，生物多样性保护仍然任重而道远。气候变化、基础设施建设、偷猎、采矿等原因，28%的 IUCN 受评估物种仍面临灭绝的威胁。人类活动还会导致保护地生境破碎化，保护地孤岛化趋势日益严重。

1956 年到 2019 年，我国建立的保护地总数量达 1.18 万个（占 18%陆域）。其中包括国家级自然保护区 474 处，国家级风景名胜区 1051 处，国家级地质公园 613 处，国家级森林公园 897 处，国家级湿地公园 899 处。随着"生态文明建设"被提高到战略层面，中国提出了建设以国家公园为主体的自然保护地体系，并设立了 10 个国家公园体制试点。然而，这些保护地的边界划定和功能分区仍基于较为定性的方法，科学性和完整性还略显薄弱，仍存在大量空缺区域，影响保护效率。而不精确和定性的功能分区对需要加强保护和可以适度开发的区域界定不准确，不利于有效的对保护地区域开展精细化管控，不利于保护地经济建设和生态保护的协调可持续发展。

2. 国家各级部门持续出台相关政策，对保护地空间规划提出相应要求

2013 年，党的十八届三中全会上，首次提出了将"国家公园"作为促进生态文明建设、整合自然保护地的重要体制改革内容；2015 年，《生态文明体制改革总体方案》通过，其中提出建立国家公园体制并推进国家公园试点工作；2017 年 9 月，《建立国家公园体制总体方案》颁布，要求理清各类自然保护地关系，推进"建立以国家公园为主体的自然保护地体系"，并要求编制国家公园总体规划及专项规划，合理确定国家公园空间布局，按照自然资源特征和管理目标，合理划定功能分区，实行差别化保护管理；2019 年 6 月，中共中央办公厅、国务院办公厅印发《关于建立以国家公园为主体的自然保护地体系的指导意见》，对国家公园、自然保护区和自然公园进行了科学的定义和分类，并从"科学体系""高效管理""发展建设""监督考核""有力保障"等方面提出了建议。其中，在空间布局方面，《意见》要求实施自然保护地的统一设置，分级管理与分区管控，合理确定归并后的自然保护地类型和功能定位，优化边界范围和功能分区。

3. 随着人类活动的不断增强，气候变暖、土地利用变化加剧，亟需环境变化适应的保护地管理方案

全球温度每十年上升 0.2±0.1℃，地球已经变暖 1℃。如果按照这一趋势，在 2030 年至 2052 年之间，地球将变暖至 1.5℃。到 2100 年，温度将继续从最低 0.3～1.7℃升高至最高 2.6～4.8℃。气候变化可能驱动生态系统和栖息地的自然属性以及生物的自然分布发生根本变化。海平面上升、极端天气增多等事件可能导致低洼的岛屿和沿海的土地更易遭受侵蚀，某些湿润的区域可能会变干，而干旱的区域可能会面临洪水的风险，引起动植物的季节性节奏的改变，最终导致栖息地适宜性范围发生变化或位移。那些适应性和流动性差的物种将会面临更多的绝灭风险。

土地利用/覆盖变化与气候变化同时发生。特别是自然植被（例如森林，草和灌木）已被广泛地转换为人工土地覆被类型（如城市和耕地）。在转化的过程中，生物多样性、土壤质量和人类健康都受到了深远的影响。住房和基础设施消除了植被，导致剩余生境破碎化，营养和生物地球化学循环也发生变化。交通设施的扩大和出行方式的改变引入了更多干扰。

综上，边界划定和功能分区是保护地生态功能提升以及开展有效管控的基础性工作。在环境不断变化的过程中，定量的、动态的边界划定与功能分区将成为保护地经济建设与生态保护协调发展的重要抓手，其方法体系的建立对生物多样性的有效保护具有重要意义。

二、国家公园与自然保护地边界划定和功能分区当前存在的问题

1. 已有研究对生物多样性要素考虑不够全面，且方法较为定性，缺乏从物种、生态系统和景观多样性等多个生物多样性要素出发的定量的保护地边界划定和功能分区方法

系统保护规划是保护地选址的重要方法，但是目前的许多研究主要是基于物种的，部分研究考虑了生态系统，鲜见将景观多样性或者三个生物多样性要素都考虑到系统保护规划中的研究。保护地主要是对生物多样性进行保护，因此需要从物种、生态系统和景观三个方面的生物多样性要素出发，结合 MaxEnt, InVEST 以及 Marxan 等模型方法，构建定量化的保护地选址和功能分区方法体系，定量划定国家公园与自然保护地范围。此外，保护地的分区应是分级的，这样有利于更加有针对性开展差异化精细管控。

2. 静态的保护地边界划定和功能分区的研究较多，而动态研究则较少

已有研究主要是基于静态的、历史的数据开展保护空缺的识别。但是在气候变化和土地利用变化的双重驱动下，物种栖息地的适宜性、生态系统服务重要性以及景观多样性等在不断发生变化，保护地的管理必须适应这种变化，动态地划定保护地边界和功能分区，才能够对生物多样性进行可持续的保护。在 IUCN 的

报告中，明确提出了自然保护地的管理要对气候变化进行适应。考虑环境变化下的生物多样性变化因素，对保护地进行动态边界划定是保护地适应气候变化的一个方案。通过模型预测的方法可以预知保护地未来的环境变化以及这种变化所引起的物种栖息地适宜性、生态系统服务重要性以及景观多样性的改变，提前根据这种改变采取空间优化，使得保护地的管理能够适应不断变化的环境，保证自然保护地及其周边地区的生态保护与经济发展是协调可持续的。

三、构建国家公园与自然保护地定量动态边界划定和分区方法体系的对策建议

1. 环境变化模拟方法

生态学中的环境即围绕生物有机体的生态条件的总体。对于保护地主要关注的关键保护物种来说，温度、降水、植被、地形等等都是其周围的环境，这些因素的变化会进一步影响到它们栖息地的适宜性，甚至改变它们的分布。土地利用/覆盖变化也会对物种的生存产生影响，例如建设用地扩张对物种栖息地的占用和破碎化作用等。植被生长状况也对物种的生存环境质量有重要影响。对环境变化的模拟是开展国家公园及自然保护地边界划定和功能分区的基础。在本研究中，环境变化主要包括气候变化和土地利用/覆盖变化。具体说来气候变化包括平均温度、最高温度、最低温度以及降水量变化，土地利用/覆盖变化包括耕地、植被、水域、永久积雪、城乡工矿居民用地等的变化。高程、坡度、坡向这些地形因素也是环境，但是在本研究的几十年的时间尺度上，这些地形因素的变化基本可以忽略不计，认为是不变的。

对于气候变化，CMIP6 的气候模式提供了未来（至 2100 年）不同情景下的气候要素的预测结果，但是这些结果的空间分辨率较粗，在区域尺度上无法很好地开展研究。因此需要选择使用降尺度方法，将分辨率低的全球尺度的气候要素数据降到分辨率相对高的区域尺度上。Delta 降尺度方法以历史高分辨率数据作为空间特征的提供者，将未来低分辨率气候要素的绝对变化量或相对变化量的插值结果与历史高分辨率数据相加或相乘，得到未来高分辨率的气候变量降尺度结果（图 5）。数据的时间分辨率为月。通过获得的气候要素数据的降尺度输出，可以进一步计算 19 个"生物气候变量"（Bio-variables），以用于物种栖息地适宜性模拟等。所计算的 19 个生物气候变量具有其内在含义，分别为：Bio01 年平均温度、Bio02 昼夜温差月均值、Bio03 昼夜温差与年温差比值、Bio04 温度变化标准差、Bio05 最暖月最高温、Bio06 最冷月最低温、Bio07 年温度变化范围、Bio08 最湿季均温、Bio09 最干季均温、Bio10 最暖季均温、Bio11 最冷季均温、Bio12 年降水量、Bio13 最湿润月降水、Bio14 最干旱月降水、Bio15 降水的季节性（变异系数）、Bio16 最湿润季

降水、Bio17 最干旱季降水、Bio18 最暖季降水、Bio19 最冷季降水。

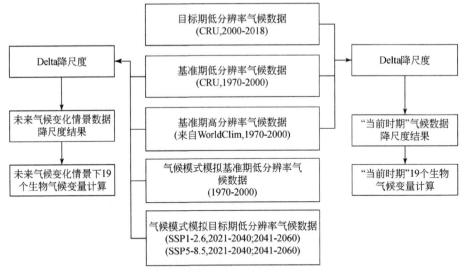

图 5　Delta 统计降尺度过程

　　基于资源环境科学与数据中心的中土地利用/覆盖分类情况,将土地利用/覆盖类型划分为林地、湖泊、河流、耕地、永久积雪、草地、城乡工矿居民用地和未利用地。与沿海平原地区不同,三江源地区以自然生态系统为主,其林地、湖泊、草地、河流、永久积雪、未利用地占比达到研究区总面积的 99.76%。国家公园和自然保护地区域的人类活动相对不很剧烈,这些土地利用/覆盖变化由气候因素的主导。城乡工矿居民用地和耕地等的分布则受到自然和人为因素的双重影响。

　　土地利用/覆盖变化预测包括两方面的内容,一方面是面积变化的预测,另一方面是空间布局变化的预测。面积变化的预测方法主要采用线性回归方法或者基于 Markov 模型。空间布局变化的预测则采用元胞自动机模拟方法。Markov 模型是一种数学概率统计模型。表示离散时间、状态的随机过程,是基于过程理论而形成的用来预测随时间过程状态发生变化概率的方法。根据不同状态的起始概率和转移矩阵,利用上一个时间区间的概率矩阵对下一个时间区间状态进行预测。而回归的方法需要建立土地利用/覆盖类型面积与影响因子关系。如永久积雪面积的变化主要和温度的变化有关,湖泊的面积变化又与永久积雪的面积变化有关,可以推算不同情景下永久积雪和湖泊的面积。湖泊的空间分布模拟则可考虑地形、到雪山冰川距离等因素。对于城乡工矿居民用地和耕地,其面积主要通过人口数量来确定,而空间分布上其影响因素较多,包括地形、气候、交通等因素都会存在影响。对于线性的河流则认为不发生变化,仅作为其他土地利用模拟过程中的限制因子。空间变化模拟可以采用如 FLUS 等以元胞自动机为框架的模型或软件进行模拟。土地利用/覆盖变化模拟过程如图 6 所示。

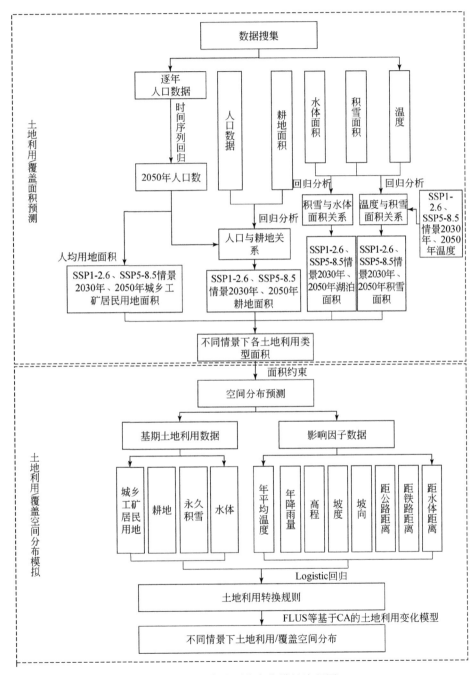

图6 土地利用/覆盖变化模拟流程图

与前文土地利用/覆盖变化预测方法不同，植被和未利用地的区分则通过归一化植被指数（NDVI）的值域范围来确定。当 NDVI 小于某个阈值时，则可认为该区域没有植被，即类型为裸地或未利用地类型。除此之外，NDVI 作为最为常用的植被指数可以用来表征植被长势，在本研究中也作为衡量物种生存环境质量和资源丰富程度的重要指标之一。NDVI 在不同情景下的变化模拟基于生物气候变量和地形因子，利用 BP 神经网络模型模拟（图 7）。在模拟时，NDVI 的采样点选择在自然植被和未利用地类型内，扣除了水域、耕地、城乡工矿居民点用地。其中扣除后两个类型是为了尽可能消除人类活动影响。

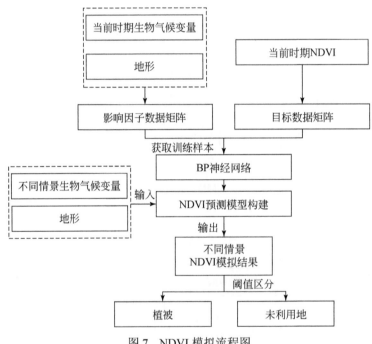

图 7　NDVI 模拟流程图

2. 变化环境下关键物种栖息地适宜性、生态系统服务和景观多样性模拟方法

关键物种栖息地适宜性模拟需要首先明确国家公园和自然保护地中所存在的关键物种种类，进一步搜集物种分布坐标点位数据和环境因子数据通过最大熵（MaxEnt）模型模拟（图 8）。环境因子数据包括气候（平均温度、降水量、气温日较差、降水变异系数等生物气候变量等 19 个生物气候变量）、地形（高程、坡度、坡向）和资源因子（NDVI）。

对于生态系统的重要性，需要首先明确国家公园及自然保护地区域的主要自然生态系统的类型，如草地、林地和水域生态系统，以及分布情况。生态系统的

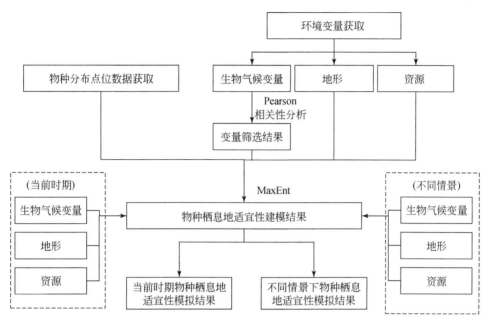

图 8　物种栖息地适宜性模拟流程图

价值可以根据生态系统服务的水平来进行衡量。生态系统服务一般通过 InVEST 模型（软件）进行计算，可以计算如水资源供给、土壤保持、碳固存、生境质量、作物产量等。此处给出了水资源供给和土壤保持两个重要服务进行计算。对不同气候情景下所呈现的情况，则可以基于环境变化的模拟结果带入 InVEST 计算。水资源供给通过该软件的产水量（Water Yield）模块计算，基于 Budyko 理论；土壤保持量则通过潜在土壤侵蚀量和实际土壤侵蚀量的差值来表示。土壤侵蚀量通过水土流失方程（RULSE）计算。通过将不同情景的气候、土地利用/覆盖等参数输入到模型当中，进而输出不同情景下生态系统系统服务；模拟流程见图 9、图 10。景观多样性则通过"香农多样性指数"（SHDI）来表征。SHDI 通过 Fragstats 软件计算。由于景观格局指数的计算需要基于"规划单元"，因此在计算之前需要通过 ArcGIS 的水文分析工具对研究区进行汇水单元的划分。以汇水单元为基础，通过 Fragstats 软件计算三江源地区的"香农多样性指数"。模拟或计算流程见图 11。

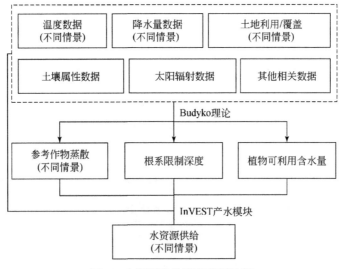

图9　水资源供给服务模拟过程

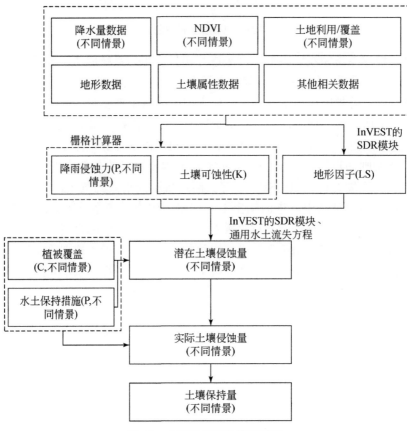

图10　土壤保持服务模拟过程

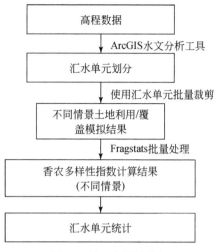

图 11 景观多样性模拟

3. 变化环境下国家公园和自然保护地动态边界划定和功能分区方法

分区是保护地规划管理中最重要的过程之一。分区有助于明确在哪些地方进一步加强环境保护，在哪些地方可以进行适度开发。动态分区的理念在保护地的研究中曾被提到，但是很少见到有研究以定量的方法和可视化的结果将动态分区描绘出来。动态分区基于所获取的气候变化所引起的生物多样性分布变化、植被长势变化以及土地利用变化等一系列结果。动态分区基于保护优先区的识别和不可替代性值的计算。它基于系统保护规划理论，利用系统保护规划软件 Marxan，考虑物种分布与保护等级、生态系统服务、景观多样性、连通性（边界长度）和成本因素对进行不可替代性分析和保护优先区的动态选择（图 12）。成本因素主要通过人类活动强度（从居住、交通、旅游和放牧等方面选择指标进行评价）来衡量，人类活动强度越高的区域被转为国家公园斑块所需的成本也就越高。在保证达到保护目标的前提下，折中保护成本和连通性（边界长度），得到不同情景下保护优先区和不可替代性的分布情况。基于此对不同情景下国家公园和自然保护地进行动态的边界划定结果。并根据不可替代性值将选址结果分为"核心保护区"和"一般控制区"两个一级区。其中，核心保护区通过生态脆弱性评价和聚类分析进一步分为重要脆弱区和一般脆弱区，其中，生态脆弱性评价主要基于暴露度、敏感性和恢复力三个角度选择指标进行评价；一般控制区通过适宜性评价和聚类分析划分为放牧区、农业区、居住区和游憩区等。其中，放牧适宜性主要从气候、地形和资源三个方面选择指标进行评价；居住适宜性主要从便利程度和地形条件两个方面选择指标进行评价；旅游适宜性主要从景观资源、可达性和基础设施条件三个方面选择指标进行评价。并进一步给出在不同情景下的可视化分区结果（图 13）。

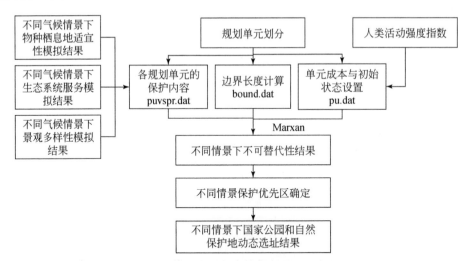

图 12 基于 Marxan 的国家公园和自然保护地动态边界划定过程

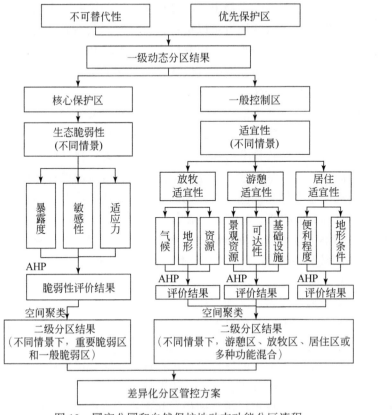

图 13 国家公园和自然保护地动态功能分区流程